渔业行政执法人员执法资格考试
辅 导 教 材

(第 二 版)

农业农村部渔业渔政管理局　组编

中国农业出版社

北 京

编 审 委 员 会

编 写 委 员 会

主　　编：裴兆斌　唐　议

副 主 编：曲亚囡　张燕雪丹

参　　编：（按姓氏笔画排序）

王黎黎　朱晓丹　刘冬惠

刘均政　李文旭　何　瑾

张立波　夏　亮　徐丛政

郭　倩　蔺　妍　翟姝影

序
PREFACE

中国渔政是一支历史悠久的行政执法队伍，是维护我国渔业生产秩序、保障渔民生命财产安全、落实各项资源养护制度、维护国家海洋权益和促进渔业可持续发展的重要力量。"十三五"是全面推进依法治国、加快建设法治中国取得显著成效的重要时期，也是我国渔业实现转型升级的重要时期，新形势、新任务对新时期的渔政工作提出了更高的要求，建设一支信念坚定、执法为民、敢于担当、清正廉洁的渔政队伍是保障渔业经济持续健康发展和渔区形势总体稳定的关键。

渔业行政执法人员执法资格考试是从事渔业行政执法工作的基本级、准入级考试，自 2016 年开展试点工作以来，以公开、公平、公正的方式组织实施，突出中国渔政全国一盘棋思想，彰显了农业部全面提升队伍法治观念和法治素养的决心，引起了社会各界和各级渔业行政主管部门的广泛关注和高度重视，激发了广大渔政干部职工加强学习的主动性和自觉性，比学赶超的良好氛围正在形成。为进一步抓好执法资格考试工作，持续推动渔业行政执法人员学法用法，切实提高其法治观念、法治素养和执法水平，农业部渔业渔政管理局组织涉渔高校、有关省市渔业渔政部门等多方力量，编写了这本《渔业行政执法人员执法资格考试辅导教材》。

本书紧扣渔业行政执法人员执法资格考试大纲最新要求，兼顾不同年龄段执法人员的差异化需求，系统梳理了渔业行政执法工作密切相关的、渔业行政执法人员应知应会的法律、法律解释、行政法规、部门规章等基本法律知识和操作性规定，并进行详细解读。同时为便于理解、突出重点，编者又围绕执法工作常用知识点编制了对应练习题目，真正做到直观易懂、生动易学。

　　相信《渔业行政执法人员执法资格考试辅导教材》的出版，将对推进我国渔业行政执法队伍走向正规化、专业化、职业化的发展道路，起到积极的促进作用。

农业部副部长

2017 年 8 月

再版说明
FORWORD

2017年8月首次出版的《渔业行政执法人员执法资格考试辅导教材》（下称《教材》）对推动渔业行政执法人员执法资格考试，提高渔政队伍法律素质起到了重要作用。考虑到近两年我国渔业发展发生了重要变化，国家出台了一系列新的法律法规和制度，同时修订了一系列重要法律法规，农业农村部渔业渔政管理局根据新要求，组织具有多年教学、渔业管理和行政执法工作经验的高校教师和行业专家，按照理论与实践相结合、重点知识与考试辅导相呼应的特点，对《教材》进行了修订，并增补了部分新内容。

《教材》第二版与第一版相比，结构有部分调整，总体仍分为上下两篇：上篇为知识要点与解析，下篇为习题演练。在内容方面，根据《农业农村部办公厅关于做好2019年渔业行政执法人员执法资格统一考试的通知》（农办渔〔2019〕39号）以及渔政执法需要，新增《中华人民共和国农产品质量安全法》《最高人民法院关于行政诉讼证据若干问题的规定》等相关内容。主要修订内容如下：

第一章"基础类知识要点与解析"部分，根据2018年最新版《中华人民共和国宪法》更新了知识要点，并新增"习近平在中国共产党第十九次全国代表大会上的报告"相关内容。

第二章"综合类知识要点与解析"部分，根据2019年最新版《中华人民共和国行政许可法》更新了知识要点，并新增《最高人民法院关于行政诉讼证据若干问题的规定》和《最高人民法院关于适用〈中华人民共和国行政诉讼法〉的解释》等相关内容。

第三章"专业类知识要点与解析"部分，根据2019年最新版《渔业捕捞许可管理规定》更新了知识要点，并新增农产品质量安全，清理、取缔涉渔"三无"船舶，以及渔业生态保护与污染防控相关法律法规等内容。

第四章"渔业行政执法相关规范"部分，新增《规范农业行政处罚自由裁量权办法》《关于全面推行行政执法公示制度执法全过程记录制度重大执法决定法制审核制度的指导意见》等相关内容。

总体而言，《教材》第二版在涵盖基本法律知识和考试要点的基础上，扩充了日常渔政执法活动常用法律知识及实务操作的内容，既可作为渔业行政执法人员执法资格考试的培训用书，也可作为渔业行政执法人员执法办案的工具书。

农业农村部渔业渔政管理局郭云峰处长、大连海洋大学裴兆斌教授、上海海洋大学唐议教授、夏亮副教授、张燕雪丹讲师、郭倩讲师、山东海洋与渔业监督监察总队刘均政副总队长、刘冬惠副处长、北京市渔政监督管理站何瑾副站长，以及大连海洋大学教师曲亚囡、朱晓丹、王黎黎、蔺妍、翟姝影等人，参加了本书修订相关工作。全国各地渔业行政执法部门的同志也为本书修订提出了诸多建议。全书由裴兆斌、郭云峰统稿。多位编者对书稿进行了反复审阅和修改。

由于编者水平有限，书中难免出现错疏之处，敬请广大读者批评指正。本书在编写、出版过程中得到农业农村部渔业渔政管理局、中国农业出版社等单位的精心指导和大力支持，特致谢意。

编　者

2019 年 12 月

目 录
CONTENTS

上篇 知识要点与解析

中国渔政

CHINA FISHERY LAW ENFORCEMENT

第一章
基础类知识要点与解析

第一节　中国特色社会主义法治建设基本原理

一、全面推进依法治国的重大意义

要点解析

依法治国是坚持和发展中国特色社会主义的本质要求和重要保障，是实现国家治理体系和治理能力现代化的必然要求，事关我们党执政兴国，事关人民幸福安康，事关党和国家长治久安。

全面建成小康社会、实现中华民族伟大复兴的中国梦，全面深化改革、完善和发展中国特色社会主义制度，提高党的执行能力和执政水平，必须全面推进依法治国。依法治国的重大意义主要表现在以下四个方面。

1. 实行依法治国是加强和改善党的领导的重要措施

中国共产党的主张是代表和体现人民的意志与利益的。依法治国把坚持党的领导、发扬人民民主和严格依法办事统一起来，从制度和法律上保证党的基本路线和基本方针的贯彻实施，保证党始终发挥总揽全局、协调各方的领导核心作用。

2. 实行依法治国是发展社会主义市场经济的客观需要

社会主义市场经济体制的建立和完善，必须有完备的法制来规范和保障。一个比较成熟的市场经济，必然要求并具有比较完备的法制。因此，只有依法治国，建设社会主义法治国家，才能充分发挥社会主义市场经济的优势，最大限度地调动亿万人民创造财富的积极性，推动生产力不断发展，从根本上解决生产力落后的状况。

3. 实行依法治国是社会主义文明进步的重要标志

依法治国，建设社会主义法治国家，是社会文明进步的重要标志，是建设社会主义精神文明的重要标志。

4. 实行依法治国是国家长治久安的重要保障

社会稳定、国家长治久安，是人民的最高利益。依法治国，建设社会主义法治国家，是社会稳定、国家长治久安的根本保证。

二、全面推进依法治国的指导思想、总目标和原则

要点解析

1. 指导思想

全面推进依法治国，必须贯彻落实党的十九大精神，高举中国特色社会主义伟大旗帜，以马克思列宁主义、毛泽东思想、邓小平理论、"三个代表"重要思想、科学发展观、新时代中国特色社会主义思想为指导，深入贯彻习近平总书记系列重要讲话精神，坚持党的领导、人民当家作主、依法治国有机统一，坚定不移走中国特色社会主义法治道路，坚决维护宪法法律权威，依法维护人民权益、维护社会公平正义、维护国家安全稳定，为实现"两个一百年"奋斗目标、实现中华民族伟大复兴的中国梦提供有力法治保障。

2. 总目标

全面推进依法治国，总目标是建设中国特色社会主义法治体系，建设社会主义法治国家。具体包括：

①坚持中国共产党的领导为前提。

②坚持中国特色社会主义制度、贯彻中国特色社会主义法治理论。

③形成完备的法律规范体系、高效的法治实施体系、严密的法治监督体系、有力的法治保障体系。

④形成完善的党内法规体系。

⑤坚持依法治国、依法执政、依法行政共同推进，坚持法治国家、法治政府、法治社会一体建设。

⑥实现科学立法、严格执法、公正司法、全民守法，促进国家治理体系和治理能力现代化。

3. 原则

（1）坚持中国共产党的领导 党的领导是中国特色社会主义最本质的特征，是社会主义法治最根本的保证。把党的领导贯彻到依法治国全过程和各方面，是我国社会主义法治建设的一条基本经验。我国宪法确立了中国共产党的领导地位。坚持党的领导，是社会主义法治的根本要求，是党和国家的根本所在、命脉所在，是全国各族人民的利益所在、幸福所系，是全面推进依法治国的题中应有之义。

（2）坚持人民主体地位 人民是依法治国的主体和力量源泉，人民代表大会制度是保证人民当家作主的根本政治制度。必须坚持法治建设为了人民、依

靠人民、造福人民、保护人民，以保障人民根本利益为出发点和落脚点，保证人民依法享有广泛的权利和自由、承担应尽的义务，维护社会公平正义，促进共同富裕。必须保证人民在党的领导下，依照法律规定，通过各种途径和形式管理国家事务，管理经济文化事业，管理社会事务。必须使人民认识到法律既是保障自身权利的有力武器，也是必须遵守的行为规范，增强全社会学法尊法守法用法意识，使法律为人民所掌握、所遵守、所运用。

（3）坚持法律面前人人平等　平等是社会主义法律的基本属性。任何组织和个人都必须尊重宪法法律权威，都必须在宪法法律范围内活动，都必须依照宪法法律行使权力或权利、履行职责或义务，都不得有超越宪法法律的特权。

（4）坚持依法治国和以德治国相结合　国家和社会治理需要法律和道德共同发挥作用。

（5）坚持从中国实际出发　中国特色社会主义道路、理论体系、制度是全面推进依法治国的根本遵循。必须从我国基本国情出发，同改革开放不断深化相适应，总结和运用党领导人民实行法治的成功经验，围绕社会主义法治建设重大理论和实践问题，推进法治理论创新，发展符合中国实际、具有中国特色、体现社会发展规律的社会主义法治理论，为依法治国提供理论指导和学理支撑。

法律链接

《中共中央关于全面推进依法治国若干重大问题的决定》（2014年10月23日通过）

第二节　法治政府建设

一、建设法治政府的总体要求

要点解析

1. 指导思想

高举中国特色社会主义伟大旗帜，全面贯彻党的十九大精神，以马克思列宁主义、毛泽东思想、邓小平理论、"三个代表"重要思想、科学发展观、新时代中国特色社会主义思想为指导，深入贯彻习近平总书记系列重要讲话精神，根据全面建成小康社会、全面深化改革、全面依法治国、全面从严治党的战略布局，围绕建设中国特色社会主义法治体系、建设社会主义法治国家的全面推进依法治国总目标，坚持依法治国、依法执政、依法行政共同推进，坚持法治国家、法治政府、法治社会一体建设，深入推进依法行政，加快建设法治政府，培育和践行社会主义核心价值观，弘扬社会主义法治精神，推进国家治理体系和治理能力现代化，为实现"两个一百年"奋斗目标、实现中华民族伟大复兴的中国梦提供有力法治保障。

2. 总体目标

经过坚持不懈的努力，到 2020 年基本建成职能科学、权责法定、执法严明、公开公正、廉洁高效、守法诚信的法治政府。

3. 基本原则

建设法治政府必须坚持中国共产党的领导，坚持人民主体地位，坚持法律面前人人平等，坚持依法治国和以德治国相结合，坚持从中国实际出发，坚持依宪施政、依法行政、简政放权，把政府工作全面纳入法治轨道，实行法治政府建设与创新政府、廉洁政府、服务型政府建设相结合。

4. 衡量标准

政府职能依法全面履行，依法行政制度体系完备，行政决策科学民主合法，宪法法律严格公正实施，行政权力规范透明运行，人民权益切实有效保障，依法行政能力普遍提高。

二、建设法治政府的主要任务

要 点 解 析

①依法全面履行政府职能。
②完善依法行政制度体系。
③推进行政决策科学化、民主化、法治化。
④坚持严格规范公正文明执法。
⑤强化对行政权力的制约和监督。
⑥依法有效化解社会矛盾纠纷。
⑦全面提高政府工作人员法治思维和依法行政能力。

三、严格规范公正文明执法的具体要求

要 点 解 析

1. 目标

权责统一、权威高效的行政执法体制建立健全，法律法规规章得到严格实施，各类违法行为得到及时查处和制裁，公民、法人和其他组织的合法权益得到切实保障，经济社会秩序得到有效维护，行政违法或不当行为明显减少，对行政执法的社会满意度显著提高。

2. 措施

（1）改革行政执法体制　根据不同层级政府的事权和职能，按照减少层次、整合队伍、提高效率的原则，合理配置执法力量。推进执法重心向市县两级政府下移，把机构改革、政府职能转变调整出来的人员编制重点用于充实基层执法力量。完善市县两级政府行政执法管理，加强统一领导和协调。大幅减少市县两级政府执法队伍种类，重点在食品药品安全、工商质检、公共卫生、安全生产、文化旅游、资源环境、农林水利、交通运输、城乡建设、海洋渔业、商务等领域内推行综合执法，支持有条件的领域推行跨部门综合执法。加大关系群众切身利益的重点领域执法力度。理顺城管执法体制，加强城市管理综合执法机构和队伍建设，提高执法和服务水平。理顺行政强制执行体制，科学配置行政强制执行权，提高行政强制执行效率。健全行政执法和刑事司法衔接机制，完善案件移送标准和程序，建立健全行政执法机关、公安机关、检察机关、审判机关信息共享、案情通报、案件移送制度。

（2）完善行政执法程序　建立健全行政裁量权基准制度，细化、量化行政裁量标准，规范裁量范围、种类、幅度。建立执法全过程记录制度，制定行政执法程序规范，明确具体操作流程，重点规范行政许可、行政处罚、行政强制、行政征收、行政收费、行政检查等执法行为。健全行政执法调查取证、告知、罚没收入管理等制度，明确听证、集体讨论决定的适用条件。完善行政执法权限协调机制，及时解决执法机关之间的权限争议，建立异地行政执法协助制度。严格执行重大行政执法决定法制审核制度，未经法制审核或者审核未通过的，不得作出决定。

（3）创新行政执法方式　推行行政执法公示制度。加强行政执法信息化建设和信息共享，有条件的地方和部门要建立统一的行政执法信息平台，完善网上执法办案及信息查询系统。强化科技、装备在行政执法中的应用。推广运用说服教育、劝导示范、行政指导、行政奖励等非强制性执法手段。健全公民和组织守法信用记录，完善守法诚信褒奖机制和违法失信行为惩戒机制。

（4）全面落实行政执法责任制　严格确定不同部门及机构、岗位执法人员的执法责任，建立健全常态化的责任追究机制。加强执法监督，加快建立统一的行政执法监督网络平台，建立健全投诉举报、情况通报等制度，坚决排除对执法活动的干预，防止和克服部门利益和地方保护主义，防止和克服执法工作中的利益驱动，惩治执法腐败现象。

（5）健全行政执法人员管理制度　各地区各部门要对行政执法人员进行一次严格清理，全面实行行政执法人员持证上岗和资格管理制度，未经执法资格考试合格，不得授予执法资格，不得从事执法活动。健全纪律约束机制，加强职业道德教育，全面提高执法人员素质。逐步推行行政执法人员平时考核制度，科学合理设计考核指标体系，考核结果作为执法人员职务级别调整、交流轮岗、教育培训、奖励惩戒的重要依据。规范执法辅助人员管理，明确其适用岗位、身份性质、职责权限、权利义务、聘用条件和程序等。

（6）**加强行政执法保障**　推动形成全社会支持行政执法机关依法履职的氛围。对妨碍行政机关正常工作秩序、阻碍行政执法人员依法履责的违法行为，坚决依法处理。各级党政机关和领导干部要支持行政执法机关依法公正行使职权，不得让行政执法人员做不符合法律规定的事情。行政机关履行执法职责所需经费，由各级政府纳入本级政府预算，保证执法经费足额拨付。改善执法条件，合理安排执法装备配备、科技建设方面的投入。严格执行罚缴分离和收支两条线管理制度，严禁下达或者变相下达罚没指标，严禁将行政事业性收费、罚没收入同部门利益直接或者变相挂钩。

四、提高政府工作人员法治思维和依法行政能力的目标和措施

要点解析

1. 目标

政府工作人员特别是领导干部牢固树立宪法法律至上、法律面前人人平等、权由法定、权依法使等基本法治理念，恪守合法行政、合理行政、程序正当、高效便民、诚实守信、权责统一等依法行政基本要求，做尊法学法守法用法的模范，法治思维和依法行政能力明显提高，在法治轨道上全面推进政府各项工作。

2. 措施

（1）**树立重视法治素养和法治能力的用人导向**　抓住领导干部这个全面依法治国的"关键少数"，把法治观念强不强、法治素养好不好作为衡量干部德才的重要标准，把能不能遵守法律、依法办事作为考察干部的重要内容，把严守党纪、恪守国法的干部用起来。在相同条件下，优先提拔使用法治素养好、依法办事能力强的干部。对特权思想严重、法治观念淡薄的干部要批评教育、督促整改，问题严重或违法违纪的，依法依纪严肃处理。

（2）**加强对政府工作人员的法治教育培训**　政府工作人员特别是领导干部要系统学习中国特色社会主义法治理论，学好宪法以及与自己所承担工作密切相关的法律法规。完善学法制度，国务院各部门、县级以上地方各级政府每年至少举办一期领导干部法治专题培训班，地方各级政府领导班子每年应当举办两期以上法治专题讲座。各级党校、行政学院、干部学院等要把宪法法律列为

干部教育的必修课。健全行政执法人员岗位培训制度，每年组织开展行政执法人员通用法律知识、专门法律知识、新法律法规等专题培训。加大对公务员初任培训、任职培训中法律知识的培训力度。

（3）完善政府工作人员法治能力考查测试制度　加强对领导干部任职前法律知识考查和依法行政能力测试，将考查和测试结果作为领导干部任职的重要参考，促进政府及其部门负责人严格履行法治建设职责。优化公务员录用考试测查内容，增加公务员录用考试中法律知识的比重。实行公务员晋升依法行政考核制度。

（4）注重通过法治实践提高政府工作人员法治思维和依法行政能力　政府工作人员特别是领导干部想问题、作决策、办事情必须守法律、重程序、受监督，牢记职权法定，切实保护人民权益。要自觉运用法治思维和法治方式深化改革、推动发展、化解矛盾、维护稳定，依法治理经济，依法协调和处理各种利益问题，避免埋钉子、留尾巴，努力营造办事依法、遇事找法、解决问题用法、化解矛盾靠法的良好法治环境。注重发挥法律顾问和法律专家的咨询论证、审核把关作用。落实"谁执法谁普法"的普法责任制，建立行政执法人员以案释法制度，使执法人员在执法普法的同时不断提高自身法治素养和依法行政能力。

法 律 链 接

《法治政府建设实施纲要（2015—2020 年）》（2015 年 12 月 27 日印发）

第三节　法理学基础知识

一、法的概念、特征和作用

要 点 解 析

1. 法的概念

法是由一定社会物质生活条件决定的、掌握国家政权的阶级共同利益和意志的体现，它是国家制定或认可并由国家强制力保证实施的行为规范体系及其实施所形成的法律关系和法律秩序的总和，其目的在于维护和发展有利于统治阶级的社会关系和社会秩序。

2. 法的特征

①法是调节人们行为的规范。

②法是由国家制定或认可的。

③法规定人们的权利和义务。

④法是由国家强制保证实施。

⑤法是能够普遍适用的规范。

⑥法是具有严格程序的规范。

⑦法是能够争讼裁判的规范。

3. 法的作用

法的作用，又称法的功能，泛指法对个人以及社会发生影响的体现。一般分为规范作用和社会作用。

(1) 法的规范作用

①指引作用。对本人行为的指引；确定的指引和有选择的指引（授权性和义务性）。

②评价作用。法律具有判断、衡量他人行为是否合法或有效的评价作用。

③教育作用。法律还具有某种教育作用，表现在通过法律的实施，法律规范对人们今后的行为发生直接或间接的诱导影响。

④预测作用。法律有可预测性的特征，即依靠作为社会规范的法律，人们可以预先估计到他们相互间将如何作为。

⑤强制作用。法的另一个规范作用在于制裁、惩罚违法犯罪行为。

(2) 法的社会作用

①维护社会秩序与和平。法能够禁止专横、制止暴力、维护和平与秩序。

②推进社会变迁。法律对单个主体的行为模式的变化可以施与直接的作用，而对其他层次的社会变迁的影响往往是间接的。

③保障社会整合。法律规范确定了人与人之间、制度与制度之间的标准关系，一旦冲突发生，法律系统是避免社会解体的保证。

④控制和解决社会纠纷与争端。国家和法律的基本作用之一就是将人类社会的纠纷和争端控制在一定的程度内，在一定的程序范围内和平地解决，从而减少它们的危险性和危害性。

⑤促进社会价值目标的实现。法律可以促进制定和实施它的人所主张的价值目标。

二、法的渊源

要点解析

1. 法的渊源的概念

法的渊源又称"法源"或"法律渊源"，其原意为法的"来源"或"源泉"。在现实生活中，一个行为规则之所以产生并上升为法律，往往是多种因素共同作用的结果，因此，法的"渊源"可指不同对象，如历史渊源、理论渊源、政治渊源等。我国法学通常是指法的效力渊源。

2. 当代中国法的正式渊源

当代中国法的正式渊源有：宪法、法律、行政法规和部门规章、地方性法规和地方政府规章、自治条例和单行条例、特别行政区的法律、国际条约。

3. 不同位阶的法的渊源冲突的解决原则

①宪法具有最高的法律效力，一切法律、行政法规、地方性法规、自治条例和单行条例、规章都不得同宪法相抵触。

②法律的效力高于行政法规、地方性法规、规章。行政法规的效力高于地方性法规、规章。

③地方性法规的效力高于本级和下级地方政府规章。省、自治区的人民政府制定的规章的效力高于本行政区域内的设区的市、自治州的人民政府制定的规章。

4. 同一位阶的法的渊源冲突的解决原则

①同一机关制定的法律、行政法规、地方性法规、自治条例和单行条例、规章，特别规定与一般规定不一致的，适用特别规定；新的规定与旧的规定不一致的，适用新的规定。

②法律之间对同一事项的新的一般规定与旧的特别规定不一致，不能确定如何适用时，由全国人民代表大会常务委员会裁决。行政法规之间对同一事项的新的一般规定与旧的特别规定不一致，不能确定如何适用时，由国务院裁决。

5. 位阶交叉时法律冲突的解决原则

根据《中华人民共和国立法法》第九十五条的规定，位阶交叉时的解决方式分为四种情况：

①自治条例、单行条例以及经济特区法规作出变通性规定的，在本区域优先适用变通规定。

②地方性法规与部门规章之间对同一事项的规定不一致，不能确定如何适用时，由国务院提出意见，国务院认为应当适用地方性法规的，应当决定在该地方适用地方性法规的规定；认为应当适用部门规章的，应当提请全国人民代表大会常务委员会裁决。

③部门规章之间、部门规章与地方政府规章之间对同一事项规定不一致时，由国务院裁决。

④根据授权制定的法规与法律规定不一致，由全国人民代表大会常务委员

会裁决。

三、法的分类与效力

要 点 解 析

1. 法的分类

法的分类是指从一定角度或者按照一定的标准，对一个国家的法进行划分。

现代大部分国家都普遍适用的分类：成文法和不成文法，宪法性法律和普通法律，实体法和程序法，一般法和特殊法，公法和私法，固有法和继受法，普通法和衡平法，制定法和判例法。

2. 法的效力

法的效力是指法作为一种国家意志所具有的约束力，具体表现为由国家制定或认可的法律规范及其表现形式——规范性法律文件对主体行为具有普遍的约束作用，这种约束作用不以主体自身的意志为转移，并以国家强制力作为外在保障。

法的效力范围指法律规范的约束力所及的范围，即所谓法的生效范围或适用范围，包括对人的效力、空间效力、时间效力。

（1）对人的效力 指一国法律规范可以适用的主体范围。不同国家以及一国的不同部门法在确定其适用的对象范围时可遵循不同的原则，通常包括属人主义、属地主义、保护主义、结合主义（属地主义为主，同时结合属人主义或保护主义）。依受调整主体的国籍不同，具体分为"对中国公民的法律效力"和"对外国人的法律效力"。

（2）空间效力 指法律规范生效的地域范围，包括域内效力和域外效力。

（3）时间效力 指法律规范的有效期间，包括生效时间、失效时间和有无溯及力。现行国家一般以"法律不溯及既往"和"有利追溯"为原则。

四、法律关系

要 点 解 析

1. 法律关系的概念

法律关系是根据法律所结成的权利（权力）义务关系。它是人们有意识、有目的地建立的社会关系，但它又是建立在不以人的意志为转移的客观规律的基础上。

2. 法律关系的分类

大多数国家法学中通用的公私法标准，对法律关系进行分类，即公法法律关系、私法法律关系、公私混合法律关系。

（1）公法法律关系　公法主要指宪法、行政法、刑事诉讼法等，代表公共利益，调整国家机关之间、国家或国家机关与公民、非国家机关法人或社团的关系。主要调整纵向关系。既有实体法律关系，又有程序法律关系。

（2）私法法律关系　私法一般指民法与商法。民法通常指民法总则和民法分则；包括物权法、债权法、知识产权法、人身权法（婚姻家庭法）。商法通常指公司法、保险法、票据法、海商法和破产法。私法主要调整横向法律关系。法律关系的当事人在法律地位上是平等的，都遵循自愿、公平、等价有偿、诚实信用的原则。

（3）公私法混合法律关系　在我国体现公私法混合性质的法律主要是通称为经济法这一部门法以及劳动法与社会保障法、环境法等。公私混合法则调整纵向与横向结合的关系。

3. 法律关系的构成要素

法律关系构成要素有三项：①法律关系主体，②法律关系内容，③法律关系客体。法律关系主体是法律关系的参加者，是指参加法律关系，依法享有权利和承担义务的当事人；法律关系内容是法律关系所调整的权利义务；法律关系客体是指法律关系主体之间的权利和义务所指向的对象。

五、权利和义务的含义与关系

要 点 解 析

1. 权利

法律规定作为法律关系主体即权利主体，具有自己为一定行为或不为一定行为，或要求他人为一定行为或不为一定行为的能力或资格。

2. 义务

法律规定作为法律关系的主体即义务主体或承担义务人应为一定行为或不为一定行为的一种限制或约束。

3. 权利和义务的关系

在法律上，义务是权利（权力）的关联词或对应词，两者相辅相成，有权利即有义务，有义务即有权利，互为目的，互为手段。

六、法律责任

要点解析

1. 法律责任的含义和种类

（1）法律责任的含义 法律责任，有广、狭两义。广义的法律责任指任何组织和个人均所负有的遵守法律，自觉地维护法律的尊严的义务。狭义的法律责任指违法者对违法行为所应承担的具有强制性的法律上的责任。

（2）法律责任的分类 刑事法律责任、民事法律责任、行政法律责任、经济法律责任、违宪法律责任。

2. 法律制裁的种类

法律制裁是指特定的国家机关对责任主体依其所负的法律责任而实施的惩罚性或保护性强制措施，分为刑事制裁、民事制裁、行政制裁和违宪制裁。

3. 法律责任的减轻与免除

法律责任的减轻与免除是指法律责任由于出现法定条件被全部或部分免除。主要有时效免责，不诉免责及协议免责，自首、立功免责，因履行不能而免责。

七、法的实施

要点解析

1. 守法、执法、司法的概念

（1）守法 指公民、社会组织和国家机关以法律为自己的行为准则，依照法律行使权利、权力，履行义务的活动。

（2）执法 指国家行政机关及其公职人员依法行使管理职权、履行职责、实施法律的行为。

（3）司法 是指国家司法机关根据法定职权和法定程序，具体应用法律处理案件的专门活动。

2. 执法的特性、主体和基本原则

（1）执法的特性及主体

①执法是以国家的名义对社会进行管理，具有国家权属性。

②执法主体是国家机关及其公职人员。目前在我国可以分为两类，即中央和地方各级政府，包括国务院和地方人民各级政府；各级政府中的行政职能部门。

③执法具有国家强制性。

④执法具有主动性和单方面性。

（2）执法的基本原则

①依法行政原则。

②讲究效能原则。

③公平合理原则。

八、当代中国法律体系

要点解析

中国的法律体系主要由七个法律部门和三个不同层次的法律规范构成。七个法律部门分别是宪法、民商法、行政法、经济法、社会法、刑法、程序法；三个不同层次的法律规范分别是法律、行政法规、地方性法规。

法律链接

1.《中华人民共和国宪法》（2018 年修正）（实施日期：1982 年 12 月4 日）

2.《中华人民共和国立法法》（实施日期：2000 年 7 月 1 日）

第四节　宪法学基础知识

一、宪法的概念和特征

要点解析

1. 宪法的概念

宪法是国家的根本法，是治国安邦的总章程，适用于国家全体公民，是特定社会政治经济和思想文化条件综合作用的产物，集中反映各种政治力量的实际对比关系，确认革命胜利成果和现实的民主政治，规定国家的根本任务和根本制度，即社会制度、国家制度的原则和国家政权的组织以及公民的基本权利义务等内容。

2. 宪法的特征

与同一法律体系之下的普通法律相比，宪法有如下三个特征。

①宪法规定的是国家最根本、最重要的问题。

②宪法的效力高于普通法律，是一切国家机关、社会团体和公民的最高行

为准则。

宪法是普通法律的立法依据或立法基础。一切法律、行政法规和地方性法规都不得同宪法相抵触。如果普通法律的规定、原则、精神同宪法的规定、原则、精神相抵触，那么普通法律应该被撤销、改变或宣布无效。一切宪法主体都必须以宪法为最根本的活动准则。

③宪法的制定和修改程序比普通法律严格、复杂。宪法的制定一般是要求成立一个专门的机构，我国的宪法由全国人民代表大会制定。宪法的修改与普通法律的修改在提起主体和通过程序上不一样。我国宪法的修改，由全国人民代表大会常务委员会或者 1/5 以上的全国人民代表大会代表提议。除了这两个特定的主体以外的一切组织和个人都无权向全国人民代表大会提出有效的修宪议案。在修改程序上，修改宪法由全国人民代表大会以全体代表的 2/3 以上的多数通过。

二、宪法的基本原则

要 点 解 析

宪法的基本原则是指宪法所确认和包含的根本方针，是指导宪法制定、修改和宪法实施的基本准则。宪法的基本原则贯彻于宪法始终，并体现在宪法规定的具体制度中。宪法的基本原则主要有人民主权原则、基本人权原则、法治原则和权力制约原则。

1. 人民主权原则

国家的主权属于人民，归人民所有。

2. 基本人权原则

宪法以确认和保障公民权利和自由为最高目标。

3. 法治原则

法治的核心是国家事务法律化、制度化，依法治国，法律面前人人平等，反对法外特权。

4. 权力制约原则

国家各权力之间相互制约，以保障公民权利。

三、宪法与法律的关系

要 点 解 析

宪法与其他法律的联系与区别，宪法与其他法律之间的相同点和不同点。

1. 联系

①宪法和法律都是国家制定或认可的，是统治阶级意志的体现。

②宪法和法律都是靠国家强制力保证实施的行为规范。

③宪法和法律都主要取决于有利于统治阶级的社会物质生活条件。

2. 区别

（1）规定的内容不同　宪法规定的是国家生活中的根本问题，如国家的性质、根本任务和根本制度等。而普通法律只是对刑事、民事、经济、行政等国家生活中某一方面的规定。

（2）法律地位和效力不同　宪法在国家法律体系中具有最高的法律地位和法律效力（即法律的强制性和约束力），表现如下：

①宪法是其他法律的立法基础和立法依据。普通法律是根据宪法制定的，是宪法的具体化。人们通常把宪法与普通法律的关系称为"母法"与"子法"的关系。

②宪法具有最高的法律效力。《中华人民共和国宪法》（以下简称《宪法》）第五条第三款规定了一切法律、行政法规和地方性法规都不得同宪法相抵触。

③宪法是一切组织和个人的根本活动准则。《宪法》第五条第四款规定了一切国家机关和武装力量、各政党和各社会团体、各企事业组织都必须遵守宪法和法律。一切违反宪法和法律的行为，必须予以追究。

3. 制定和修改程序不同

宪法制定时往往要成立一个专门机构，如制宪委员会、制宪议会或宪法起草委员会等。

宪法的制定和修改程序比普通法律更严格。其目的是保障宪法的权威性和稳定性，保障国家长治久安和社会健康发展。《宪法》第六十四条规定了宪法的修改由全国人民代表大会常务委员会或者 1/5 以上的全国人民代表大会代表才有权提出并由全国人民代表大会全体代表的 2/3 以上多数通过。而普通法律的制定修改，则以全国人民代表大会全体代表的过半数通过。

总之，从内容上看，宪法规定了国家生活中的根本问题；从效力上看，宪法具有最高的法律效力；从制定和修改的程序上看，宪法比普通法律更严格。所以说，宪法是国家的根本大法。

四、我国国家性质

要 点 解 析

《宪法》第一条规定，中华人民共和国是工人阶级领导的、以工农联盟为基础的人民民主专政的社会主义国家。国家性质是指一个国家的阶级性，是体现一定阶级的专政，反映社会各阶级在国家中的地位，又称国体。

五、我国的基本经济制度、所有制及分配制度

要 点 解 析

1. 我国的基本经济制度

《宪法》第六条规定，国家在社会主义初级阶段，坚持公有制为主体、多种所有制经济共同发展的基本经济制度。

2. 我国的所有制

在所有制结构上，我国以公有制为主体，多种所有制经济平等竞争，共同发展。公有制包括全民所有制和劳动群众集体所有制；非公有制包括个体经济、私营经济和外资企业（经我国政府批准而举办的中外合资企业、中外合作企业和外商独资经营企业）等。

3. 我国的分配制度

我国实行按劳分配为主体、多种分配方式并存的制度，把按劳分配和按生产要素分配结合起来，可以调动各方面的积极性，促进经济效率的提高，推动生产力的发展。

六、公民的基本权利和义务

要 点 解 析

1. 我国宪法规定的公民基本权利

（1）**公民参与政治方面的权利** 平等权；选举权和被选举权；政治自由，主要有言论、出版、结社、集会、游行、示威自由；批评、申诉、控告或检举等监督权和获得赔偿权（由于国家机关和国家工作人员侵犯公民权利而受到损失的人，有依照法律规定取得赔偿的权利）。

（2）**公民的人身自由和信仰自由** 人身自由；人格尊严不受侵犯；住宅不受侵犯；通信自由和通信秘密受法律保护。宗教信仰自由。

（3）**公民的社会经济、教育和文化方面的权利** 劳动的权利和义务；劳动者休息的权利；获得物质帮助权；受教育的权利和义务；进行科学研究、文学艺术创作和其他文化活动的自由。

（4）**特定人的权利** 妇女、老年人、儿童、残疾公民、残废军人、烈士家属、军人家属、华侨的婚姻、家庭的保护等。

2. 我国宪法规定的公民的基本义务

①维护国家统一和全国各民族团结。

②遵守宪法和法律，保守国家秘密，爱护公共财产，遵守劳动纪律，遵守公共秩序，尊重社会公德。

③维护祖国的安全、荣誉和利益。

④保卫祖国、抵抗侵略。

⑤依照法律服兵役和参加民兵组织。

⑥依照法律纳税的义务。

⑦其他基本义务。

七、我国最高国家权力机关

要 点 解 析

《宪法》第五十七条规定，全国人民代表大会是最高国家权力机关。它的常设机关是全国人民代表大会常务委员会。

法 律 链 接

《中华人民共和国宪法》（2018 年修正）（实施日期：1982 年 12 月 4 日）

第五节　刑法学基础知识

一、刑法的概念

要 点 解 析

刑法是统治阶级为了维护其阶级利益与统治秩序，根据自己的意志以国家名义颁布并依靠国家强制力实施的，规定什么行为是犯罪和应负何种刑事责任以及给予何种刑罚处罚的法律规范的总和。

二、我国刑法的基本原则

要 点 解 析

刑法的基本原则是指贯穿全部刑法规范、具有指导和制约全部刑事立法和刑事司法的意义，并体现我国刑事法治基本精神的准则。刑法的基本原则包括以下三个方面。

1. 罪刑法定原则

《中华人民共和国刑法》（以下简称《刑法》）第三条规定，法律明文规定为犯罪行为的，依照法律定罪处刑；法律没有明文规定为犯罪行为的，不得定罪处刑。

2. 适用刑法人人平等原则

《刑法》第四条规定，对任何人犯罪，在适用法律上一律平等，不允许任何人有超越法律的特权。

3. 罪责刑相适应原则

《刑法》第五条规定，刑罚的轻重，应当与犯罪分子所犯罪行和承担的刑事责任相适应。重罪重罚、轻罪轻罚、罪刑相称、罚当其罪。

三、刑法的效力范围

要点解析

刑法的效力范围，即刑法的适用范围，是指刑法适用于什么地方、什么人、什么时间，以及是否具有溯及既往效力的规定。刑法的效力范围包括：

（1）**刑法的空间效力范围**　是指刑法对地域和对人的适用范围，即刑事管辖权的范围。刑法的空间效力包括属地原则、属人原则、保护原则、普遍管辖原则。

（2）**刑法的时间效力范围**　是指刑法的生效时间、失效时间以及刑法对其生效之前的行为是否具有溯及力的规定。

刑法的溯及力是指刑法溯及既往的效力，即新的刑事法律生效后，对其生效前未经审判或者判决尚未确定的行为是否适用的问题。

《刑法》第十二条第一款规定："中华人民共和国成立以后本法施行以前的行为，如果当时的法律不认为是犯罪，使用当时的法律；如果当时的法律认为是犯罪，按照本法总则第四章第八节的规定应当追诉的，按照当时的法律追究刑事责任，但是如果本法不认为是犯罪或者处刑较轻的，适用本法。"

四、我国刑法中的犯罪概念

要点解析

《刑法》第十三条规定，一切危害国家主权、领土完整和安全，分裂国家、颠覆人民民主专政的政权和推翻社会主义制度，破坏社会秩序和经济秩序，侵犯国有财产或者劳动群众集体所有的财产，侵犯公民私人所有的财产，侵犯公民的人身权利、民主权利和其他权利，以及其他危害社会的行为，依照法律应当受刑罚处罚的，都是犯罪，但是情节显著轻微危害不大的，不认为是犯罪。

五、犯罪的特征

要 点 解 析

犯罪的特征包括：
①犯罪是危害社会的行为，具有严重的社会危害性。
②犯罪是触犯刑律的行为，具有刑事违法性。
③犯罪是应受刑罚处罚的行为，具有应受刑罚惩罚性。

六、犯罪的分类

要 点 解 析

根据《刑法》第十三条的规定，可将犯罪划分为十大类。分别是危害国家安全罪；危害公共安全罪；破坏社会主义市场经济秩序罪；侵犯公民人身权利、民主权利罪；侵犯财产罪；妨害社会管理秩序罪；危害国防利益罪；贪污贿赂罪；渎职罪；军人违反职责罪。

七、刑罚的概念

要 点 解 析

刑罚是刑法规定的由国家审判机关依法对犯罪人适用的限制或剥夺其某种权益的最为严厉的强制性制裁方法。

八、刑罚的特征

要 点 解 析

刑罚的特征包括：

①刑罚的种类及适用标准应以刑法明文规定为依据。

②刑罚的主体是国家审判机关。

③刑罚的对象是犯罪人。

④刑罚的内容是对犯罪人权益的限制和剥夺。

⑤刑罚的适用必须依照刑事诉讼程序。

⑥刑罚的执行机关是特定的。

九、刑罚的种类

要点解析

《刑法》第三十二条规定，刑罚的种类可以分为主刑和附加刑，主刑是对犯罪人适用的主要刑罚方法，只能独立适用，不能附加适用。附加刑是补充主刑适用的刑罚方法，既可以独立适用，也可以附加适用。根据《刑法》第三十三条规定，主刑包括：管制、拘役、有期徒刑、无期徒刑、死刑；第三十四条规定，附加刑包括：罚金、剥夺政治权利、没收财产和驱逐出境。

法律链接

《中华人民共和国刑法》（2017 年修正）（实施日期：1997 年 10 月 1 日）

第六节　民法学基础知识

一、民法的概念和性质

要点解析

1. 民法的概念

民法是调整平等主体间的财产关系和人身关系的法律规范的总称。

2. 民法的性质

（1）**民法是调整市民社会关系的基本法**　民法是市民社会的基本法，调整的民事生活包括经济生活和家庭生活。

（2）**民法是私法**　我国民法是社会主义初级阶段的私法，主要调整平等主体之间的财产关系和人身关系。

（3）**民法是权利法**　民法是调整平等主体之间权利与义务的法，具体规定了民事主体在法律关系之中享有的权利和应当承担的义务。

（4）**我国民法是新型的社会主义性质的民法**　主要表现在：我国民法的社会主义性质决定于我国社会主义的经济基础；我国民法是建立在社会主义公有制基础上的上层建筑；我国民法的社会主义性质决定于我国民法赖以存在的国家政权性质。

二、民法的基本原则

要 点 解 析

1. 平等原则

平等原则也称为法律地位平等原则。《中华人民共和国民法总则》（以下简称《民法总则》）第四条规定，民事主体在民事活动中的法律地位一律平等。

2. 自愿原则

自愿原则，即当事人可以根据自己的判断，去从事民事活动，国家一般不干预当事人的自由意志，充分尊重当事人的选择。《民法总则》第五条规定，民事主体从事民事活动，应当遵循自愿原则，按照自己的意思设立、变更、终止民事法律关系。

3. 公平原则

公平原则是指民事主体应依据社会公认的公平观念从事民事活动，以维持当事人之间的利益均衡。《民法总则》第六条规定，民事主体从事民事活动，应当遵循公平原则，合理确定各方的权利和义务。

4. 诚实信用原则

诚实信用原则是指民事主体进行民事活动必须意图诚实、善意，行使权利不侵害他人与社会的利益，履行义务信守承诺和法律规定，最终达到所有获取民事利益的活动，不仅应使当事人之间的利益得到平衡，而且也必须使当事人与社会之间的利益得到平衡的基本原则。正如《民法总则》第七条规定，民事主体从事民事活动，应当遵循诚信原则，秉持诚实，恪守承诺。

5. 守法原则

民事主体的民事活动应当遵守法律和行政法规。法律没有规定的，应当遵守国家政策。这是作为民法基本原则的守法原则的核心。

6. 公序良俗原则

公序良俗原则是指一切民事活动应当遵守公共秩序及善良风俗。《民法总则》第八条规定，民事主体从事民事活动，不得违反法律，不得违背公序良俗。在现代市场经济社会，它有维护国家社会一般利益及一般道德观念的重要功能。

7. 绿色原则

《民法总则》第一章第九条规定，民事主体从事民事活动，应当有利于节约资源、保护生态环境。

三、民事主体

要 点 解 析

民事法律关系主体是指参加民事法律关系享受权利和承担义务的当事人，简称民事主体。通常民事主体既是权利主体，也是义务主体。

根据我国民事法律的规定，民事法律关系的主体主要是公民、法人、非法人组织。

自然人，即生物学意义上的人，是基于出生而取得民事主体资格的人。法人、非法人组织，是以一定的社会组织为基础而构造的民事主体。

四、民事法律行为

要 点 解 析

1. 民事法律行为的概念

民事法律行为是民事主体通过意思表示设立、变更、终止民事法律关系的行为。

2. 民事法律行为的效力

民事法律行为其效力状态包括：有效、无效、可撤销、效力待定、附条件或期限。

（1）有效的民事法律行为 《民法总则》第一百四十三条规定，民事行为有效实质要件有三项：行为人具有相应的民事行为能力；意思表示真实；不违反法律、行政法规的强制性规定，不违背公序良俗。

（2）无效的民事法律行为 无效民事法律行为是指自始、当然、确定地不发生当事人预期的法律效果的民事行为。其含义包括：无效民事法律行为不具备民事法律行为的有效条件；没有产生行为人意思表示所要求的法律效果。

《民法总则》第一百四十四条、第一百四十六条、第一百五十三条、第一百五十四条分别列举了无效民事法律行为的五种情形：无民事行为能力人实施的民事法律行为无效；行为人与相对人以虚假的意思表示实施的民事法律行为无效；违反法律、行政法规的强制性规定的民事法律行为无效；违背公序良俗的民事法律行为无效；行为人与相对人恶意串通，损害他人合法权益的民事法律行为无效。

（3）可撤销的民事法律行为　《民法总则》第六章第三节第一百四十七条、第一百四十八条、第一百五十条、第一百五十一条分别列举了可撤销的民事法律行为的四种情形：基于重大误解实施的民事法律行为，行为人有权请求人民法院或者仲裁机构予以撤销；一方以欺诈手段，使对方在违背真实意思的情况下实施的民事法律行为，受欺诈方有权请求人民法院或者仲裁机构予以撤销；一方或者第三人以胁迫手段，使对方在违背真实意思的情况下实施的民事法律行为，受胁迫方有权请求人民法院或者仲裁机构予以撤销；一方利用对方处于危困状态、缺乏判断能力等情形，致使民事法律行为成立时显失公平的，受损害方有权请求人民法院或者仲裁机构予以撤销。

（4）效力待定的民事法律行为　效力待定的民事法律行为是指民事法律行为成立后因欠缺有效条件而不能生效，效力处于不确定状态的民事行为。

《民法总则》第一百四十五条、第一百七十一条列举了两种效力待定的民事法律行为类型。

限制民事行为能力人实施的依法不能独立实施的双方行为（即合同行为）：该种行为如事后得到其法定代理人追认，则有效；反之，其法定代理人拒绝追认，则该行为无效。此类行为成立后，法定代理人表态前，行为的效力待定。

无权代理行为：无权代理人以被代理人名义实施的民事行为，被代理人事后追认的，则对被代理人发生效力；反之，被代理人事后不追认的，该行为自始对被代理人不发生效力。该行为成立后，被代理人表态前，行为的效力待定。

（5）附条件或期限的民事行为　附条件的法律行为，指在其中设定一定的条件，并将条件的成就作为决定效力发生或消灭的依据的民事法律行为。附期限的民事法律行为，指当事人为民事法律行为设定一定的期限，并把期限的到来作为民事法律行为效力发生或者消灭的前提。

3. 代理的概念

代理是指代理人以被代理人（又称本人）的名义，在代理权限内与第三人（又称相对人）实施民事行为，其法律后果直接由被代理人承受的民事法律制度。

4. 代理的种类

代理包括委托代理、法定代理和指定代理。

（1）委托代理　是指代理人根据被代理人的委托而进行的代理。

（2）法定代理　是指根据法律直接规定而发生的代理关系。

（3）**指定代理** 是指代理人根据人民法院或者指定单位的指定而进行的代理。

五、物权

要 点 解 析

1. 物权的概念

《中华人民共和国物权法》第二条规定，物权是指权利人依法对特定的物享有直接支配和排他的权利，包括所有权、用益物权和担保物权。

2. 所有权的概念

所有权是所有人依法对自己财产所享有的占有、使用、收益和处分的权利。它是一种财产权，所以又称财产所有权。所有权是物权中最重要也最完全的一种权利，具有绝对性、排他性、永续性三个特征，具体内容包括占有、使用、收益、处置等四项权利。

3. 用益物权的概念

用益物权是用益物权人对他人所有的不动产或者动产，依法享有占有、使用和收益的权利。比如土地承包经营权，建设用地使用权，宅基地使用权，地役权，海域使用权，探矿权，采矿权，取水权和使用水域、滩涂从事养殖、捕捞的权利。

4. 担保物权的概念

担保物权是与用益物权相对应的他物权，指的是为确保债权的实现而设定的，以直接取得或者支配特定财产的交换价值为内容的权利。包括抵押权、质押权、留置权。

六、侵权责任

要 点 解 析

1. 侵权责任的概念

《中华人民共和国侵权责任法》（以下简称《侵权责任法》）第二条规定，侵害民事权益，应当依照本法承担侵权责任。侵权行为的民事责任，简称侵权责任，是侵权行为产生的法律后果，即由法律规定的侵权行为人对其不法行为造成他人财产或人身权利损害所应承担的法律责任。

2. 承担侵权责任方式和适用

《侵权责任法》第二章第十五条列举了八种承担侵权责任的方式，主要有：

①停止侵害，②排除妨碍，③消除危险，④返还财产，⑤恢复原状，⑥赔偿损失，⑦赔礼道歉，⑧消除影响、恢复名誉。

以上承担侵权责任的方式，可以单独适用，也可以合并适用。

法 律 链 接

1.《中华人民共和国民法总则》（实施日期：2017 年 10 月 1 日）

2.《中华人民共和国物权法》（实施日期：2007 年 10 月 1 日）

3.《中华人民共和国侵权责任法》（实施日期：2010 年 7 月 1 日）

第二章
综合类知识要点与解析

第一节　行政处罚

一、行政处罚的概念

要点解析

1. 行政处罚的概念

行政处罚是指行政主体依照法定职权和程序对违反行政法规范，尚未构成犯罪的相对人给予行政制裁的具体行政行为。

2. 行政处罚的特征

①行政处罚是行政机关行使国家惩罚权的活动。

②行政处罚是处理相对人违法行为的管理活动。

③行政处罚是维护国家行政管理秩序的具体行政行为，不同于惩罚犯罪的刑罚，禁止以罚代刑。

二、行政处罚的原则

要点解析

行政处罚的原则包括以下几个方面。

1. 处罚法定原则

根据《中华人民共和国行政处罚法》(以下简称《行政处罚法》)第三条规定，公民、法人或者其他组织违反行政管理秩序的行为，应当给予行政处罚的，依照本法由法律、法规或者规章规定，并由行政机关依照本法规定的程序实施。没有法定依据或者不遵守法定程序的，行政处罚无效。

2. 公正公开原则

《行政处罚法》第四条规定了处罚公正公开原则，其中公正原则包括实体上的公正和程序上的公正；公开原则包括规定公开、程序公开。

3. 处罚与教育相结合原则

根据《行政处罚法》第五条规定，行政处罚的设定与实施要同时发挥行政制裁与促进认识转变的作用，使被处罚者不再危害社会和自觉守法。

4. 保障当事人程序权利原则

根据《行政处罚法》第六条规定，在行政处罚中，相对人享有程序性权利，即为制约行政机关的权利、保障公民实体权利的实现，在一定法律程序中为公民设定的权利。程序权利包括：①在行政处罚决定过程中的陈述权、申辩权、被告知权和其他程序权利；②行政处罚决定作出后的申请行政复议、提起行政诉讼和请求国家赔偿等行政救济权。

三、行政处罚的种类

要点解析

《行政处罚法》第八条列举了六类行政处罚，并规定了其他行政处罚种类的规定办法。这六类行政处罚是：①警告；②罚款；③没收违法所得、没收非法财物；④责令停产停业；⑤暂扣或者吊销许可证、执照；⑥行政拘留。

除了以上六种处罚外，其他处罚种类的设定只能由法律、行政法规规定，常见的有通报批评、驱逐出境。

四、行政处罚的设定

要点解析

根据《行政处罚法》第九条至第十一条的规定，在我国只有正式立法（法律、法规、规章）才能设定行政处罚，其他规范性文件不得设定行政处罚，具体设定权如下。

1. 法律

法律指全国人民代表大会及其常务委员会制定的法律，可以设定任何一种行政处罚。限制人身自由的行政处罚只能由法律设定。

2. 行政法规

行政法规可以设定除限制人身自由以外的行政处罚。

3. 地方性法规

地方性法规可以设定除限制人身自由、吊销企业营业执照以外的行政处罚。

4. 部门规章

部门规章可以设定警告或一定数量罚款的处罚，罚款的上限由国务院规定。

5. 地方政府规章

地方政府规章可以设定警告或一定数量罚款的行政处罚。罚款的上限由省、自治区、直辖市人民代表大会常务委员会决定。

以上所述设定是创设权。此外，《行政处罚法》第十二条和第十三条规定了法律之外的规范还有具体规定权，即在上位法规定的范围内作出具体规定的权利。对上位法已经设定的事项，下位法不能再设定，但可以在上位法设定的行政处罚的行为、种类和幅度范围内作出具体规定。

五、行政处罚的实施机关

要 点 解 析

根据《行政处罚法》第十五条至第十九条的规定，行政处罚的实施机关包括以下几类。

1. 行政机关

行政处罚权由具有行政处罚权的行政机关在法定职权范围内实施。

2. 被法律、法规授权的组织

法律法规授权的具有管理公共事务职能的组织可以在法定授权范围内实施行政处罚。

3. 受行政机关委托的组织

行政机关依照法律、法规或者规章的规定，可以在其法定权限内委托符合以下条件的组织实施行政处罚。委托行政机关对受委托的组织实施行政处罚的行为应当负责监督，并对该行为的后果承担法律责任。受委托组织在委托范围内，以委托行政机关名义实施行政处罚；不得再委托其他任何组织或者个人实施行政处罚。

①该组织是依法成立的管理公共事务的事业组织。

②该组织有熟悉相关法律、法规、规章和业务的工作人员。

③对违法行为需要进行技术检查或技术鉴定的，应当有条件组织进行相应的技术检查或者技术鉴定。

六、行政处罚的法律责任

要 点 解 析

行政处罚的法律责任集中规定在《行政处罚法》第五十五条至第六十二条，主要是关于执法人员的法律责任，主要包括行政责任和刑事责任。

①行政机关实施行政处罚没有法定依据、擅自改变行政处罚种类和幅度、违反法定程序、违法委托实施处罚的，可以对直接负责的主管人员和其他直接责任人员依法给予行政处分。

②行政机关将罚款、没收的违法所得或者财物截留、私分或者变相私分的，对直接负责的主管人员和其他直接责任人员依法给予行政处分；情节严重，构成犯罪的，依法追究刑事责任。

③执法人员利用职务上的便利，索取或者收受他人财物、收缴罚款据为己有，构成犯罪的，依法追究刑事责任；情节轻微不构成犯罪的，依法给予行政处分。

④行政机关违法实行检查措施或者执行措施，给公民人身或者财产造成损害、给法人或者其他组织造成损失的，应当依法予以赔偿，对直接负责的主管人员和其他直接责任人员依法给予行政处分；情节严重构成犯罪的，依法追究刑事责任。

⑤行政机关为牟取本单位私利，对应当依法移交司法机关追究刑事责任的不移交，以行政处罚代替刑罚，由上级行政机关或者有关部门责令纠正；拒不纠正的，对直接负责的主管人员给予行政处分；徇私舞弊、包庇纵容违法行为的，依法追究刑事责任。

⑥执法人员玩忽职守，对应当予以制止和处罚的违法行为不予制止、处罚，致使公民、法人或者其他组织的合法权益、公共利益和社会秩序遭受损害的，对直接负责的主管人员和其他直接责任人员依法给予行政处分；情节严重构成犯罪的，依法追究刑事责任。

法 律 链 接

《中华人民共和国行政处罚法》（2017 年修正）（实施日期：1996 年 10 月 1 日）

第二节　行政强制

一、行政强制的概念

要 点 解 析

1. 行政强制的概念

根据《中华人民共和国行政强制法》（以下简称《行政强制法》）第二条，本法所称行政强制，包括行政强制措施和行政强制执行。

（1）行政强制措施　是指行政机关在行政管理过程中，为制止违法行为、防止证据损毁、避免危害发生、控制危险扩大等情形，依法对公民的人身自由实施暂时性限制，或者对公民、法人或者其他组织的财物实施暂时性控制的行为。

（2）**行政强制执行**　是指行政机关或者行政机关申请人民法院，对不履行行政决定的公民、法人或者其他组织，依法强制履行义务的行为。

2. 行政强制的特征

（1）**行政强制措施的特征**　行政强制措施具有强制性、法定性、紧急性、非处分性。

可以从以下几个方面理解行政强制措施：①行政强制措施是一类具体行政行为，不能理解为物理意义上的手段和方法。②行政强制措施是一类暂时性控制措施，不是对当事人人身、财产权利的最终处分。③行政强制措施是为了便于行政决定的作出或者行政目的的实现，不能作为制裁手段。制止违法行为、防止证据损毁、避免危害发生、控制危险扩大是实施行政强制措施的前提。

（2）**行政强制执行的特征**　以行政主体和法院为执行主体；以已生效的具体行政行为所确定的义务为执行内容；强制执行的目的在于迫使相对人履行义务或用代执行等方式达到与履行义务相同之状态，最终确保行政法上秩序的实现；行政强制执行不允许进行执行和解。

可以从以下几点理解行政强制执行：①行政强制执行的前提是存在一个生效的行政决定，是执行行政决定的行为，目的是保障行政决定内容得到实现。②行政强制执行的效果是对当事人人身、财产权利的剥夺，但这种处分来自于作为执行基础的原行政决定，而不是来源于行政强制执行。③我国行政强制执行包括两种形式：行政机关自行强制执行和申请人民法院强制执行。④行政强制执行的具体方式包括三类：执行罚、代履行和直接强制执行。

行政强制措施与行政强制执行的不同在于：①行政强制措施是在行政处罚决定作出前行政机关所采取的强制手段。而行政强制执行是在行政处罚决定作出后，为了执行该行政决定所采取的强制手段。②行政强制措施都是暂时性的，查封、扣押的期限不得超过三十日；情况复杂的，经行政机关负责人批准，可以延长，但是延长期限不得超过三十日，法律、行政法规对期限另有规定的除外。而行政强制执行是终局性的，如执行罚款，将从当事人那里执行的罚款上缴国库，即执行终结，除非行政决定被撤销或者执行错误，该罚款不会回转。

二、行政强制措施种类

要点解析

《行政强制法》第九条列举了行政强制措施的种类，包括：①限制公民人身自由；②查封场所、设施或者财物；③扣押财物；④冻结存款、汇款；⑤其他行政强制措施。

除了以上四种行政强制措施之外，其他行政强制措施的设定只能由法律、行政法规、地方性法规设定。

三、行政强制的设定

要 点 解 析

1. 行政强制措施的设定

根据《行政强制法》第十条的规定，行政强制措施可由法律、行政法规、地方性法规设定。具体规定如下：

①法律 《行政强制法》第十条第一款规定，行政强制措施由法律设定。

②行政法规 《行政强制法》第十条第二款规定，尚未制定法律，且属于国务院行政管理职权事项的，行政法规可以设定除本法第九条第一项、第四项和应当由法律规定的行政强制措施以外的其他行政强制措施。（第九条第一项，限制公民人身自由；第九条第四项，冻结存款、汇款）

③地方性法规 《行政强制法》第十条第三款规定，尚未制定法律、行政法规，且属于地方性事务的，地方性法规可以设定本法第九条第二项、第三项的行政强制措施。（第九条第二项，查封场所、设施或者财物；第九条第三项，扣押财物）

《行政强制法》还对设定行政强制措施进行了限制，具体规定如下：

①《行政强制法》第十条第四款规定，法律、法规以外的其他规范性文件不得设定行政强制措施。

②《行政强制法》第十一条规定，法律对行政强制措施的对象、条件、种类作了规定的，行政法规、地方性法规不得作出扩大规定。

法律中未设定行政强制措施的，行政法规、地方性法规不得设定行政强制措施。但是，法律规定特定事项由行政法规规定具体管理措施的，行政法规可以设定除本法第九条第一项、第四项和应当由法律规定的行政强制措施以外的其他行政强制措施。

2. 行政强制执行的设定

《行政强制法》第十三条规定，行政强制执行由法律设定。法律没有规定行政机关强制执行的，作出行政决定的行政机关应当申请人民法院强制执行。

四、行政强制措施实施主体

要 点 解 析

根据《行政强制法》第十八条的规定，行政强制措施的程序为：审批→两名人员、出示证件→通知→告知理由、依据、权利→听取陈述、申辩→现场笔录。

行政强制措施实施主体包括行政机关和法律、法规授权的组织。《行政强制法》的相关规定如下：

《行政强制法》第十七条规定，行政强制措施由法律、法规规定的行政机关在法定职权范围内实施。行政强制措施权不得委托。行政强制措施应当由行政机关具备资格的行政执法人员实施，其他人员不得实施。此外，依据《行政处罚法》的规定行使相对集中行政处罚权的行政机关，可以实施法律、法规规定的与行政处罚权有关的行政强制措施。

《行政强制法》第七十条规定，法律、行政法规授权的具有管理公共事务职能的组织在法定授权范围内，以自己的名义实施行政强制，适用本法有关行政机关的规定。

五、行政强制措施程序的一般规定

要 点 解 析

《行政强制法》有关行政强制措施程序的一般规定如下：

《行政强制法》第十八条规定，行政机关实施行政强制措施应当遵守下列规定：

①实施前须向行政机关负责人报告并经批准。

②由两名以上行政执法人员实施。

③出示执法身份证件。

④通知当事人到场。

⑤当场告知当事人采取行政强制措施的理由、依据以及当事人依法享有的权利、救济途径。

⑥听取当事人的陈述和申辩。

⑦制作现场笔录。

⑧现场笔录由当事人和行政执法人员签名或者盖章，当事人拒绝的，在笔

录中予以注明。

⑨当事人不到场的，邀请见证人到场，由见证人和行政执法人员在现场笔录上签名或者盖章。

⑩法律、法规规定的其他程序。

《行政强制法》第十九条规定，情况紧急，需要当场实施行政强制措施时，行政执法人员应当在二十四小时内向行政机关负责人报告，并补办批准手续。行政机关负责人认为不应当采取行政强制措施的，应当立即解除。

《行政强制法》第二十一条规定，违法行为涉嫌犯罪应当移送司法机关的，行政机关应当将查封、扣押、冻结的财物一并移送，并书面告知当事人。

《行政强制法》第二十条对实施限制公民人身自由的行政强制措施的程序进行了附加规定，在此不做详述。

六、查封、扣押

要 点 解 析

《行政强制法》有关查封、扣押的内容如下：

（1）查封扣押实施主体　《行政强制法》第二十二条规定，查封、扣押应当由法律、法规规定的行政机关实施，其他任何行政机关或者组织不得实施。

（2）查封、扣押对象的规定　《行政强制法》第二十三条规定，查封、扣押限于涉案的场所、设施或者财物，不得查封、扣押与违法行为无关的场所、设施或者财物；不得查封、扣押公民个人及其所扶养家属的生活必需品。

当事人的场所、设施或者财物已被其他国家机关依法查封的，不得重复查封。

（3）查封扣押实施程序的规定　《行政强制法》第二十四条规定，行政机关决定实施查封、扣押的，应当履行本法第十八条规定的程序，制作并当场交付查封、扣押决定书和清单。

查封、扣押决定书应当载明下列事项：

①当事人的姓名或者名称、地址；

②查封、扣押的理由、依据和期限；

③查封、扣押场所、设施或者财物的名称、数量等；

④申请行政复议或者提起行政诉讼的途径和期限；

⑤行政机关的名称、印章和日期。

查封、扣押清单一式二份，由当事人和行政机关分别保存。

（4）查封、扣押期限的规定　《行政强制法》第二十五条规定，查封、扣押的期限不得超过三十日；情况复杂的，经行政机关负责人批准，可以延长，但是延长期限不得超过三十日。法律、行政法规另有规定的除外。

延长查封、扣押的决定应当及时书面告知当事人，并说明理由。

对物品需要进行检测、检验、检疫或者技术鉴定的，查封、扣押的期间不包括检测、检验、检疫或者技术鉴定的期间。检测、检验、检疫或者技术鉴定的期间应当明确，并书面告知当事人。检测、检验、检疫或者技术鉴定的费用由行政机关承担。

(5) 保管查封、扣押的财物的规定 《行政强制法》第二十六条规定，对查封、扣押的场所、设施或者财物，行政机关应当妥善保管，不得使用或者损毁；造成损失的，应当承担赔偿责任。

对查封的场所、设施或者财物，行政机关可以委托第三人保管，第三人不得损毁或者擅自转移、处置。因第三人的原因造成的损失，行政机关先行赔付后，有权向第三人追偿。

因查封、扣押发生的保管费用由行政机关承担。

(6) 查封、扣押后财物处理的规定 《行政强制法》第二十七条规定，行政机关采取查封、扣押措施后，应当及时查清事实，在本法第二十五条规定的期限内作出处理决定。对违法事实清楚，依法应当没收的非法财物予以没收；法律、行政法规规定应当销毁的，依法销毁；应当解除查封、扣押的，作出解除查封、扣押的决定。

(7) 解除查封、扣押的规定 《行政强制法》第二十八条规定，有下列情形之一的，行政机关应当及时作出解除查封、扣押决定：

①当事人没有违法行为；

②查封、扣押的场所、设施或者财物与违法行为无关；

③行政机关对违法行为已经作出处理决定，不再需要查封、扣押；

④查封、扣押期限已经届满；

⑤其他不再需要采取查封、扣押措施的情形。

解除查封、扣押应当立即退还财物；已将鲜活物品或者其他不易保管的财物拍卖或者变卖的，退还拍卖或者变卖所得款项。变卖价格明显低于市场价格，给当事人造成损失的，应当给予补偿。

七、冻　　结

要 点 解 析

《行政强制法》有关冻结的条款如下：

　　《行政强制法》第二十九条对冻结的实施主体、数额限制及不得重复冻结进行了规定，冻结存款、汇款应当由法律规定的行政机关实施，不得委托给其他行政机关或者组织；其他任何行政机关或者组织不得冻结存款、汇款。

　　冻结存款、汇款的数额应当与违法行为涉及的金额相当；已被其他国家机关依法冻结的，不得重复冻结。

　　《行政强制法》第三十条至第三十三条分别对行政机关实施冻结的程序，冻结决定书的交付期限和内容，冻结期限以及解除冻结的规定进行了规定。

法 律 链 接

　　1.《中华人民共和国行政强制法》（实施日期：2012 年 1 月 1 日）

　　2.《中华人民共和国行政处罚法》（2017 年修正）（实施日期：1996 年 10 月 1 日）

第三节　行政许可

一、行政许可的概念

要 点 解 析

1. 行政许可的概念

　　根据《中华人民共和国行政许可法》（以下简称《行政许可法》）第二条的规定，行政许可是指行政机关根据公民、法人或者其他组织的申请，经依法审查，准予其从事特定活动的行为。

2. 行政许可的特征

①行政许可是依申请的行政行为。

②行政许可是行政机关依照法定职权对社会实施的外部管理行为。

③行政许可是一种经依法审查的行为。

④行政许可是准予从事特定活动的行为（授益行政行为）。

⑤行政许可是对一般性禁止的解除。

⑥行政许可是一种要式行政行为，必须具备法律规定的特定形式。

⑦行政许可是一种过程性、连续性行政行为。

3. 不属于行政许可的事项

①有关行政机关对其他机关人事、财务、外事等事项的审批。

②行政机关对直属事业单位有关事项的审批。

③上级行政机关基于行政隶属关系对下级行政机关有关请示报告事项的

审批。

④行政机关以出资人的身份对国有企业资产处置等事项的审批。

⑤行政机关确认财产权利及其他民事关系的登记，主要包括产权登记、抵押登记、结婚登记、收养登记、个人身份登记、特定事实登记等。

二、行政许可的基本原则

要 点 解 析

《行政许可法》第四条至第十条，分别规定了行政许可的七大原则，包括：合法性原则，公开、公平、公正原则；便民原则；救济原则；依赖保护原则；行政许可一般不得转让原则；监督原则。

1. 合法性原则

合法性原则是指设定和实施行政许可，应当依照法定的权限、范围、条件和程序。

2. 公开、公平、公正原则

公开、公平、公正原则是指有关行政许可的规定应当公布；未经公布的，不得作为实施行政许可的依据。行政许可的实施和结果，除涉及国家秘密、商业秘密或者个人隐私的外，应当公开。未经申请人同意，行政机关及其工作人员、参与专家评审等的人员不得披露申请人提交的商业秘密、未披露信息或者保密商务信息，法律另有规定或者涉及国家安全、重大社会公共利益的除外；行政机关依法公开申请人前述信息的，允许申请人在合理期限内提出异议。符合法定条件、标准的，申请人有依法取得许可的平等权利，行政机关不得歧视任何人。

3. 便民原则

便民原则是指实施行政许可，应当遵循便民的原则，提高办事效率，提供优质服务，即公民、法人和其他组织在行政许可过程中能够廉价、便宜、迅速地申请并获得行政许可。

4. 救济原则

救济原则是指公民、法人或者其他组织对行政机关实施行政许可，享有陈述权、申辩权，有权依法申请行政复议或者提起行政诉讼；其合法权益因行政机关违法实施行政许可受到损害的，有权依法要求赔偿。

5. 依赖保护原则

依赖保护原则是指公民、法人或者其他组织依法取得的行政许可受法律保护，行政机关不得擅自改变已经生效的行政许可。行政许可所依据的法律、法规、规章修改或者废止，或者准予行政许可所依据的客观情况发生重大变化的，为了公共利益的需要，行政机关可以依法变更或者撤回已经生效的行政许可。由此给公民、法人或者其他组织造成财产损失的，行政机关应当依法给予补偿。

6. 行政许可一般不得转让原则

行政许可一般不得转让原则是指依法取得的行政许可，除法律、法规规定依照法定条件和程序可以转让的外，不得转让。不得转让主要有以下几种情况：

①通过考试赋予公民特定资格的行政许可，或者根据法定条件赋予法人和其他组织特定的资格、资质的行政许可，被许可人不得转让。

②按照技术标准和技术规范进行检验、检测、检疫，行政机关根据检验、检测、检疫的结果作出的行政许可决定，不得转让。

③公民和社会组织通过登记取得的特定主体资格，也不得转让。

④被许可人按照法定条件申请取得的直接关系国家安全、公共安全、人身健康、生命财产安全的许可，不得转让。

7. 监督原则

监督原则是指县级以上人民政府应当建立健全对行政机关实施行政许可的监督制度，加强对行政机关实施行政许可的监督检查。行政机关应当对公民、法人或者其他组织从事行政许可事项的活动实施有效监督。

三、行政许可的实施机关

要 点 解 析

行政许可的实施机关是指谁有权实施行政许可，即行政许可的实施主体。根据《行政许可法》第二十二条、第二十三条、第二十四条的规定，理论上，实施行政许可的主体有三类，包括具有行政许可权的行政机关，法律、法规授权组织和受委托行政机关。

1. 具有行政许可权的行政机关

行政许可由具有行政许可权的行政机关在其法定职权范围内实施。

2. 法律、法规授权组织

法律、法规授权的具有管理公共事务职能的组织，在法定授权范围内，以自己的名义实施行政许可。

3. 受委托的行政机关

行政机关在其法定职权范围内，依照法律、法规、规章的规定，可以委托其他行政机关实施行政许可。委托机关应当将受委托行政机关和受委托实施行政许可的内容予以公告。

委托行政机关对受委托行政机关实施行政许可的行为应当负责监督，并对该行为的后果承担法律责任。

受委托行政机关在委托范围内，以委托行政机关名义实施行政许可；不得再委托其他组织或者个人实施行政许可。

四、撤销和注销

要点解析

根据《行政许可法》第六十九条、第七十条的规定，发生下列情形时，作出行政许可决定的行政机关或者其上级行政机关可对行政许可予以撤销与注销。

1. 行政许可的撤销

（1）可以撤销的情形

①行政机关工作人员滥用职权、玩忽职守作出准予行政许可决定的。

②超越法定职权作出准予行政许可决定的。

③违反法定程序作出准予行政许可决定的。

④对不具备申请资格或者不符合法定条件的申请人准予行政许可的。

⑤依法可以撤销行政许可的其他情形。

（2）应当撤销的情形

①被许可人以欺骗、贿赂等手段取得许可的，应当予以撤销。

②被许可人以欺骗、贿赂等不正当手段取得行政许可的，行政机关应当依法给予行政处罚；取得的行政许可属于直接关系公共安全、人身健康、生命财产安全事项的，申请人在三年内不得再次申请该行政许可；构成犯罪的，依法追究刑事责任。

（3）不予撤销的情形 不论是"可以撤销"，还是"应当撤销"的情形，当撤销许可可能对公共利益造成重大损害的，不得撤销。

（4）撤销行政许可的后果

①被撤销的行政许可，从成立时起即丧失效力。

②被许可人的合法权益因撤销行政许可受到损害的，行政机关应当依法给予赔偿；被许可人基于欺骗、贿赂取得的行政许可被撤销的，其利益不受保护。

2. 行政许可的注销

（1）应当注销的情形

①行政许可有效期届满未延续的。

②赋予公民特定资格的行政许可，该公民死亡或者丧失行为能力的。

③法人或者其他组织依法终止的。

④行政许可依法被撤销、撤回，或者行政许可证件依法被吊销的。

⑤因不可抗力导致行政许可事项无法实施的。

⑥法律、法规规定的应当注销行政许可的其他情形。

（2）注销的方式　收回证件、加注发还、公告注销。

法 律 链 接

《中华人民共和国行政许可法》（2019 年修正）（实施日期：2004 年 7 月 1 日）

第四节　行政复议

一、行政复议概述

要 点 解 析

1. 行政复议的概念

根据《中华人民共和国行政复议法》（以下简称《行政复议法》）第二条规定，行政复议是指公民、法人或者其他组织认为行政主体的具体行政行为违法或不当侵犯其合法权益，依法向主管行政机关提出复查该具体行政行为的申请，行政复议机关依照法定程序对被申请的具体行政行为进行合法性、适当性审查，并作出行政复议决定的一种法律制度。

2. 具体行政行为的界定

具体行政行为是指行政机关行使行政权力，对特定的公民、法人或者其他组织作出的有关其权利义务的单方行为。具体行政行为具有以下特征：

（1）法律性　区别于行政事实行为：行政指导、行政调解、准备和程序行为、暴力侵权行为。

（2）特定性　区别于抽象行政行为。

（3）外部性　区别于内部行政行为，如人事处理、公文来往、职权调整。

（4）职权性　区别于刑事行为。

（5）单方性　区别于行政协议。

3. 行政复议的特征

行政复议具有以下三个特点：

①行政复议是行政机关的活动，是上级行政主体对下级行政主体进行监督的一种基本形式，是国家行政救济机制的重要制度。

②行政复议解决的是行政争议，即行政主体与行政相对人就行政主体在行政管理过程中实施的具体行政行为是否合法以及是否适当而发生的争议。

③行政复议具有行政性和准司法性。

二、行政复议的受案范围

要 点 解 析

行政复议的受案范围，是指行政复议机关受理行政案件的权限范围。《行政复议法》就行政复议的受案范围规定如下：

1. 可以申请复议的行政案件（肯定式列举）

《行政复议法》第六条规定，有下列情形之一的，公民、法人或者其他组织可以依照本法申请行政复议。

①对行政机关作出的警告、罚款、没收违法所得、没收非法财物、责令停产停业、暂扣或者吊销许可证、暂扣或者吊销执照、行政拘留等行政处罚决定不服的。（行政处罚行为）

②对行政机关作出的限制人身自由或者查封、扣押、冻结财产等行政强制措施决定不服的。（行政强制措施）

③对行政机关作出的有关许可证、执照、资质证、资格证等证书变更、中止、撤销的决定不服的。（行政许可行为）

④对行政机关作出的关于确认土地、矿藏、水流、森林、山岭、草原、荒地、滩涂、海域等自然资源的所有权或者使用权的决定不服的。（行政确认）

⑤认为行政机关侵犯合法的经营自主权的。（侵犯经营自主权）

⑥认为行政机关变更或者废止农业承包合同，侵犯其合法权益的。（变更、废止农业承包合同）

⑦认为行政机关违法集资、征收财物、摊派费用或者违法要求履行其他义务的。（行政机关和执法部的乱收费、乱罚款、乱摊派的不正当和不规范行为等违法要求履行义务）

⑧认为符合法定条件，申请行政机关颁发许可证、执照、资质证、资格证等证书，或者申请行政机关审批、登记有关事项，行政机关没有依法办理的。（不予行政许可行为）

⑨申请行政机关履行保护人身权利、财产权利、受教育权利的法定职责，行政机关没有依法履行的。（行政不作为）

⑩申请行政机关依法发放抚恤金、社会保险金或者最低生活保障费，行政机关没有依法发放的。（行政给付）

⑪认为行政机关的其他具体行政行为侵犯其合法权益的。（兜底条款）

2. 可以附带提起审查的规范性文件

《行政复议法》第七条规定，公民、法人或者其他组织认为行政机关的具体行政行为所依据的下列规定不合法，在对具体行政行为申请行政复议时，可以一并向行政复议机关提出对该规定的审查申请。

①国务院部门的规定。

②县级以上地方各级人民政府及其工作部门的规定。

③乡、镇人民政府的规定。前款所列规定不含国务院部、委员会规章和地方人民政府规章。规章的审查依照法律、行政法规办理。

3. 不得申请复议的事项（否定式列举）

（1）内部行为 根据《行政复议法》第八条的规定，不服行政机关作出的行政处分或者其他人事处理决定的，依照有关法律、行政法规的规定提出申诉。

（2）行政主体对民事纠纷的调解或其他处理 行政主体对公民、法人或者其他组织之间的民事纠纷作出的调解或其他处理，当事人不服的，可以向人民法院提起诉讼或者向仲裁机关申请仲裁，不能申请行政复议。

（3）行政法规和规章 行政相对人对行政法规、规章不服的，可以向有关国家机关提出，由有关国家机关依照法律、行政法规的有关规定处理。

此外，国防、外交等国家行为，刑事司法行为，不具有强制力的行政指导等也不得申请复议。

三、行政复议机关

要 点 解 析

行政复议机关是指依照法律的规定，有权受理行政复议申请，依法对具体行政行为进行审查并作出裁决的行政机关。《行政复议法》第十二条至第十五条规定了各类主体作为被申请人时的行政复议机关。

1. 县级以上地方政府部门为被申请人时的行政复议机关

《行政复议法》第十二条第一款规定，对县级以上地方各级人民政府工作部门的具体行政行为不服的，由申请人选择，可以向该部门的本级人民政府申请行政复议，也可以向上一级主管部门申请行政复议。

2. 国家垂直机关和安全机关为被申请人时的行政复议机关

《行政复议法》第十二条第二款规定，对海关、金融、国税、外汇管理等实行垂直领导的行政机关和国家安全机关的具体行政行为不服的，向上一级主管部门申请行政复议。

3. 省级以下地方各级政府为被申请人时的行政复议机关

《行政复议法》第十三条规定，对地方各级人民政府的具体行政行为不服的，向上一级地方人民政府申请行政复议；对省、自治区人民政府依法设立的派出机关所属的县级地方人民政府的具体行政行为不服的，向该派出机关申请行政复议。

4. 自我管辖

自我管辖指作出行政行为的原机关自己作为复议机关。

《行政复议法》第十四条规定，对国务院部门或者省、自治区、直辖市人民政府的具体行政行为不服的，向作出该具体行政行为的国务院部门或者省、自治区、直辖市人民政府申请行政复议。对行政复议决定不服的，可以向人民法院提起行政诉讼；也可以向国务院申请裁决，国务院依照本法的规定作出最终裁决。

5. 其他情形下的行政复议机关

《行政复议法》第十五条规定，对本法第十二条、第十三条、第十四条规定以外的其他行政机关、组织的具体行政行为不服的，按照下列规定申请行政复议：

①对县级以上地方人民政府依法设立的派出机关的具体行政行为不服的，向设立该派出机关的人民政府申请行政复议。

②对政府工作部门依法设立的派出机构依照法律、法规或者规章规定，以自己的名义作出的具体行政行为不服的，向设立该派出机构的部门或者该部门的本级地方人民政府申请行政复议。

③对法律、法规授权的组织的具体行政行为不服的，分别向直接管理该组织的地方人民政府、地方人民政府工作部门或者国务院部门申请行政复议。

④对两个或者两个以上行政机关以共同的名义作出的具体行政行为不服的，向其共同上一级行政机关申请行政复议。

⑤对被撤销的行政机关在撤销前所作出的具体行政行为不服的，向继续行使其职权的行政机关的上一级行政机关申请行政复议。

有前款所列情形之一的，申请人也可以向具体行政行为发生地的县级地方人民政府提出行政复议申请，由接受申请的县级地方人民政府依照本法第十八条的规定办理。

《行政复议法》第十六条规定，公民、法人或者其他组织申请行政复议，行政复议机关已经依法受理的，或者法律、法规规定应当先向行政复议机关申请行政复议、对行政复议决定不服再向人民法院提起行政诉讼的，在法定行政复议期限内不得向人民法院提起行政诉讼。

四、行政复议受理

要 点 解 析

行政复议机关收到行政复议申请后，应当在五日内进行审查。行政复议期间具体行政行为不停止执行，但特殊情况除外。《行政复议法》第十七条至第二十一条规定了行政复议受理的具体程序。

1. 行政复议机关受理后的审查

《行政复议法》第十七条规定，行政复议机关收到行政复议申请后，应当在五日内进行审查，对不符合本法规定的行政复议申请，决定不予受理，并书面告知申请人；对符合本法规定，但是不属于本机关受理的行政复议申请，应当告知申请人向有关行政复议机关提出。除前款规定外，行政复议申请自行政复议机关负责法制工作的机构收到之日起即为受理。

2. "先复议、后起诉"案件的处理

《行政复议法》第十九条规定，法律、法规规定应当先向行政复议机关申请行政复议、对行政复议决定不服再向人民法院提起行政诉讼的，行政复议机关决定不予受理或者受理后超过行政复议期限不作答复的，公民、法人或者其他组织可以自收到不予受理决定书之日起或者行政复议期满之日起十五日内，依法向人民法院提起行政诉讼。

3. 行政复议期间具体行政行为的执行情况

《行政复议法》第二十一条规定，行政复议期间具体行政行为不停止执行；但是，有下列情形之一的，可以停止执行：

①被申请人认为需要停止执行的。

②行政复议机关认为需要停止执行的。

③申请人申请停止执行，行政复议机关认为其要求合理，决定停止执行的。

④法律规定停止执行的。

五、行政复议决定

要 点 解 析

行政复议决定作出前，申请人可以撤回行政复议申请。被申请人应当履行行政复议决定，被申请人不履行或者无正当理由拖延履行行政复议决定的，行政复议机关或者有关上级行政机关应当责令其限期履行。《行政复议法》第二十二条至第三十三条规定了行政复议决定的具体内容。

1. 申请人可以撤回行政复议申请

根据《行政复议法》第二十五条的规定，行政复议决定作出前，申请人要求撤回行政复议申请的，经说明理由，可以撤回；撤回行政复议申请的，行政复议终止。

2. 行政复议决定的具体内容

根据《行政复议法》第二十八条的规定，行政复议机关负责法制工作的机构应当对被申请人作出的具体行政行为进行审查，提出意见，经行政复议机关的负责人同意或者集体讨论通过后，按照下列规定作出行政复议决定：

①具体行政行为认定事实清楚，证据确凿，适用依据正确，程序合法，内容适当的，决定维持。

②被申请人不履行法定职责的，决定其在一定期限内履行。

③具体行政行为有下列情形之一的，决定撤销、变更或者确认该具体行政行为违法；决定撤销或者确认该具体行政行为违法的，可以责令被申请人在一定期限内重新作出具体行政行为：①主要事实不清、证据不足的；②适用依据错误的；③违反法定程序的；④超越或者滥用职权的；⑤具体行政行为明显不当的。

④被申请人不按照本法第二十三条的规定提出书面答复、提交当初作出具体行政行为的证据、依据和其他有关材料的，视为该具体行政行为没有证据、依据，决定撤销该具体行政行为。

行政复议机关责令被申请人重新作出具体行政行为的，被申请人不得以同一的事实和理由作出与原具体行政行为相同或者基本相同的具体行政行为。

3. 行政赔偿请求的提出

根据《行政复议法》第二十九条的规定，申请人在申请行政复议时可以一并提出行政赔偿请求，行政复议机关对符合国家赔偿法的有关规定应当给予赔偿的，在决定撤销、变更具体行政行为或者确认具体行政行为违法时，应当同时决定被申请人依法给予赔偿。

4. 被申请人对行政复议决定的强制履行

根据《行政复议法》第三十二条的规定，被申请人应当履行行政复议决定。被申请人不履行或者无正当理由拖延履行行政复议决定的，行政复议机关或者有关上级行政机关应当责令其限期履行。

5. 申请人逾期不起诉又不履行行政复议决定的处理

根据《行政复议法》第三十三条的规定，申请人逾期不起诉又不履行行政复议决定的，或者不履行最终裁决的行政复议决定的，按照下列规定分别处理：

①维持具体行政行为的行政复议决定，由作出具体行政行为的行政机关依法强制执行，或者申请人民法院强制执行。

②变更具体行政行为的行政复议决定，由行政复议机关依法强制执行，或者申请人民法院强制执行。

法 律 链 接

《中华人民共和国行政复议法》（2017 年修正）（实施日期：1999 年 10 月 1 日）

第五节　行政诉讼

一、行政诉讼的概念

要 点 解 析

行政诉讼是公民、法人或其他组织认为行政机关或被授权组织及其工作人员的行政行为侵犯其合法权益，向法院提起的诉讼，由法院对具体行政行为进行合法性审查的活动。

1. 行政诉讼的概念

行政诉讼是指公民、法人或者其他组织认为行使国家行政权的机关和组织及其工作人员所实施的具体行政行为，侵犯了其合法权利，依法向人民法院起诉，人民法院在当事人及其他诉讼参与人的参加下，依法对被诉具体行政行为进行审查并作出裁判，从而解决行政争议的制度。

2. 行政诉讼的特征

①行政诉讼是人民法院通过审判方式进行的一种司法活动。

②行政诉讼是通过对被诉行政行为合法性进行审查以解决行政争议的活动。

③行政诉讼是解决特定范围内行政争议的活动。

④行政诉讼中的当事人具有恒定性。

二、行政诉讼法基本原则

要 点 解 析

行政诉讼的原则包括一般原则和特有原则，均被规定于《中华人民共和国行政诉讼法》（以下简称《行政诉讼法》）中。其中一般原则有七条，与其他诉讼法相同。特有原则有四条，区别于其他诉讼法，体现了行政诉讼的特点。

1. 一般原则

（1）独立审判原则 《行政诉讼法》第四条规定，人民法院依法对行政案件独立行使审判权，不受行政机关、社会团体和个人的干涉。

人民法院设行政审判庭，审理行政案件。

行政诉讼法的上述规定，确立了人民法院对行政案件的依法独立行使审判权的原则。

（2）以事实为根据，以法律为准绳原则 《行政诉讼法》第五条规定，人民法院审理行政案件，以事实为根据，以法律为准绳。

这一原则要求人民法院在审理行政案件过程中，要查明案件事实真相，以法律为尺度，作出公正的裁判。

（3）当事人法律地位平等原则 《行政诉讼法》第八条规定，当事人在行政诉讼中的法律地位平等。

在行政管理活动中，双方是处于管理者与被管理者关系的从属性行政管理关系，依法进入行政诉讼程序后，双方就转变为平等性的行政诉讼关系，成为行政诉讼的双方当事人。在整个诉讼过程中，原告与被告的诉讼法律地位是平等的。

（4）辩论原则 《行政诉讼法》第十条规定，当事人在行政诉讼中有权进行辩论。

所谓辩论是指当事人在法院主持下，就案件的事实和争议的问题，充分陈述各自的主张和意见，互相进行反驳的答辩，以维护自己的合法权益。辩论原则具体体现了行政诉讼当事人在诉讼中平等的法律地位，是现代民主诉讼制度的象征。

（5）合议、回避、公开审判、两审终审原则 《行政诉讼法》第七条规定，人民法院审理行政案件，依法实行合议、回避、公开审判和两审终审制度。

（6）使用民族语言文字进行诉讼的原则 《行政诉讼法》第九条规定，各民族公民都有用本民族语言、文字进行行政诉讼的权利。

在少数民族聚居或者多民族共同居住的地区，人民法院应当用当地民族通用的语言、文字进行审理和发布法律文书。

人民法院应当对不通晓当地民族通用的语言、文字的诉讼参与人提供翻译。

我国的三大诉讼法都把使用本民族语言文字进行诉讼作为基本原则予以规定。

（7）检察监督原则 《行政诉讼法》第十一条规定，人民检察院有权对行政诉讼实行法律监督。

人民检察院在行政诉讼中的法律监督，主要体现在对人民法院作出的错误的生效裁判，可以依法提起抗诉。

2. 特有原则

（1）合法性审查原则　《行政诉讼法》第六条规定，人民法院审理行政案件，对行政行为是否合法进行审查。

合法性审查包括程序意义上的审查和实体意义上的审查两层涵义。程序意义上的合法性审查，是指人民法院依法受理行政案件，有权对被诉具体行政行为是否合法进行审理并作出裁判。实体意义上的审查，是指人民法院只对具体行政行为是否合法进行审查，不审查抽象行政行为，一般也不对具体行政行为是否合理进行审查。就是说，这是一种有限的审查。

（2）举证责任倒置原则　《行政诉讼法》第三十四条规定，被告对作出的行政行为负有举证责任，应当提供作出该行政行为的证据和所依据的规范性文件。被告不提供或者无正当理由逾期提供证据，视为没有相应证据。但是，被诉行政行为涉及第三人合法权益，第三人提供证据的除外。

《最高人民法院关于行政诉讼证据若干问题的规定》第一条规定，根据《行政诉讼法》第三十二条和第四十三条的规定，被告对作出的具体行政行为负有举证责任，应当在收到起诉状副本之日起十日内，提供据以作出被诉具体行政行为的全部证据和所依据的规范性文件。被告不提供或者无正当理由逾期提供证据的，视为被诉具体行政行为没有相应的证据。

被告因不可抗力或者客观上不能控制的其他正当事由，不能在前款规定的期限内提供证据的，应当在收到起诉状副本之日起十日内向人民法院提出延期提供证据的书面申请。人民法院准许延期提供的，被告应当在正当事由消除后十日内提供证据。逾期提供的，视为被诉具体行政行为没有相应的证据。

在一般的诉讼法中，通常是由原告负有主张被告违法的责任，但是在行政诉讼中，则是由被告提供证明其没有违法的证据，如果无法证明其行政行为是合法的，则会被认定为违法。

（3）诉讼期间不停止执行原则　《行政诉讼法》第五十六条规定，诉讼期间，不停止行政行为的执行。但有下列情形之一的，裁定停止执行：

①被告认为需要停止执行的。

②原告或者利害关系人申请停止执行，人民法院认为该行政行为的执行会造成难以弥补的损失，并且停止执行不损害国家利益、社会公共利益的。

③人民法院认为该行政行为的执行会给国家利益、社会公共利益造成重大损害的。

④法律、法规规定停止执行的。

当事人对停止执行或者不停止执行的裁定不服的，可以申请复议一次。

（4）不适用调解原则 《行政诉讼法》第六十条规定，人民法院审理行政案件，不适用调解。但是，行政赔偿、补偿以及行政机关行使法律、法规规定的自由裁量权的案件可以调解。调解应当遵循自愿、合法原则，不得损害国家利益、社会公共利益和他人合法权益。

《最高人民法院关于适用〈中华人民共和国行政诉讼法〉的解释》第八十四条规定，人民法院审理《行政诉讼法》第六十条第一款规定的行政案件，认为法律关系明确、事实清楚，在征得当事人双方同意后，可以径行调解。

行政诉讼原则上不适用调解，但是行政赔偿、补偿以及行政机关行使法律、法规规定的自由裁量权的案件认为法律关系明确、事实清楚，在征得当事人双方同意后，可以径行调解。

三、行政诉讼受案范围

要 点 解 析

《行政诉讼法》第十二条列举了行政诉讼的受案范围，包括但不限于所列举的十二项，其中第十二项为兜底条款。《行政诉讼法》第十三条规定了不属于行政诉讼的受案范围，《最高人民法院关于适用〈中华人民共和国行政诉讼法〉的解释》第二条对此条进行了解释与界定，同时第一条又添加了十条不属于受案范围的情况，其中第十条为兜底条款。

1. 肯定式列举

《行政诉讼法》第十二条规定，人民法院受理公民、法人或者其他组织提起的下列诉讼：

①对行政拘留、暂扣或者吊销许可证和执照、责令停产停业、没收违法所得、没收非法财物、罚款、警告等行政处罚不服的。（行政处罚行为）

②对限制人身自由或者对财产的查封、扣押、冻结等行政强制措施和行政强制执行不服的。（行政强制行为）

③申请行政许可，行政机关拒绝或者在法定期限内不予答复，或者对行政机关作出的有关行政许可的其他决定不服的。（行政许可行为）

④对行政机关作出的关于确认土地、矿藏、水流、森林、山岭、草原、荒地、滩涂、海域等自然资源的所有权或者使用权的决定不服的。（行政确认行为）

⑤对征收、征用决定及其补偿决定不服的。（行政征收、征用）

⑥申请行政机关履行保护人身权、财产权等合法权益的法定职责，行政机关拒绝履行或者不予答复的。（行政不作为）

⑦认为行政机关侵犯其经营自主权或者农村土地承包经营权、农村土地经营权的。（侵犯经营自主权、土地承包经营权）

⑧认为行政机关滥用行政权力排除或者限制竞争的。（排除或限制竞争）

⑨认为行政机关违法集资、摊派费用或者违法要求履行其他义务的。（违法要求履行义务）

⑩认为行政机关没有依法支付抚恤金、最低生活保障待遇或者社会保险待遇的。（行政给付行为）

⑪认为行政机关不依法履行、未按照约定履行或者违法变更、解除政府特许经营协议、土地房屋征收补偿协议等协议的。（行政协议）

⑫认为行政机关侵犯其他人身权、财产权等合法权益的。（兜底条款）

除前款规定外，人民法院受理法律、法规规定可以提起诉讼的其他行政案件。

2. 否定式列举

《行政诉讼法》第十三条规定，人民法院不受理公民、法人或者其他组织对下列事项提起的诉讼：

①国防、外交等国家行为。（国家行为）

②行政法规、规章或者行政机关制定、发布的具有普遍约束力的决定、命令。（抽象行政行为）

③行政机关对行政机关工作人员的奖惩、任免等决定。（内部行政行为）

④法律规定由行政机关最终裁决的行政行为。（终局行政决定行为）

《最高人民法院关于适用〈中华人民共和国行政诉讼法〉的解释》第二条规定，《行政诉讼法》第十三条第一项规定的"国家行为"，是指国务院、中央军事委员会、国防部、外交部等根据宪法和法律的授权，以国家的名义实施的有关国防和外交事务的行为，以及经宪法和法律授权的国家机关宣布紧急状态等行为。

《行政诉讼法》第十三条第二项规定的"具有普遍约束力的决定、命令"，是指行政机关针对不特定对象发布的能反复适用的规范性文件。

《行政诉讼法》第十三条第三项规定的"对行政机关工作人员的奖惩、任免等决定"，是指行政机关作出的涉及行政机关工作人员公务员权利义务的决定。

《行政诉讼法》第十三条第四项规定的"法律规定由行政机关最终裁决的行政行为"中的"法律"，是指全国人民代表大会及其常务委员会制定、通过的规范性文件。

《最高人民法院关于适用〈中华人民共和国行政诉讼法〉的解释》第一条规定，公民、法人或者其他组织对行政机关及其工作人员的行政行为不服，依法提起诉讼的，属于人民法院行政诉讼的受案范围。

下列行为不属于人民法院行政诉讼的受案范围：①公安、国家安全等机关依照刑事诉讼法的明确授权实施的行为；②调解行为以及法律规定的仲裁行为；③行政指导行为；④驳回当事人对行政行为提起申诉的重复处理行为；⑤行政机关作出的不产生外部法律效力的行为；⑥行政机关为作出行政行为而实施的准备、论证、研究、层报、咨询等过程性行为；⑦行政机关根据人民法院的生效裁判、协助执行通知书作出的执行行为，但行政机关扩大执行范围或者采取违法方式实施的除外；⑧上级行政机关基于内部层级监督关系对下级行政机关作出的听取报告、执法检查、督促履责等行为；⑨行政机关针对信访事项作出的登记、受理、交办、转送、复查、复核意见等行为；⑩对公民、法人或者其他组织权利义务不产生实际影响的行为。

四、行政诉讼的管辖和被告的认定

要 点 解 析

1. 行政诉讼的管辖

行政案件由最初作出行政行为的行政机关所在地人民法院管辖。经复议的案件，也可以由复议机关所在地人民法院管辖。对限制人身自由的行政强制措施不服提起的诉讼，由被告所在地或者原告所在地人民法院管辖。

2. 被告的认定

作出行政行为的行政机关是被告。经复议的案件，复议机关决定维持原行政行为的，作出原行政行为的行政机关和复议机关是共同被告；复议机关改变原行政行为的，复议机关是被告。

对于委托执法，作出委托的行政机关是被告。对法律、法规或者规章授权行使行政职权的行政机关内设机构、派出机构或者其他组织，超出法定授权范围实施行政行为，应当以实施该行为的机构或者组织为被告。

行政机关被撤销或者职权变更的，继续行使其职权的行政机关是被告。如果没有继续行使其职权的行政机关的，以其所属的人民政府为被告。

3. 被告行政机关负责人出庭应诉的要求

《行政诉讼法》第三条、《最高人民法院关于适用〈中华人民共和国行政诉讼法〉的解释》第一百二十八条至第一百三十二条规定了被告出庭应诉的要求，主要为：

被诉行政机关负责人应当出庭应诉，负责人包括行政机关的正职、副职负责人以及其他参与分管的负责人。行政机关负责人不能出庭的，应当委托行政机关相应的工作人员出庭，不得仅委托律师出庭。

涉及重大公共利益、社会高度关注或者可能引发群体性事件等案件以及人民法院书面建议行政机关负责人出庭的案件，被诉行政机关负责人应当出庭。

行政机关负责人有正当理由不能出庭应诉的，应当向人民法院提交情况说明，并加盖行政机关印章或者由该机关主要负责人签字认可。

行政机关拒绝说明理由的，不发生阻止案件审理的效果，人民法院可以向监察机关、上一级行政机关提出司法建议。

五、行政诉讼的证据

要 点 解 析

被告对作出的行政行为负有举证责任，应当提供作出该行政行为的证据和所依据的规范性文件。在诉讼过程中，被告不得自行向原告、第三人和证人收集证据。

1. 书证

根据《最高人民法院关于行政诉讼证据若干问题的规定》，书证应当符合下列要求：

①提供书证的原件，原本、正本和副本均属于书证的原件。提供原件确有困难的，可以提供与原件核对无误的复印件、照片、节录本。

②提供由有关部门保管的书证原件的复制件、影印件或者抄录件的，应当注明出处，经该部门核对无异后加盖其印章。

③提供报表、图纸、会计账册、专业技术资料、科技文献等书证的，应当附有说明材料。

④被告提供的被诉具体行政行为所依据的询问、陈述、谈话类笔录，应当有行政执法人员、被询问人、陈述人、谈话人签名或者盖章。

法律、法规、司法解释和规章对书证的制作形式另有规定的，从其规定。

2. 物证

根据《最高人民法院关于行政诉讼证据若干问题的规定》，物证应当符合下列要求：

①提供原物。提供原物确有困难的，可以提供与原物核对无误的复制件或者证明该物证的照片、录像等其他证据。

②原物为数量较多的种类物的，提供其中的一部分。

3. 视听资料

根据《最高人民法院关于行政诉讼证据若干问题的规定》，当事人向人民法院提供计算机数据或者录音、录像等视听资料的，应当符合下列要求：

①提供有关资料的原始载体。提供原始载体确有困难的，可以提供复制件。

②注明制作方法、制作时间、制作人和证明对象等。

③声音资料应当附有该声音内容的文字记录。

4. 电子数据

根据《最高人民法院关于行政诉讼证据若干问题的规定》，以有形载体固定或者显示的电子数据交换、电子邮件以及其他数据资料，其制作情况和真实性经对方当事人确认，或者以公证等其他有效方式予以证明的，与原件具有同等的证明效力。

5. 鉴定意见

根据《最高人民法院关于行政诉讼证据若干问题的规定》，被告向人民法院提供的在行政程序中采用的鉴定结论，应当载明委托人和委托鉴定的事项、向鉴定部门提交的相关材料、鉴定的依据和使用的科学技术手段、鉴定部门和鉴定人鉴定资格的说明，并应有鉴定人的签名和鉴定部门的盖章。通过分析获得的鉴定结论，应当说明分析过程。

6. 勘验笔录、现场笔录

根据《最高人民法院关于行政诉讼证据若干问题的规定》，被告向人民法院提供的现场笔录，应当载明时间、地点和事件等内容，并由执法人员和当事人签名。当事人拒绝签名或者不能签名的，应当注明原因。有其他人在现场的，可由其他人签名。法律、法规和规章对现场笔录的制作形式另有规定的，从其规定。

7. 非法证据的认定

《行政诉讼法》第四十三条第三款规定，以非法手段取得的证据，不得作为认定案件事实的根据。

下列情形属于"以非法手段取得的证据"：

①严重违反法定程序收集的证据材料。

②以违反法律强制性规定的手段获取且侵害他人合法权益的证据材料。

③以利诱、欺诈、胁迫、暴力等手段获取的证据材料。

六、对规范性文件的抽象审查

《行政诉讼法》第六十三条规定，人民法院审理行政案件，以法律和行政法规、地方性法规为依据。地方性法规适用于本行政区域内发生的行政案件。人民法院审理民族自治地方的行政案件，应以该民族自治地方的自治条例和单行条例为依据。人民法院审理行政案件，参照规章。

《行政诉讼法》第五十三条规定，公民、法人或者其他组织认为行政行为所依据的国务院部门和地方人民政府及其部门制定的规范性文件不合法，在对行政行为提起诉讼时，可以一并请求对该规范性文件进行审查。

《行政诉讼法》第六十四条规定，人民法院在审理行政案件中，经审查认为本法第五十三条规定的规范性文件不合法的，不作为认定行政行为合法的依据，并向制定机关提出处理建议。

《最高人民法院关于适用〈中华人民共和国行政诉讼法〉的解释》第一百四十八条规定有下列情形之一的，属于"规范性文件不合法"：

①超越制定机关的法定职权或者超越法律、法规、规章的授权范围的。

②与法律、法规、规章等上位法的规定相抵触的。

③没有法律、法规、规章依据，违法增加公民、法人和其他组织义务或者减损公民、法人和其他组织合法权益的。

④未履行法定批准程序、公开发布程序，严重违反制定程序的。

⑤其他违反法律、法规以及规章规定的情形。

七、行政行为申请强制执行的相关规定

根据《行政诉讼法》第九十七条的规定，公民、法人或者其他组织对行政行为在法定期限内不提起诉讼又不履行的，可以申请人民法院强制执行。

根据《最高人民法院关于适用〈中华人民共和国行政诉讼法〉的解释》第一百五十五条的规定，申请人民法院强制执行的行政行为，应当具备以下条件：

①行政行为依法可以由人民法院执行。

②行政行为已经生效并具有可执行内容。

③申请人是作出该行政行为的行政机关或者法律、法规、规章授权的组织。

④被申请人是该行政行为所确定的义务人。

⑤被申请人在行政行为确定的期限内或者行政机关催告期限内未履行义务。

⑥申请人在法定期限内提出申请。

⑦被申请执行的行政案件属于受理执行申请的人民法院管辖。

法 律 链 接

1.《中华人民共和国行政诉讼法》（2017 年修正）（实施日期：1990 年 10 月 1 日）

2.《最高人民法院关于适用〈中华人民共和国行政诉讼法〉的解释》（实施日期：2018 年 2 月 8 日）

3.《最高人民法院关于行政诉讼证据若干问题的规定》（实施日期：2002 年 10 月 1 日）

第六节　国家赔偿

一、国家赔偿的含义

要 点 解 析

根据《中华人民共和国国家赔偿法》（以下简称《国家赔偿法》）第二条的规定，国家赔偿是指国家机关及其工作人员因行使职权，给公民、法人及其他组织的合法权益造成损害，由国家承担赔偿，并由该机关具体履行的法律责任。

二、国家赔偿责任的构成要件

要 点 解 析

1. 主体要件——国家机关及其工作人员

国家赔偿责任主体要件是指国家承担赔偿责任的必须具备的主体条件，即国家对国家机关及其工作人员的侵权行为负责赔偿。

2. 侵权行为要件——执行职务行为

国家只对侵权责任主体实施的执行职务的行为承担赔偿责任，即致害行为必须是执行职务的行为，该行为必须违法。

3. 损害结果要件——造成特定损害

因执行职务对受害人的合法权益造成特定损害，无损害即无赔偿。侵权行为与损害结果之间有因果关系，国家才承担赔偿责任。

4. 因果关系要件

因果关系要件指损害结果必须为违法执行职务行为所造成，二者之间存在因果关系，国家才对其承担赔偿责任。

三、行政赔偿的含义

要 点 解 析

行政赔偿是指行政机关及其工作人员在行使职权的过程中，侵犯公民、法人或其他组织的合法权益并造成损害时由国家承担的一种赔偿责任。

四、行政赔偿范围

要 点 解 析

根据《国家赔偿法》的规定，行政赔偿的范围大致分为侵犯人身权的行为与侵犯财产权的行为两大类。同时该法还列举了不属于国家赔偿的情形，包括但不限于所列举的两项。

1. 侵犯人身权的行为

《国家赔偿法》第三条规定，行政机关及其工作人员在行使行政职权时有下列侵犯人身权情形之一的，受害人有取得赔偿的权利：

①违法拘留或者违法采取限制公民人身自由的行政强制措施的。

②非法拘禁或者以其他方法非法剥夺公民人身自由的。

③以殴打、虐待等行为或者唆使、放纵他人以殴打、虐待等行为造成公民身体伤害或者死亡的。

④违法使用武器、警械造成公民身体伤害或者死亡的。

⑤造成公民身体伤害或者死亡的其他违法行为。

2. 侵犯财产权的行为

《国家赔偿法》第四条规定，行政机关及其工作人员在行使行政职权时有下列侵犯财产权情形之一的，受害人有取得赔偿的权利：

①违法实施罚款、吊销许可证和执照、责令停产停业、没收财物等行政处罚的。

②违法对财产采取查封、扣押、冻结等行政强制措施的。

③违法征收、征用财产的。

④造成财产损害的其他违法行为。

3. 国家不承担赔偿责任的情形

《国家赔偿法》第五条规定，属于下列情形之一的，国家不承担赔偿责任：

①行政机关工作人员与行使职权无关的个人行为。

②因公民、法人和其他组织自己的行为致使损害发生的。

③法律规定的其他情形。

五、行政赔偿义务机关

要 点 解 析

根据《国家赔偿法》第七条和第八条的规定，行政赔偿义务机关大致分为六种。

1. 单独赔偿义务机关

行政机关及其工作人员行使行政职权侵犯公民、法人和其他组织的合法权益造成损害的，该行政机关为赔偿义务机关。

2. 共同赔偿义务机关

两个以上行政机关共同行使行政职权时侵犯公民、法人和其他组织的合法权益造成损害的，共同行使行政职权的行政机关为共同赔偿义务机关。

3. 被授权的组织

法律、法规授权的组织在行使授予的行政权力时侵犯公民、法人和其他组织的合法权益造成损害的，被授权的组织为赔偿义务机关。

4. 委托行政机关

受行政机关委托的组织或者个人在行使受委托的行政权力时侵犯公民、法人和其他组织的合法权益造成损害的，委托的行政机关为赔偿义务机关。

5. 行政机关撤销时的赔偿义务机关

赔偿义务机关被撤销的，继续行使其职权的行政机关为赔偿义务机关；没有继续行使其职权的行政机关的，撤销该赔偿义务机关的行政机关为赔偿义务机关。

6. 经过行政复议的赔偿义务机关

经复议机关复议的，最初造成侵权行为的行政机关为赔偿义务机关，但复议机关的复议决定加重损害的，复议机关对加重的部分履行赔偿义务。

六、行政赔偿程序

要 点 解 析

行政赔偿的程序应该严格按照法规规定执行。《国家赔偿法》第九条规定，赔偿请求人要求赔偿，应当先向赔偿义务机关提出，也可以在申请行政复议或者提起行政诉讼时一并提出。

1. 单独提出赔偿请求的程序

（1）赔偿申请

①《国家赔偿法》第十二条规定，要求赔偿应当递交申请书，申请书应当载明下列事项：a. 受害人的姓名、性别、年龄、工作单位和住所，法人或者其他组织的名称、住所和法定代表人或者主要负责人的姓名、职务。b. 具体的要求、事实根据和理由。c. 申请的年、月、日。

赔偿请求人书写申请书确有困难的，可以委托他人代书；也可以口头申请，由赔偿义务机关记入笔录。

赔偿请求人不是受害人本人的，应当说明与受害人的关系，并提供相应证明。

②《国家赔偿法》第十条规定，赔偿请求人可以向共同赔偿义务机关中的任何一个赔偿义务机关要求赔偿，该赔偿义务机关应当先予赔偿。

③《国家赔偿法》第十一条规定，赔偿请求人根据受到的不同损害，可以同时提出数项赔偿要求。

（2）对申请的处理　《国家赔偿法》第十二条规定，赔偿请求人当面递交申请书的，赔偿义务机关应当当场出具加盖本行政机关专用印章并注明收讫日期的书面凭证。申请材料不齐全的，赔偿义务机关应当当场或者在五日内一次性告知赔偿请求人需要补正的全部内容。

（3）赔偿决定　《国家赔偿法》第十三条规定，赔偿义务机关应当自收到申请之日起两个月内，作出是否赔偿的决定。赔偿义务机关作出赔偿决定，应当充分听取赔偿请求人的意见，并可以与赔偿请求人就赔偿方式、赔偿项目和赔偿数额依照本法第四章的规定进行协商。

赔偿义务机关决定赔偿的，应当制作赔偿决定书，并自作出决定之日起十日内送达赔偿请求人。

赔偿义务机关决定不予赔偿的，应当自作出决定之日起十日内书面通知赔偿请求人，并说明不予赔偿的理由。

（4）行政赔偿诉讼

①《国家赔偿法》第十四条规定，赔偿义务机关在规定期限内未作出是否赔偿的决定，赔偿请求人可以自期限届满之日起三个月内，向人民法院提起诉讼。

赔偿请求人对赔偿的方式、项目、数额有异议的，或者赔偿义务机关作出不予赔偿决定的，赔偿请求人可以自赔偿义务机关作出赔偿或者不予赔偿决定之日起三个月内，向人民法院提起诉讼。

②《国家赔偿法》第十五条规定，人民法院审理行政赔偿案件，赔偿请求人和赔偿义务机关对自己提出的主张，应当提供证据。

赔偿义务机关采取行政拘留或者限制人身自由的强制措施期间，被限制人身自由的人死亡或者丧失行为能力的，赔偿义务机关的行为与被限制人身自由的人的死亡或者丧失行为能力是否存在因果关系，赔偿义务机关应当提供证据。

2. 一并提出行政赔偿请求的程序

①在申请行政复议时一并提出行政赔偿请求的，按照行政复议程序。

②在提起行政诉讼时一并提出行政赔偿请求的，按照行政诉讼程序。

七、赔偿方式

要点解析

《国家赔偿法》第三十二条规定，国家赔偿以支付赔偿金为主要方式。能够返还财产或者恢复原状的，予以返还财产或者恢复原状。

《国家赔偿法》第三十五条规定，有本法第三条或者第十七条规定情形之一，致人精神损害的，应当在侵权行为影响的范围内，为受害人消除影响，恢复名誉，赔礼道歉；造成严重后果的，应当支付相应的精神损害抚慰金。

赔偿方式包括：①支付赔偿金，②返还财产，③恢复原状，④精神损害赔偿方式，指消除影响、恢复名誉、赔礼道歉及精神损害抚慰金。

法律链接

《中华人民共和国国家赔偿法》（实施日期：2013 年 1 月 1 日）

第三章
专业类知识要点与解析

第一节　渔业法

一、适用范围

要点解析

《中华人民共和国渔业法》（以下简称《渔业法》）第二条规定了本法的适用范围，即在中华人民共和国的内水、滩涂、领海、专属经济区以及中华人民共和国管辖的一切其他海域从事养殖和捕捞水生动物、水生植物等渔业生产活动，都必须遵守本法。

二、渔业监督管理职责划分

要点解析

《渔业法》第七条规定了国家渔业监督管理职责，国家对渔业的监督管理，实行统一领导、分级管理。

1. 海洋渔业

海洋渔业，除国务院划定由国务院渔业行政主管部门及其所属的渔政监督管理机构监督管理的海域和特定渔业资源渔场外，由毗邻海域的省、自治区、直辖市人民政府渔业行政主管部门监督管理。

机动渔船底拖网禁渔区线外侧，属于中华人民共和国管辖海域的渔业，由中国海警局监督管理。

江河、湖泊等水域的渔业，按照行政区划由有关县级以上人民政府渔业行政主管部门监督管理；跨行政区域的，由有关县级以上地方人民政府协商制定管理办法，或者由上一级人民政府渔业行政主管部门及其所属的渔政监督管理机构监督管理。

2. 江河、湖泊等水域的渔业

江河、湖泊等水域的渔业，按照行政区划由有关县级以上人民政府渔业行政主管部门监督管理；跨行政区域的，由有关县级以上地方人民政府协商制定管理办法，或者由上一级人民政府渔业行政主管部门及其所属的渔政监督管理机构监督管理；跨省、自治区、直辖市的大型江河的渔业，可以由国务院渔业行政主管部门监督管理。

重要的、洄游性的共用渔业资源，由国家统一管理；定居性的、小宗的渔业资源，由地方人民政府渔业行政主管部门管理。

三、国家渔业监督管理机构及其工作人员的管理规定

要点解析

《渔业法》第六条规定，国务院渔业行政主管部门主管全国的渔业工作。县级以上地方人民政府渔业行政主管部门主管本行政区域内的渔业工作。县级以上人民政府渔业行政主管部门可以在重要渔业水域、渔港设渔政监督管理机构。

县级以上人民政府渔业行政主管部门及其所属的渔政监督管理机构可以设渔政检查人员。渔政检查人员执行渔业行政主管部门及其所属的渔政监督管理机构交付的任务。

1. 国家渔业监督管理机构

国务院渔业行政主管部门的渔政渔港监督管理机构，代表国家行使渔政渔港监督管理权。

2. 渔业监督管理机构的工作人员

渔业行政主管部门及其所属的渔政监督管理机构及其工作人员不得参与和从事渔业生产经营活动；渔业行政主管部门和其所属的渔政监督管理机构及其工作人员违反《渔业法》的规定核发许可证、分配捕捞限额或者从事渔业生产经营活动的，或者有其他玩忽职守、不履行法定义务、滥用职权、徇私舞弊的行为的，依法给予行政处分；构成犯罪的，依法追究刑事责任。

四、水产新品种和水产苗种的监管

要点解析

《渔业法》第十六条、第十七条规定了水产新品种和水产苗种的监管。

1. 水产新品种的推广

国家鼓励和支持水产优良品种的选育、培育和推广。水产新品种必须经

全国水产原种和良种审定委员会审定，由国务院渔业行政主管部门公告后推广。

2. 水产苗种的进出口

水产苗种的进口、出口由国务院渔业行政主管部门或者省、自治区、直辖市渔业行政主管部门审批；水产苗种的进口、出口必须实施检疫，防止病害传入境内和传出境外，具体检疫工作按照有关动植物进出境检疫法律、行政法规的规定执行；引进转基因水产苗种必须进行安全性评价，具体管理工作按照国务院有关规定执行。

3. 水产苗种生产管理

水产苗种的生产应由县级以上地方人民政府渔业行政主管部门审批，但渔业生产者自育、自用水产苗种的除外；在水生动物苗种重点产区引水用水时，应采取措施，保护苗种。沿海滩涂未经县级以上人民政府批准，不得围垦；重要的苗种基地和养殖场所不得围垦。

五、捕捞限额制度

要 点 解 析

《渔业法》第二十二条规定，国家根据捕捞量低于渔业资源增长量的原则，确定渔业资源的总可捕捞量，实行捕捞限额制度。国务院渔业行政主管部门负责组织渔业资源的调查和评估，为实行捕捞限额制度提供科学依据。中华人民共和国内海、领海、专属经济区和其他管辖海域的捕捞限额总量由国务院渔业行政主管部门确定，报国务院批准后逐级分解下达；国家确定的重要江河、湖泊的捕捞限额总量由有关省、自治区、直辖市人民政府确定或者协商确定，逐级分解下达。捕捞限额总量的分配应当体现公平、公正的原则，分配办法和分配结果必须向社会公开，并接受监督。

国务院渔业行政主管部门和省、自治区、直辖市人民政府渔业行政主管部门应当加强对捕捞限额制度实施情况的监督检查，对超过上级下达的捕捞限额指标的，应当在其次年捕捞限额指标中予以核减。

六、捕捞许可证制度

要 点 解 析

《渔业法》第二十三条、第二十四条和第二十五条规定了捕捞许可证制度。

《渔业捕捞许可管理规定》对捕捞许可证制度进行了详细规定。

1. 海洋渔业船舶的分类

《渔业捕捞许可管理规定》第八条规定，海洋渔船按船长分为以下三类：①海洋大型渔船：船长大于或者等于 24 米；②海洋中型渔船：船长大于或者等于 12 米且小于 24 米；③海洋小型渔船：船长小于 12 米。

2. 渔业捕捞许可证的分类

《渔业捕捞许可管理规定》第二十一条规定，渔业捕捞许可证分为下列八类：

①海洋渔业捕捞许可证，适用于许可中国籍渔船在我国管辖海域的捕捞作业。

②公海渔业捕捞许可证，适用于许可中国籍渔船在公海的捕捞作业。国际或区域渔业管理组织有特别规定的，应当同时遵守有关规定。

③内陆渔业捕捞许可证，适用于许可在内陆水域的捕捞作业。

④专项（特许）渔业捕捞许可证，适用于许可在特定水域、特定时间或对特定品种的捕捞作业，或者使用特定渔具或捕捞方法的捕捞作业。

⑤临时渔业捕捞许可证，适用于许可临时从事捕捞作业和非专业渔船临时从事捕捞作业。

⑥休闲渔业捕捞许可证，适用于许可从事休闲渔业的捕捞活动。

⑦外国渔业捕捞许可证，适用于许可外国船舶、外国人在我国管辖水域的捕捞作业。

⑧捕捞辅助船许可证，适用于许可为渔业捕捞生产提供服务的渔业捕捞辅助船，从事捕捞辅助活动。

3. 捕捞渔船作业类型

《渔业捕捞许可管理规定》第二十二条规定，渔业捕捞许可证核定的作业类型分为刺网、围网、拖网、张网、钓具、耙刺、陷阱、笼壶、地拉网、敷网、抄网、掩罩共 12 种。核定作业类型最多不得超过两种，并应当符合渔具准用目录和技术标准，明确每种作业类型中的具体作业方式。拖网、张网不得互换且不得与其他作业类型兼作，其他作业类型不得改为拖网、张网作业。捕捞辅助船不得从事捕捞生产作业，其携带的渔具应当捆绑、覆盖。

4. 作业场所

《渔业捕捞许可管理规定》第二十三条第一款规定，渔业捕捞许可证核定的海洋捕捞作业场所分为以下四类：

A 类渔区：黄海、渤海、东海和南海等海域机动渔船底拖网禁渔区线向陆地一侧海域；

B 类渔区：我国与有关国家缔结的协定确定的共同管理渔区、南沙海域、黄岩岛海域及其他特定渔业资源渔场和水产种质资源保护区；

C类渔区：渤海、黄海、东海、南海及其他我国管辖海域中除A类、B类渔区之外的海域。其中，黄渤海区为C1、东海区为C2、南海区为C3；

D类渔区：公海。

《渔业捕捞许可管理规定》第二十三条第二款规定，内陆水域捕捞作业场所按具体水域核定，跨行政区域的按该水域在不同行政区域的范围进行核定。

《渔业捕捞许可管理规定》第二十三条第三款规定，海洋捕捞作业场所要明确核定渔区的类别和范围，其中B类渔区要明确核定渔区、渔场或保护区的具体名称。公海要明确海域的名称。内陆水域作业场所要明确具体的水域名称及其范围。

《渔业捕捞许可管理规定》第二十五条第一款规定，国内海洋大中型渔船捕捞许可证的作业场所应当核定在海洋B类、C类渔区，国内海洋小型渔船捕捞许可证的作业场所应当核定在海洋A类渔区。因传统作业习惯需要，经作业水域所在地审批机关批准，海洋大中型渔船捕捞许可证的作业场所可核定在海洋A类渔区。

《渔业捕捞许可管理规定》第二十五条第二款规定，作业场所核定在B类、C类渔区的渔船，不得跨海区界限作业，但我国与有关国家缔结的协定确定的共同管理渔区跨越海区界限的除外。作业场所核定在A类渔区或内陆水域的渔船，不得跨省、自治区、直辖市管辖水域界限作业。

5. 捕捞许可证的审批

《渔业法》规定，到中华人民共和国与有关国家缔结的协定确定的共同管理的渔区或者公海从事捕捞作业的捕捞许可证，由国务院渔业行政主管部门批准发放。

海洋大型拖网、围网作业的捕捞许可证，由省、自治区、直辖市人民政府渔业行政主管部门批准发放。

其他作业的捕捞许可证，由县级以上地方人民政府渔业行政主管部门批准发放。批准发放海洋作业的捕捞许可证不得超过国家下达的船网工具控制指标，具体办法由省、自治区、直辖市人民政府规定。

到他国管辖海域从事捕捞作业的，应当经国务院渔业行政主管部门批准，并遵守中华人民共和国缔结的或者参加的有关条约、协定和有关国家的法律。

国家通过下达船网工具控制指标来控制这种捕捞许可证的发放数量，县级以上地方人民政府的渔业行政主管部门批准发放的捕捞许可证数量不得超过国家下达的船网工具控制指标，并且应当与上级人民政府渔业行政主管部门下达的捕捞限额指标相适应。

6. 捕捞许可证的许可内容和要求

《渔业法》规定，捕捞许可证附有作业类型、场所、时限、渔具数量和捕捞限额的规定，持证作业者必须按照这些规定进行作业，并遵守国家有关保护渔业资源的规定。

使用大中型渔船作业的，应当填写渔捞日志。

7. 捕捞许可证的流转

《渔业法》规定，我国捕捞许可证不得买卖、出租或以其他形式转让，更不得涂改、伪造或变造。

《渔业捕捞许可管理规定》第四十六条规定，禁止涂改、伪造、变造、买卖、出租、出借或以其他形式转让渔业船网工具指标批准书和渔业捕捞许可证。

8. 获得捕捞许可证的条件

①具有渔业船舶检验证书。

②具有渔业船舶登记证书。

③符合国务院渔业行政主管部门规定的其他条件。

另外，县级以上地方人民政府渔业行政主管部门批准发放的捕捞许可证，应当与上级人民政府渔业行政主管部门下达的捕捞限额指标相适应。

9. 捕捞许可证的使用

《渔业捕捞许可管理规定》第二十条规定，在中华人民共和国管辖水域从事渔业捕捞活动，以及中国籍渔船在公海从事渔业捕捞活动，应当经审批机关批准并领取渔业捕捞许可证，按照渔业捕捞许可证核定的作业类型、场所、时限、渔具数量和规格、捕捞品种等作业。对已实行捕捞限额管理的品种或水域，应当按照规定的捕捞限额作业。禁止在禁渔区、禁渔期、自然保护区从事渔业捕捞活动。渔业捕捞许可证应当随船携带，徒手作业的应当随身携带，妥善保管，并接受渔业行政执法人员的检查。

《渔业捕捞许可管理规定》第二十六条规定，专项（特许）渔业捕捞许可证应当与海洋渔业捕捞许可证或内陆渔业捕捞许可证同时使用，但因教学、科研等特殊需要，可单独使用专项（特许）渔业捕捞许可证。在B类渔区捕捞作业的，应当申请核发专项（特许）渔业捕捞许可证。

《渔业捕捞许可管理规定》第三十四条规定，从事钓具、灯光围网作业渔船的子船与其主船（母船）使用同一本渔业捕捞许可证。

10. 应当换发渔业捕捞许可证的情形

《渔业捕捞许可管理规定》第三十六条规定，渔业捕捞许可证使用期届满，或者在有效期内有下列情形之一的，应当按规定申请换发渔业捕捞许可证：①因行政区划调整导致船名变更、船籍港变更的；②作业场所、作业方式变更的；③船舶所有人姓名、名称或地址变更的，但渔船所有权发生转移的除外；④渔业捕捞许可证污损不能使用的。

11. 应当重新申请捕捞许可证的情形

《渔业捕捞许可管理规定》第三十七条第一款规定，在渔业捕捞许可证有效期内有下列情形之一的，应当重新申请渔业捕捞许可证：①渔船作业类型变更的；②渔船主机、主尺度、总吨位变更的；③因购置渔船发生所有人变更的；④国内现有捕捞渔船经审批转为远洋捕捞作业的。有前款第一项、第二项、第三项情形的，还应当办理原渔业捕捞许可证注销手续。

《渔业捕捞许可管理规定》第三十七条第二款规定，渔业捕捞许可证使用期届满的，船舶所有人应当在使用期届满前3个月内，向原发证机关申请换发捕捞许可证。发证机关批准换发渔业捕捞许可证时，应当收回原渔业捕捞许可证，并予以注销。

12. 捕捞许可证的年审

《渔业捕捞许可管理规定》第四十条规定，使用期一年以上的渔业捕捞许可证实行年审制度，每年审验一次。渔业捕捞许可证的年审工作由发证机关负责，也可由发证机关委托申请人户籍所在地、法人或非法人组织登记地的县级以上地方人民政府渔业主管部门负责。

《渔业捕捞许可管理规定》第四十一条第一款规定，同时符合下列条件的，为年审合格，由审验人签字，注明日期，加盖公章：①具有有效的渔业船舶检验证书和渔业船舶国籍证书，船舶所有人和渔船主尺度、主机功率、总吨位未发生变更，且与渔业船舶证书载明的一致；②渔船作业类型、场所、时限、渔具数量与许可内容一致；③按规定填写和提交渔捞日志，未超出捕捞限额指标（对实行捕捞限额管理的渔船）；④按规定缴纳渔业资源增殖保护费；⑤按规定履行行政处罚决定；⑥其他条件符合有关规定。

《渔业捕捞许可管理规定》第四十一条第二款规定，年审不合格的，由渔业主管部门责令船舶所有人限期改正，可以再审验一次。再次审验合格的，渔业捕捞许可证继续有效。

13. 应认定为无效捕捞许可证的情形

《渔业捕捞许可管理规定》第四十七条第一款规定，有下列情形之一的，为无效渔业捕捞许可证：①逾期未年审或年审不合格的；②证书载明的渔船主机功率与实际功率不符的；③以欺骗或者涂改、伪造、变造、买卖、出租、出借等非法方式取得的；④被撤销、注销的。

《渔业捕捞许可管理规定》第四十七条第二款规定，使用无效的渔业捕捞许可证或者在检查时不能提供渔业捕捞许可证，从事渔业捕捞活动的，视为无证捕捞。

《渔业捕捞许可管理规定》第四十七条第三款规定，涂改、伪造、变造、买卖、出租、出借或以其他形式转让的渔业船网工具指标批准书，为无效渔业船网工具指标批准书，由批准机关予以注销，并核销相应船网工具指标。

14. 失信惩戒

《渔业捕捞许可管理规定》第四十九条规定，依法被列入失信被执行人的，县级以上人民政府渔业主管部门应当对其渔业船网工具指标、捕捞许可证的申请按规定予以限制，并冻结失信被执行人及其渔船在全国渔船动态管理系统中的相关数据。

15. 渔船捕捞日志

《渔业捕捞许可管理规定》第五十条规定，海洋大中型渔船从事捕捞活动应当填写渔捞日志，渔捞日志应当记载渔船捕捞作业、进港卸载渔获物、水上收购或转运渔获物等情况。其他渔船渔捞日志的管理由省、自治区、直辖市人民政府规定。

《渔业捕捞许可管理规定》第五十一条规定，国内海洋大中型渔船应当在返港后向港口所在地县级人民政府渔业主管部门或其指定的机构或渔业组织提交渔捞日志。公海捕捞作业渔船应当每月向农业农村部或其指定机构提交渔捞日志。使用电子渔捞日志的，应当每日提交。

《渔业捕捞许可管理规定》第五十二条规定，船长应当对渔捞日志记录内容的真实性、正确性负责。禁止在A类渔区转载渔获物。

16. 对未按规定提交渔捞日志或者渔捞日志填写不真实、不规范的处罚

《渔业捕捞许可管理规定》第五十三条规定，未按规定提交渔捞日志或者渔捞日志填写不真实、不规范的，由县级以上人民政府渔业主管部门或其所属的渔政监督管理机构给予警告，责令改正；逾期不改正的，可以处一千元以上一万元以下罚款。

七、渔业资源增殖保护费征收

要 点 解 析

《渔业法》第二十八条规定，县级以上人民政府渔业行政主管部门应当对其管理的渔业水域统一规划，采取措施，增殖渔业资源。县级以上人民政府渔业行政主管部门可以向受益的单位和个人征收渔业资源增殖保护费，专门用于增殖和保护渔业资源。渔业资源增殖保护费的征收办法由国务院渔业行政主管部门会同财政部门制定，报国务院批准后施行。

八、禁止与限制的捕捞作业的情形和要求

要 点 解 析

1. 禁止的捕捞作业

①禁止使用炸鱼、毒鱼、电鱼等破坏渔业资源的方法进行捕捞。

②禁止制造、销售和使用禁用的渔具。

③禁止在禁渔区、禁渔期进行捕捞。

④禁止使用小于最小网目尺寸的网具进行捕捞。

⑤在禁渔区或者禁渔期内禁止销售非法捕捞的渔获物。

⑥禁止捕捞有重要经济价值的水生动物苗种。

⑦禁止捕杀、伤害国家重点保护的水生野生动物。

2. 限制的捕捞作业

①国家对捕捞业实行捕捞许可证制度和捕捞限额制度，从源头上对捕捞活动进行限制。

②未经国务院渔业行政主管部门批准，任何单位或者个人不得在水产种质资源保护区内从事捕捞活动。

③捕捞的渔获物中幼鱼不得超过规定的比例。

④因养殖或者其他特殊需要，捕捞有重要经济价值的苗种或者禁捕的怀卵亲体的，必须经国务院渔业行政主管部门或者省、自治区、直辖市人民政府渔业行政主管部门批准，在指定的区域和时间内，按照限额捕捞。

九、国家重点保护的水生野生动物的捕捞规定

要 点 解 析

《渔业法》第三十七条规定，国家重点保护的水生野生动物的捕捞，国家对白鳍豚等珍贵、濒危水生野生动物实行重点保护，防止其灭绝。禁止捕杀、伤害国家重点保护的水生野生动物。因科学研究、驯养繁殖、展览或者其他特殊情况，需要捕捞国家重点保护的水生野生动物的，依照《中华人民共和国野生动物保护法》（以下简称《野生动物保护法》）的规定执行。

十、违反《渔业法》相关规定的法律责任

1. 使用炸鱼、毒鱼、电鱼等破坏渔业资源方法进行捕捞的处罚

《渔业法》第三十八条规定，使用炸鱼、毒鱼、电鱼等破坏渔业资源方法进行捕捞的，没收渔获物和违法所得，处五万元以下的罚款；情节严重的，没收渔具，吊销捕捞许可证；情节特别严重的，可以没收渔船；构成犯罪的，依法追究刑事责任。

2. 违反关于禁渔区、禁渔期的规定进行捕捞的处罚

《渔业法》第三十八条规定，违反关于禁渔区、禁渔期的规定进行捕捞的，没收渔获物和违法所得，处五万元以下的罚款；情节严重的，没收渔具，吊销捕捞许可证；情节特别严重的，可以没收渔船；构成犯罪的，依法追究刑事责任。

3. 使用禁用的渔具、捕捞方法和小于最小网目尺寸的网具进行捕捞的处罚

《渔业法》第三十八条规定，使用禁用的渔具、捕捞方法和小于最小网目尺寸的网具进行捕捞的，没收渔获物和违法所得，处五万元以下的罚款；情节严重的，没收渔具，吊销捕捞许可证；情节特别严重的，可以没收渔船；构成犯罪的，依法追究刑事责任。

4. 渔获物中幼鱼超过规定比例的处罚

《渔业法》第三十八条规定，渔获物中幼鱼超过规定比例的，没收渔获物和违法所得，处五万元以下的罚款；情节严重的，没收渔具，吊销捕捞许可证；情节特别严重的，可以没收渔船；构成犯罪的，依法追究刑事责任。

5. 制造、销售禁用的渔具的处罚

《渔业法》第三十八条规定，制造、销售禁用的渔具的，没收非法制造、销售的渔具和违法所得，并处一万元以下的罚款。

6. 偷捕、抢夺他人养殖的水产品的处罚

《渔业法》第三十九条规定，偷捕、抢夺他人养殖的水产品的处罚，偷捕、抢夺他人养殖的水产品的，责令改正，可以处二万元以下的罚款；造成他人损失的，依法承担赔偿责任；构成犯罪的，依法追究刑事责任。

7. 破坏他人养殖水体、养殖设施的处罚

《渔业法》第三十九条规定，破坏他人养殖水体、养殖设施的，责令改正，可以处二万元以下的罚款；造成他人损失的，依法承担赔偿责任；构成犯罪的，依法追究刑事责任。

8. 无正当理由使水域、滩涂荒芜的处罚

《渔业法》第四十条第一款规定，使用全民所有的水域、滩涂从事养殖

生产，无正当理由使水域、滩涂荒芜满一年的，由发放养殖证的机关责令限期开发利用；逾期未开发利用的，吊销养殖证，可以并处一万元以下的罚款。

9. 未依法取得养殖证从事养殖生产的处罚

《渔业法》第四十条第二款、第三款规定，未依法取得养殖证擅自在全民所有的水域从事养殖生产的，责令改正，补办养殖证或者限期拆除养殖设施。未依法取得养殖证或者超越养殖证许可范围在全民所有的水域从事养殖生产，妨碍航运、行洪的，责令限期拆除养殖设施，可以并处一万元以下的罚款。

10. 未依法取得捕捞许可证擅自进行捕捞的处罚

《渔业法》第四十一条规定，未依法取得捕捞许可证擅自进行捕捞的处罚，即未依法取得捕捞许可证擅自进行捕捞的，没收渔获物和违法所得，并处十万元以下的罚款；情节严重的，并可以没收渔具和渔船。

11. 违反捕捞许可证规定进行捕捞的处罚

《渔业法》第四十二条规定，违反捕捞许可证关于作业类型、场所、时限和渔具数量的规定进行捕捞的，没收渔获物和违法所得，可以并处五万元以下的罚款；情节严重的，并可以没收渔具，吊销捕捞许可证。

12. 违法转让捕捞许可证的处罚

《渔业法》第四十三条规定，涂改、买卖、出租或者以其他形式转让捕捞许可证的处罚，即涂改、买卖、出租或者以其他形式转让捕捞许可证的，没收违法所得，吊销捕捞许可证，可以并处一万元以下的罚款；伪造、变造、买卖捕捞许可证，构成犯罪的，依法追究刑事责任。

13. 非法生产、进口、出口水产苗种的处罚

《渔业法》第四十四条第一款规定，非法生产、进口、出口水产苗种的，没收苗种和违法所得，并处五万元以下的罚款。

14. 经营未经审定的水产苗种的处罚

《渔业法》第四十四条第二款规定，经营未经审定的水产苗种的，责令立即停止经营，没收违法所得，可以并处五万元以下的罚款。

15. 未经批准在水产种质资源保护区内从事捕捞活动的处罚

《渔业法》第四十五条规定，未经批准在水产种质资源保护区内从事捕捞活动的，责令立即停止捕捞，没收渔获物和渔具，可以并处一万元以下的罚款。

16. 外国人、外国渔船违反《渔业法》规定，在我国管辖水域从事渔业活动的处罚

《渔业法》第四十六条规定，外国人、外国渔船违反本法规定，擅自进入中华人民共和国管辖水域从事渔业生产和渔业资源调查活动的，责令其离开或者将其驱逐，可以没收渔获物、渔具，并处五十万元以下的罚款；情节严重的，可以没收渔船；构成犯罪的，依法追究刑事责任。

17. 海上执法暂扣捕捞许可证、渔具或者渔船的规定

《渔业法》第四十八条规定，在海上执法时，对违反禁渔区、禁渔期的规定或者使用禁用的渔具、捕捞方法进行捕捞，以及未取得捕捞许可证进行捕捞的，事实清楚、证据充分，但是当场不能按照法定程序作出和执行行政处罚决定的，可以先暂时扣押捕捞许可证、渔具或者渔船，回港后依法作出和执行行政处罚决定。

18. 拒绝、阻碍渔政执法人员执行职务的处罚

拒绝、阻碍渔政执法人员依法执行职务的，由公安机关依照《治安管理处罚法》的规定处罚；构成犯罪的，由司法机关依法追究刑事责任。

19. 在特定区域无证捕捞或者违反捕捞许可证规定进行捕捞的处罚

到我国与有关国家缔结的协定确定的共同管理的渔区或者公海从事捕捞作业的捕捞许可证，由国务院渔业主管部门批准发放；到他国管辖海域从事捕捞作业的，应当经国务院渔业主管部门批准，并遵守中国缔结的或者参加的有关条约、协定和有关国家的法律。同时，《渔业法》第四十一条、第四十二条对未依法取得捕捞许可、违反捕捞许可证规定进行捕捞的分别规定了行政处罚。

据此，对我渔船到我国与有关国家缔结的协定确定的共同管理的渔区或者公海，未依法取得捕捞许可证或者违反捕捞许可证规定进行捕捞的，应当依照《渔业法》第四十一条、第四十二条的规定予以行政处罚。对我渔船到我国认为属于我国管辖但与有关国家尚未划界或者有争议的渔区或者海域从事捕捞作业的，应适用我国《渔业法》的规定。《渔业法》第四十一条"未依法取得捕捞许可证擅自进行捕捞的，没收渔获物和违法所得，并处十万元以下的罚款；情节严重的，并可以没收渔具和渔船"。《渔业法》第四十二条"违反捕捞许可证关于作业类型、场所、时限和渔具数量的规定进行捕捞的，没收渔获物和违法所得，可以并处五万元以下的罚款；情节严重的，并可以没收渔具，吊销捕捞许可证"。

法 律 链 接

1.《中华人民共和国渔业法》（2013 年修正）（实施日期：1986 年 7月 1 日）

2.《渔业捕捞许可管理规定》（实施日期：2019 年 1 月 1 日）

第二节　渔业资源保护相关法规规章

要点解析

1.《水产资源繁殖保护条例》

①水生动物的可捕标准，应当以达到性成熟为原则。对各种捕捞对象应当规定具体的可捕标准（长度或重量）和渔获物中小于可捕标准部分的最大比重。捕捞时应当保留足够数量的亲体，使资源能够稳定增长。

各种经济藻类和淡水食用水生植物，应当待其长成后方得采收，并注意留种、留株，合理轮采。（《水产资源繁殖保护条例》第五条）

②各地应当因地制宜采取各种措施，如改良水域条件、人工投放苗种、投放鱼巢、灌江纳苗、营救幼鱼、移植驯化、消除敌害、引种栽植等，增殖水产资源。（《水产资源繁殖保护条例》第六条）

③对某些重要鱼虾贝类产卵场、越冬场和幼体索饵场，应当合理规定禁渔区、禁渔期，分别不同情况，禁止全部作业，或限制作业的种类和某些作业的渔具数量。（《水产资源繁殖保护条例》第七条）

2.《渤海生物资源养护规定》

①禁止将渤海生物资源的重要产卵场、索饵场、越冬场和洄游通道划为养殖区。不得在国家海上自然保护区、珍稀濒危海洋生物保护区等一类近岸海域环境功能区内划置养殖区。（《渤海生物资源养护规定》第五条第二款）

②沿岸县级以上地方人民政府渔业行政主管部门受理养殖证申请时，应当根据养殖发展布局和养殖水域的容量，明确养殖证的水域滩涂范围、使用期限、用途等事项。

新建、扩建和改建养殖场的，应当进行环境影响评价。（《渤海生物资源养护规定》第十条）

③在渤海从事捕捞活动，应当依法申领捕捞许可证，按照捕捞许可证确定的作业场所、时限、作业类型等内容开展捕捞活动，并遵守国家有关资源保护规定。（《渤海生物资源养护规定》第十三条）

④污染事故损害渤海天然生物资源的，沿岸县级以上地方人民政府渔业行政主管部门依法处理，并可以代表国家对责任者提出损害赔偿要求。（《渤海生物资源养护规定》第三十九条第二款）

法律链接

1.《水产资源繁殖保护条例》（实施日期：1979 年 2 月 10 日）

2.《渤海生物资源养护规定》（实施日期：2004年5月1日）

第三节　野生动物保护相关法律法规

一、野生动物保护监督管理职权划分

要点解析

《野生动物保护法》第七条规定了野生动物保护监督管理工作由县级以上林业和渔业部门负责。其中，国务院林业、渔业主管部门分别主管全国陆生、水生野生动物保护工作。县级以上地方人民政府林业、渔业主管部门分别主管本行政区域内陆生、水生野生动物保护工作。

第三十四条规定，县级以上人民政府野生动物保护主管部门应当对科学研究、人工繁育、公众展示展演等利用野生动物及其制品的活动进行监督管理。

县级以上人民政府其他有关部门，应当按照职责分工对野生动物及其制品出售、购买、利用、运输、寄递等活动进行监督检查。

二、国家重点保护水生野生动物分类和名录

要点解析

国家重点保护的水生野生动物分为一级保护野生动物和二级保护野生动物（表1）。

表1　国家重点保护的水生野生动物名录

中文名	学　名	保护级别（级）	
		Ⅰ级	Ⅱ级
兽纲 MAMMALIA			
食肉目	CARNIVORA		
鼬科	Mustelidae		
水獭（所有种）	*Lutra* spp.		Ⅱ
小爪水獭	*Aonyx cinerea*		Ⅱ
鳍足目（所有种）	PINNIPEDIA		Ⅱ

（续）

中文名	学　名	保护级别（级）	
		Ⅰ级	Ⅱ级
海牛目	SIRENIA		
儒艮科	Dugongidae		
儒艮	*Dugong dugong*	Ⅰ	
鲸目	CETACEA		
喙豚科	Platanistidae		
白鱀豚	*Lipotes vexillifer*	Ⅰ	
海豚科	Delphinidae		
中华白海豚	*Sousa chinensis*	Ⅰ	
其他鲸类	(Cetacea)		Ⅱ
爬行纲 REPTILIA			
龟鳖目	TESTUDOFORMES		
龟科	Emydidae		
地龟	*Geoemyda spengleri*		Ⅱ
三线闭壳龟	*Cuora trifasciata*		Ⅱ
云南闭壳龟	*Cuora yunnanensis*		Ⅱ
海龟科	Cheloniidae		
蠵龟	*Caretta caretta*		Ⅱ
绿海龟	*Chelonia mydas*		Ⅱ
玳瑁	*Eretmochelys imbricata*		Ⅱ
太平洋丽龟	*Lepidochelys olivacea*		Ⅱ
棱皮龟科	Dermochelyidae		
棱皮龟	*Dermochelys coriacea*		Ⅱ
鳖科	Trionychidae		
鼋	*Pelochelys bibroni*	Ⅰ	
山瑞鳖	*Trionyx steindachneri*		Ⅱ
两栖纲 AMPHIBIA			
有尾目	CAUDATA		
隐鳃鲵科	Cryptobranchidae		

（续）

中文名	学　名	保护级别（级）	
		Ⅰ级	Ⅱ级
大鲵	*Andrias davidianus*		Ⅱ
蝾螈科	Salamandridae		
细痣疣螈	*Tylototriton asperrimus*		Ⅱ
镇海疣螈	*Tylototriton chinhaiensis*		Ⅱ
贵州疣螈	*Tylototriton kweichowensis*		Ⅱ
大凉疣螈	*Tylototriton taliangensis*		Ⅱ
细瘰疣螈	*Tylototriton verrucosus*		Ⅱ
鱼纲 PISCES			
鲈形目	PERCIFORMES		
石首鱼科	Sciaenidae		
黄唇鱼	*Bahaba flavolabiata*		Ⅱ
杜父鱼科	Cottidae		
松江鲈鱼	*Trachidermus fasciatus*		Ⅱ
海龙鱼目	SYNGNATHIFORMES		
海龙鱼科	Syngnathidae		
克氏海马鱼	*Hippocampus kelloggi*		Ⅱ
鲤形目	CYPRINIFORMES		
胭脂鱼科	Catostomidae		
胭脂鱼	*Myxocyprinus asiaticus*		Ⅱ
鲤科	Cyprinidae		
唐鱼	*Tanichthys albonubes*		Ⅱ
大头鲤	*Cyprinus pellegrini*		Ⅱ
金线鲃	*Sinocyclocheilus grahami*		Ⅱ
新疆大头鱼	*Aspiorhynckus laticeps*	Ⅰ	
大理裂腹鱼	*Schizothorax taliensis*		Ⅱ
鳗鲡目	ANGUILLIFOMES		
鳗鲡科	Anguillidae		
花鳗鲡	*Anguilla marmorata*		Ⅱ
鲑形目	SALMONIFORMES		

（续）

中文名	学　名	保护级别（级）	
		Ⅰ级	Ⅱ级
鲑科	Salmonidae		
川陕哲罗鲑	*Hucho bleekeri*		Ⅱ
秦岭细鳞鲑	*Brachymystax lenok tsinlingensis*		Ⅱ
鲟形目	ACIPENSERIFORMES		
鲟科	Acipenseridae		
中华鲟	*Acipenser sinensis*	Ⅰ	
达氏鲟	*Acipenser dabryanus*	Ⅰ	
匙吻鲟科	Polyodontidae		
白鲟	*Psephurus gladiys*	Ⅰ	
文昌鱼纲 APPENDICULARIA			
文昌鱼目	AMPHIOXIFORMES		
文昌鱼科	Branchiostomatidae		
文昌鱼	*Branchiotoma belcheri*		Ⅱ
珊瑚纲 ANTHOZOA			
柳珊瑚目	GORGONACEA		
红珊瑚科	Coralliidae		
红珊瑚	*Corallium* spp.	Ⅰ	
腹足纲 GASTROPODA			
中腹足目	MESOGASTROPODA		
宝贝科	Cypraeidae		
虎纹宝贝	*Cypraea tigris*		Ⅱ
冠螺科	Cassididae		
冠螺	*Cassis cornuta*		Ⅱ
瓣鳃纲 LAMELLIBRANCHIA			
异柱目	ANISOMYARIA		
珍珠贝科	Pteriidae		
大珠母贝	*Pinctada maxima*		Ⅱ
真瓣鳃目	EULAMELLIBRANCHIA		
砗磲科	Tridacnidae		

（续）

中文名	学　名	保护级别（级）	
		Ⅰ级	Ⅱ级
库氏砗磲	*Tridacna cookiana*	Ⅰ	
蚌科	Unionidae		
佛耳丽蚌	*Lamprotula mansuyi*		Ⅱ
头足纲 CEPHALOPODA			
四鳃目	TETRABRANCHIA		
鹦鹉螺科	Nautilidae		
鹦鹉螺	*Nautilus pompilius*	Ⅰ	
肠鳃纲 ENTEROPNEUSTA			
柱头虫科	Balanoglossidae		
多鳃孔舌形虫	*Glossobalanus polybranchioporus*	Ⅰ	
玉钩虫科	Harrimaniidae		
黄岛长吻虫	*Saccoglossus hwangtauensis*	Ⅰ	

三、水生野生动物捕捉管理制度

要点解析

《野生动物保护法》第二十条规定，在相关自然保护区域、禁猎（渔）区和野生动物迁徙洄游通道内，以及禁猎（渔）期和野生动物迁徙洄游期间，禁止猎捕以及其他妨碍野生动物生息繁衍的活动，但法律法规另有规定的除外。

野生动物迁徙洄游通道的范围以及妨碍野生动物生息繁衍活动的内容，由县级以上人民政府或者其野生动物保护主管部门规定并公布。

《野生动物保护法》第二十一条规定，禁止猎捕、杀害国家重点保护野生动物。但因科学研究、种群调控、疫源疫病监测等其他特殊情况，需要猎捕国家重点保护野生动物的，应当向省级以上人民政府野生动物保护主管部门申请特许猎捕证。其中，需要猎捕国家一级保护野生动物的，应当向国务院野生动物保护主管部门申请特许猎捕证；需要猎捕国家二级保护野生动物的，应当向省、自治区、直辖市人民政府野生动物保护主管部门申请特许猎捕证。

《野生动物保护法》第二十二条规定，猎捕非国家重点保护野生动物的条件：依法取得县级以上地方人民政府野生动物保护主管部门核发的狩猎证，并且服从猎捕量限额管理。

《野生动物保护法》第二十三条规定，猎捕者在进行猎捕活动时应当按照特许猎捕证、狩猎证规定的种类、数量、地点、工具、方法和期限进行。

持枪猎捕的，应当依法取得公安机关核发的持枪证。

《野生动物保护法》第二十四条规定，禁止使用的猎捕工具有：毒药、爆炸物、电击或者电子诱捕装置以及猎套、猎夹、地枪、排铳等。禁止使用的猎捕方法有：夜间照明行猎、歼灭性围猎、捣毁巢穴、火攻、烟熏、网捕等。但因科学研究确需网捕、电子诱捕的除外。

上述规定以外的禁止使用的猎捕工具和方法，由县级以上地方人民政府规定并公布。

四、水生野生动物人工繁育许可制度

要点解析

《野生动物保护法》第二十五条对人工繁育国家重点保护野生动物的规定如下：国家支持有关科学研究机构因物种保护目的人工繁育国家重点保护野生动物。其他人工繁育国家重点保护野生动物的，应当经省、自治区、直辖市人民政府野生动物保护主管部门批准，取得人工繁育许可证，但国务院对批准机关另有规定的除外。

人工繁育国家重点保护野生动物应当使用人工繁育子代种源，建立物种系谱、繁育档案和个体数据。因物种保护目的确需采用野外种源的，适用本法第二十一条和第二十三条的规定。

人工繁育子代，是指人工控制条件下繁殖出生的子代个体且其亲本也在人工控制条件下出生。

《野生动物保护法》第二十六条列举了人工繁育国家重点保护野生动物的要求：

应当有利于物种保护及其科学研究，不得破坏野外种群资源，并根据野生动物习性确保其具有必要的活动空间和生息繁衍、卫生健康条件。

具备与其繁育目的、种类、发展规模相适应的场所、设施、技术，符合有关技术标准和防疫要求。

不得虐待野生动物。

省级以上人民政府野生动物保护主管部门可以根据保护国家重点保护野生动物的需要，组织开展国家重点保护野生动物放归野外环境工作。

五、水生野生动物出售、购买、利用许可制度

要 点 解 析

《野生动物保护法》第二十七条对出售、购买、利用国家重点保护野生动物的规定如下：禁止出售、购买、利用国家重点保护野生动物及其制品。

因科学研究、人工繁育、公众展示展演、文物保护或者其他特殊情况，需要出售、购买、利用国家重点保护野生动物及其制品的，应当经省、自治区、直辖市人民政府野生动物保护主管部门批准，并按照规定取得和使用专用标识，保证可追溯，但国务院对批准机关另有规定的除外。

实行国家重点保护野生动物及其制品专用标识的范围和管理办法，由国务院野生动物保护主管部门规定。

出售、利用非国家重点保护野生动物的，应当提供狩猎、进出口等合法来源证明。

出售本条第二款、第四款规定的野生动物的，还应当依法附有检疫证明。

《野生动物保护法》第二十八条规定，对人工繁育技术成熟稳定的国家重点保护野生动物，经科学论证，纳入国务院野生动物保护主管部门制定的人工繁育国家重点保护野生动物名录。对列入名录的野生动物及其制品，可以凭人工繁育许可证，按照省、自治区、直辖市人民政府野生动物保护主管部门核验的年度生产数量直接取得专用标识，凭专用标识出售和利用，保证可追溯。

对本法第十条规定的国家重点保护野生动物名录进行调整时，根据有关野外种群保护情况，可以对前款规定的有关人工繁育技术成熟稳定野生动物的人工种群，不再列入国家重点保护野生动物名录，实行与野外种群不同的管理措施，但应当依照本法第二十五条第二款和本条第一款的规定取得人工繁育许可证和专用标识。

《野生动物保护法》第二十九条规定，利用野生动物及其制品的，应当以人工繁育种群为主，有利于野外种群养护，符合生态文明建设的要求，尊重社会公德，遵守法律法规和国家有关规定。

野生动物及其制品作为药品经营和利用的，还应当遵守有关药品管理的法律法规。

《野生动物保护法》第三十条规定，禁止生产、经营使用国家重点保护野

生动物及其制品制作的食品，或者使用没有合法来源证明的非国家重点保护野生动物及其制品制作的食品。

禁止为食用非法购买国家重点保护的野生动物及其制品。

《野生动物保护法》第三十一条规定，禁止为出售、购买、利用野生动物或者禁止使用的猎捕工具发布广告。禁止为违法出售、购买、利用野生动物制品发布广告。

《野生动物保护法》第三十二条规定，禁止网络交易平台、商品交易市场等交易场所，为违法出售、购买、利用野生动物及其制品或者禁止使用的猎捕工具提供交易服务。

《野生动物保护法》第三十三条规定，运输、携带、寄递国家重点保护野生动物及其制品、本法第二十八条第二款规定的野生动物及其制品出县境的，应当持有或者附有本法第二十一条、第二十五条、第二十七条或者第二十八条规定的许可证、批准文件的副本或者专用标识，以及检疫证明。

运输非国家重点保护野生动物出县境的，应当持有狩猎、进出口等合法来源证明，以及检疫证明。

六、非法猎捕、杀害国家重点保护的水生野生动物的处罚

要点解析

《野生动物保护法》第四十五条列举了违反本法第二十条、第二十一条、第二十三条第一款、第二十四条第一款规定的处罚：

①由县级以上人民政府野生动物保护主管部门、海洋执法部门或者有关保护区域管理机构按照职责分工没收猎获物、猎捕工具和违法所得。

②吊销特许猎捕证，并处猎获物价值二倍以上十倍以下的罚款。

③没有猎获物的，并处一万元以上五万元以下的罚款。

④构成犯罪的，依法追究刑事责任。

《野生动物保护法》第四十六条列举了违反本法第二十条、第二十二条、第二十三条第一款、第二十四条第一款规定的处罚：

①由县级以上地方人民政府野生动物保护主管部门或者有关保护区域管理机构按照职责分工没收猎获物、猎捕工具和违法所得。

②吊销狩猎证，并处猎获物价值一倍以上五倍以下的罚款。

③没有猎获物的，并处二千元以上一万元以下的罚款。

④构成犯罪的，依法追究刑事责任。

违反本法第二十三条第二款规定，未取得持枪证持枪猎捕野生动物，构成

违反治安管理行为的，由公安机关依法给予治安管理处罚；构成犯罪的，依法追究刑事责任。

七、违法出售、购买、利用、运输、携带、寄递水生野生动物及其制品的处罚

要点解析

《野生动物保护法》第四十八条列举了违反本法第二十七条第一款和第二款、第二十八条第一款、第三十三条第一款规定的处罚：

①由县级以上人民政府野生动物保护主管部门或者市场监督管理部门按照职责分工没收野生动物及其制品和违法所得，并处野生动物及其制品价值二倍以上十倍以下的罚款。

②情节严重的，吊销人工繁育许可证、撤销批准文件、收回专用标识。

③构成犯罪的，依法追究刑事责任。

违反本法第二十七条第四款、第三十三条第二款规定的，由县级以上地方人民政府野生动物保护主管部门或者市场监督管理部门按照职责分工没收野生动物，并处野生动物价值一倍以上五倍以下的罚款。

违反本法第二十七条第五款、第三十三条规定的，依照《中华人民共和国动物防疫法》的规定处罚。

《野生动物保护法》第四十九条列举了违反本法第三十条规定的处罚：

①由县级以上人民政府野生动物保护主管部门或者市场监督管理部门按照职责分工责令停止违法行为。

②没收野生动物及其制品和违法所得，并处野生动物及其制品价值二倍以上十倍以下的罚款。

③构成犯罪的，依法追究刑事责任。

《野生动物保护法》第五十条规定了违反本法第三十一条规定的，依照《中华人民共和国广告法》的规定处罚。

《野生动物保护法》第五十一条列举了违反本法第三十二条规定的处罚：

①由县级以上人民政府市场监督管理部门责令停止违法行为并限期改正。

②没收违法所得，并处违法所得二倍以上五倍以下的罚款。

③没有违法所得的，处一万元以上五万元以下的罚款。

④构成犯罪的，依法追究刑事责任。

八、未取得人工繁育许可证或违反许可规定范围繁育国家重点保护水生野生动物的处罚

要 点 解 析

《野生动物保护法》第四十七条规定，违反本法第二十五条第二款规定的，由县级以上人民政府野生动物保护主管部门没收野生动物及其制品，并处野生动物及其制品价值一倍以上五倍以下的罚款。

九、外国人未经批准利用水生野生动物的处罚

要 点 解 析

《中华人民共和国水生野生动物保护实施条例》（以下简称《水生野生动物保护实施条例》）第三十一条规定，外国人未经批准在中国境内对国家重点保护的水生野生动物进行科学考察、标本采集、拍摄电影、录像的，由渔业行政主管部门没收考察、拍摄的资料以及所获标本，可以并处五万元以下的罚款。

十、适用《治安管理处罚法》的情形

要 点 解 析

《水生野生动物保护实施条例》第三十二条规定，有下列行为之一，尚不构成犯罪，应当给予治安管理处罚的，由公安机关依照《治安管理处罚法》的规定予以处罚：①拒绝、阻碍渔政检查人员依法执行职务的；②偷窃、哄抢或者故意损坏野生动物保护仪器设备或者设施的。

十一、对没收实物的处置规定

要 点 解 析

《水生野生动物保护实施条例》第三十三条规定，依照野生动物保护法规的规定没收的实物，按照国务院渔业行政主管部门的有关规定处理。

法 律 链 接

1.《中华人民共和国野生动物保护法》（2018 年修正）（实施日期：2017 年 1 月 1 日）

2.《中华人民共和国刑法》（2017 年修正）（实施日期：1997 年 10 月 1 日）

3.《中华人民共和国水生野生动物保护实施条例》（2013 年修正）（实施日期：1993 年 10 月 5 日）

4.《国家重点保护的水生野生动物名录》（实施日期：2003 年 2 月 21 日）

5. 中华人民共和国国家林业局 农业部公告（2017 年第 14 号）（实施日期：2017 年 8 月 21 日）

6. 中华人民共和国农业农村部公告第 69 号《濒危野生动植物种国际贸易公约》附录水生动物物种核准为国家重点保护野生动物目录（实施日期：2018 年 10 月 9 日）

7. 中华人民共和国农业部公告第 2608 号人工繁育国家重点保护水生野生动物名录（实施日期：2017 年 11 月 13 日）

8.《最高人民法院关于审理破坏野生动物资源刑事案件具体应用法律若干问题的解释》（法释〔2000〕37 号）（实施日期：2000 年 12 月 11 日）

第四节　水产品质量安全相关法律法规

一、水产养殖禁止使用的药品和其他化合物种类

要 点 解 析

21 类 66 种禁用药物：

①β-兴奋剂类：克仑特罗、沙丁胺醇、西马特罗及其盐、酯及制剂。

②性激素类：己烯雌酚及其盐、酯及制剂。

③具有雌激素样作用的物质：玉米赤霉醇、去甲雄三烯醇酮、醋酸甲孕酮及制剂。

④氯霉素及其盐、酯（包括琥珀氯霉素）及制剂。

⑤氨苯砜及制剂。

⑥硝基呋喃类　呋喃唑酮、呋喃它酮、呋喃苯烯酸钠及制剂。

⑦硝基化合物：硝基酚钠、硝呋烯腙及制剂。

⑧催眠、镇静类：安眠酮及制剂。

⑨林丹（丙体六六六）。

⑩毒杀芬（氯化烯）。

⑪呋喃丹（克百威）。

⑫杀虫脒（克死螨）。

⑬双甲脒。

⑭酒石酸锑钾。

⑮锥虫胂胺。

⑯孔雀石绿。

⑰五氯酚酸钠。

⑱各种汞制剂：氯化亚汞、硝酸亚汞、醋酸汞、吡啶基醋酸汞。

⑲性激素类：甲基睾丸酮、丙酸睾酮、苯丙酸诺龙、苯甲酸雌二醇及其盐、酯及制剂。

⑳催眠、镇静类：氯丙嗪、地西泮及其盐、酯及制剂。

㉑硝基咪唑类：甲硝唑、地美硝唑及其盐、酯及制剂。

二、兽药分类管理制度

要点解析

《兽药管理条例》第四条规定，国家实行兽用处方药和非处方药分类管理制度。兽用处方药和非处方药分类管理的办法和具体实施步骤，由国务院兽医行政管理部门规定。

三、兽药使用

要点解析

《兽药管理条例》第三十八条规定，兽药使用单位，应当遵守国务院兽医行政管理部门制定的兽药安全使用规定，并建立用药记录。

兽药停药期规定：

甲砜霉素散，鱼500度·日。

复方甲苯咪唑粉，鳗150度·日。

氟苯尼考注射液，鱼375度·日。

氟苯尼考粉，鱼375度·日。

盐酸环丙沙星、盐酸小檗碱预混剂，500度·日。

诺氟沙星、盐酸小檗碱预混剂，500度·日。

维生素 C 磷酸酯镁、盐酸环丙沙星预混剂，500 度·日。

《兽药管理条例》第四十条规定，有休药期规定的兽药用于食用动物时，饲养者应当向购买者或者屠宰者提供准确、真实的用药记录；购买者或者屠宰者应当确保动物及其产品在用药期、休药期内不被用于食品消费。

四、生产记录

要 点 解 析

《中华人民共和国农产品质量安全法》（下称《农产品质量安全法》）第二十四条规定，农产品生产企业和农民专业合作经济组织应当建立农产品生产记录，如实记载下列事项：①使用农业投入品的名称、来源、用法、用量和使用、停用的日期；②动物疫病、植物病虫草害的发生和防治情况；③收获、屠宰或者捕捞的日期。农产品生产记录应当保存二年。禁止伪造农产品生产记录。国家鼓励其他农产品生产者建立农产品生产记录。

五、监督检查

要 点 解 析

《农产品质量安全法》第三十三条规定，有下列情形之一的农产品，不得销售：①含有国家禁止使用的农药、兽药或者其他化学物质的；②农药、兽药等化学物质残留或者含有的重金属等有毒有害物质不符合农产品质量安全标准的；③含有的致病性寄生虫、微生物或者生物毒素不符合农产品质量安全标准的；④使用的保鲜剂、防腐剂、添加剂等材料不符合国家有关强制性的技术规范的；⑤其他不符合农产品质量安全标准的。

六、法律责任

要 点 解 析

《兽药管理条例》第六十二条规定，未按照国家有关兽药安全使用规定使用兽药的，未建立用药记录或者记录不完整真实的，或者使用禁止使用的药品和其他化合物的，或者将人用药品用于动物的处罚：责令其立即改正，并对饲喂了违禁药物及其他化合物的动物及其产品进行无害化处理；对违法单位处一万元以上五万元以下罚款；给他人造成损失的，依法承担赔偿责任。

法律链接

1. 《中华人民共和国渔业法》（2013 年修正）（实施日期：1986 年 7 月 1 日）
2. 《兽药管理条例》（实施日期：2004 年 11 月 1 日）
3. 中华人民共和国农业部公告第 193 号《食品动物禁用的兽药及其他化合物清单》（实施日期：2002 年 4 月 9 日）
4. 中华人民共和国农业部公告第 278 号《兽药国家标准和部分品种的停药期规定》（实施日期：2003 年 5 月 23 日）

第五节　渔港管理相关法律法规

一、适用范围

要点解析

《中华人民共和国渔港水域交通安全管理条例》（以下简称《渔港水域交通安全管理条例》）第二条规定了该条例适用在中华人民共和国沿海以渔业为主的渔港和渔港水域航行（以下简称"渔港"和"渔港水域"）、停泊、作业的船舶、设施和人员以及船舶、设施的所有者、经营者。

《渔业港航监督行政处罚规定》第二条强调，该规定适用于中国籍渔业船舶及其船员、所有者和经营者，以及在中华人民共和国渔港和渔港水域内航行、停泊和作业的其他船舶、设施及其船员、所有者和经营者。

二、监管部门的职责

要点解析

《渔港水域交通安全管理条例》第三条规定，中华人民共和国渔政渔港监督管理机关的职责是对渔港水域交通安全实施监督管理，并负责沿海水域渔业船舶之间交通事故的调查处理。

《渔业港航监督行政处罚规定》第八条规定，渔政渔港监督管理机关管辖本辖区发生的案件和上级渔政渔港监督管理机关指定管辖的渔业港航违法案件。渔业港航违法行为有下列情况的，适用"谁查获谁处理"的原则：①违法行为发生在共管区、叠区；②违法行为发生在管辖权不明或有争议的区域；③违法行为地与查获地不一致。法律、法规或规章另有规定的，按规定管辖。

三、渔港、渔港水域和渔业船舶的概念

要点解析

《渔港水域交通安全管理条例》第四条规定了渔港、渔港水域和渔业船舶的概念：

渔港是指主要为渔业生产服务和供渔业船舶停泊、避风、装卸渔获物和补充渔需物资的人工港口或者自然港湾（对渔港认定有不同意见的，依照港口隶属关系由县级以上人民政府确定）。

渔港水域是指渔港的港池、锚地、避风湾和航道。

渔业船舶是指从事渔业生产的船舶以及属于水产系统为渔业生产服务的船舶，包括捕捞船、养殖船、水产运销船、冷藏加工船、油船、供应船、渔业指导船、科研调查船、教学实习船、渔港工程船、拖轮、交通船、驳船、渔政船和渔监船。

四、渔港报告制度

要点解析

《渔港水域交通安全管理条例》第六条第一款规定，船舶进出渔港必须遵守渔港管理章程以及国际海上避碰规则，并依照规定向渔政渔港监督管理机关报告，接受安全检查。

为加强渔船进出渔港管理，落实安全生产主体责任，便利渔船进出渔港，加强捕捞渔获物监管，农业农村部决定施行渔船进出渔港报告制度并出台了《农业农村部关于施行渔船进出渔港报告制度的通告》（农业农村部通告〔2019〕2号），具体规定如下：

本通告适用于进出我国渔港的大中型（船长 12 米及以上）海洋渔业船舶（以下简称渔船）。

对未报告、系统校验不合格进出港的渔船，各级渔业行政主管部门及其渔政渔港监督管理机构（以下简称管理部门）应实行重点监控检查。对报告虚假信息或拒不整改的渔船，管理部门应依据相关法律法规对其进行处罚。

船长为渔船进出港报告第一责任人，应当在渔船进出渔港前向拟进出渔港的管理部门报告，并对报告的真实性负责。

渔船进出港报告应通过进出渔港报告系统进行，用户登录后填报基础信息，基础信息发生变化的应及时更新，具体要求如下：

出港报告内容包括拟出港时间、配员情况、安全通导、救生、消防等安全装备配备情况、携带网具情况等。

进港报告内容包括拟进渔港、拟进港时间、配员情况、渔获品种和数量等。

渔船提交进出港报告信息后，将收到系统校验的反馈信息。未收到反馈信息的，应主动联系管理部门获取。系统校验不合格的，应及时整改。

渔船因天气或应急等特殊原因不能按照规定程序报告的，应当在进出港后24 小时内补办报告手续。

五、渔港内作业需审批的情形

要 点 解 析

《渔港水域交通安全管理条例》第八条、第九条、第十条规定了渔港内作业需审批的三种情形：

船舶在渔港内装卸易燃、易爆、有毒等危险货物，必须遵守国家关于危险货物管理的规定，并事先向渔政渔港监督管理机关提出申请，经批准后在指定的安全地点装卸。

在渔港内新建、改建、扩建各种设施，或者进行其他水上、水下施工作业，除依照国家规定履行审批手续外，应当报请渔政渔港监督管理机关批准。渔政渔港监督管理机关批准后，应当事先发布航行通告。

在渔港内的航道、港池、锚地和停泊区，禁止从事有碍海上交通安全的捕捞、养殖等生产活动；确需从事捕捞、养殖等生产活动的，必须经渔政渔港监督管理机关批准。

六、渔业船舶从事航行和渔业生产的基本条件

要 点 解 析

《渔港水域交通安全管理条例》第十二条规定，渔业船舶在向渔政渔港监督管理机关申请船舶登记，并取得渔业船舶国籍证书或者渔业船舶登记证书后，方可悬挂中华人民共和国国旗航行。

《渔港水域交通安全管理条例》第十三条规定，渔业船舶必须经船舶检验部门检验合格，取得船舶技术证书，方可从事渔业生产。

《渔港水域交通安全管理条例》第十四条规定，渔业船舶的船长、轮机长、驾驶员、轮机员、电机员、无线电报务员、话务员，必须经渔政渔港监督管理机关考核合格，取得职务证书，其他人员应当经过相应的专业训练。

七、渔业船舶交通事故的调查处理

要点解析

《渔港水域交通安全管理条例》第十六条规定，渔业船舶之间发生交通事故，应当向就近的渔政渔港监督管理机关报告，并在进入第一个港口 48 小时之内向渔政渔港监督管理机关递交事故报告书和有关材料，接受调查处理。

《渔港水域交通安全管理条例》第十七条规定，渔政渔港监督管理机关对渔港水域内的交通事故和其他沿海水域渔业船舶之间的交通事故，应当及时查明原因，判明责任，作出处理决定。

《渔港水域交通安全管理条例》第二十五条规定，因渔港水域内发生的交通事故或者其他沿海水域发生的渔业船舶之间的交通事故引起的民事纠纷，可以由渔政渔港监督管理机关调解处理；调解不成或者不愿意调解的，当事人可以向人民法院起诉。

八、禁止离港的情形

要点解析

《渔港水域交通安全管理条例》第十八条列举了渔政渔港监督管理机关有权禁止渔港内的船舶、设施离港，或者令其停航、改航、停止作业的情形：

①违反中华人民共和国法律、法规或者规章的。

②处于不适航或者不适拖状态的。

③发生交通事故，手续未清的。

④未向渔政渔港监督管理机关或者有关部门交付应当承担的费用，也未提供担保的。

⑤渔政渔港监督管理机关认为有其他妨害或者可能妨害海上交通安全的。

九、进出渔港未进行报告的处罚

要 点 解 析

《渔港水域交通安全管理条例》第二十条规定，船舶进出渔港依照规定应当向渔政渔港监督管理机关报告而未报告的，或者在渔港内不服从渔政渔港监督管理机关对水域交通安全秩序管理的，由渔政渔港监督管理机关责令改正，可以并处警告、罚款；情节严重的，扣留或者吊销船长职务证书（扣留职务证书时间最长不超过六个月）。

十、渔港内不服从水域交通安全秩序管理的处罚

要 点 解 析

《渔港水域交通安全管理条例》第二十三条规定，不执行离港、停航、改航、停止作业决定，或者在执行中违反上述决定的，处罚如下：

①由渔政渔港监督管理机关责令改正，可以并处警告、罚款；情节严重的，扣留或者吊销船长职务证书。

②对拒不执行渔政渔港监督管理机关作出的离港、禁止离港、停航、改航、停止作业等决定的船舶，可对船长或直接责任人并处1 000元以上10 000元以下罚款、扣留或吊销船长职务证书。

《渔业港航监督行政处罚规定》第九条规定，在渔港内不服从渔政渔港监督管理机关对水域交通安全秩序管理的处罚：对船长予以警告，并可处50元以上500元以下罚款；情节严重的，扣留其职务船员证书3～6个月；情节特别严重的，吊销船长证书。

十一、未经批准装卸危险货物，或进行施工
作业，或从事生产活动的处罚

要 点 解 析

《渔业港航监督行政处罚规定》第十条规定，有违反渔港管理规定行为，渔政渔港监督管理机关应责令其停止作业，并对船长或直接责任人予以警告，并可处500元以上1 000元以下罚款的情形如下：

①未经渔政渔港监督管理机关批准或未按批准文件的规定，在渔港内装卸易燃、易爆、有毒等危险货物的。

②未经渔政渔港监督管理机关批准，在渔港内新建、改建、扩建各种设施，或者进行其他水上、水下施工作业的。

③在渔港内的航道、港池、锚地和停泊区从事有碍海上交通安全的捕捞、养殖等生产活动的。

十二、渔业港航管理适用免予处罚、减轻
处罚和从重处罚的情形

要 点 解 析

《渔业港航监督行政处罚规定》第五条规定，免予处罚的情形包括：

①因不可抗力或以紧急避险为目的的行为。

②渔业港航违法行为显著轻微并及时纠正。

③没有造成危害性后果。

《渔业港航监督行政处罚规定》第六条规定，减轻处罚的情形包括：

①主动消除或减轻渔业港航违法行为后果。

②配合渔政渔港监督管理机关查处渔业港航违法行为。

③依法可以从轻、减轻处罚的其他渔业港航违法行为。

《渔业港航监督行政处罚规定》第七条规定，从重处罚的情形包括：

①违法情节严重，影响较大。

②多次违法或违法行为造成重大损失。

③损失虽然不大，但事后既不向渔政渔港监督管理机关报告，又不采取措施，放任损失扩大。

④逃避、抗拒渔政渔港监督管理机关检查和管理。

⑤依法可以从重处罚的其他渔业港航违法行为。

法 律 链 接

1.《中华人民共和国渔港水域交通安全管理条例》（2019年修正）（实施日期：1989年8月1日）

2.《渔业港航监督行政处罚规定》（实施日期：2000年6月13日）

3.《农业农村部关于施行渔船进出渔港报告制度的通告》（农业农村部通告〔2019〕2号）（实施日期：2019年8月1日）

第六节　渔业船舶、船员管理相关法规规章

一、渔业船舶检验

要点解析

1. 渔业船舶检验监督管理机构

《中华人民共和国渔业船舶检验条例》（以下简称《渔业船舶检验条例》）第三条规定，国务院渔业行政主管部门主管全国渔业船舶检验及其监督管理工作。中华人民共和国渔业船舶检验局（以下简称"国家渔业船舶检验机构"）行使渔业船舶检验及其监督管理职能。地方渔业船舶检验机构依照本条例规定，负责有关的渔业船舶检验工作。各级质量监督和工商行政管理等部门，应当在各自的职责范围内对渔业船舶检验和监督管理工作予以协助。

但是，根据2018年《深化党和国家机构改革方案》，渔船检验和监督管理职责划入交通运输部。2018年4月20日起，交通运输正式履行渔船检验和监督管理职责。2018年9月13日，中共中央办公厅、国务院办公厅颁布《关于调整交通运输部职责编制的通知》，明确规定：交通运输部海事局负责拟订渔业船舶检验政策法规及标准，渔业船舶检验监督管理和行业指导等工作；中国船级社负责渔业船舶和船用产品法定检验工作。不再保留农业部渔业船舶检验局。

经2019年3月2日《国务院关于修改部分行政法规的决定》修改的《船舶和海上设施检验条例》第三十条规定，除从事国际航行的渔业辅助船舶依照本条例进行检验外，其他渔业船舶的检验，由国务院交通运输主管部门按照相关渔业船舶检验的行政法规执行。

经2019年3月2日《国务院关于修改部分行政法规的决定》修改的《内河交通安全管理条例》第九十三条第二款规定，渔业船舶的检验及相关监督管理，由国务院交通运输主管部门按照相关渔业船舶检验的行政法规执行。

据此，目前在国家层面，我国渔业船舶检验监督机构为国务院交通运输管理部门，渔业船舶和船用产品法定检验工作由中国船级社承担。

2. 渔业船舶未经检验、未取得渔业船舶检验证书擅自下水作业的处罚

《渔业船舶检验条例》第三十二条第一款规定，违反本条例规定，渔业船舶未经检、未取得渔业船舶检验证书擅自下水作业的，没收该渔业船舶。

3. 按规定应当报废的渔业船舶继续作业的处罚

《渔业船舶检验条例》第三十二条第二款规定，按照规定应当报废的渔业船舶继续作业的，责令立即停止作业，收缴失效的渔业船舶检验证书，强制拆解应当报废的渔业船舶，并处 2 000 元以上 5 万元以下的罚款；构成犯罪的，依法追究刑事责任。

4. 渔业船舶应当申报营运检验或者临时检验而不申报的处罚

《渔业船舶检验条例》第三十三条规定，违反本条例规定，责令立即停止作业，限期申报检验；逾期仍不申报检验的，处 1 000 元以上 1 万元以下罚款，并可以暂扣渔业船舶检验证书。

5. 使用未经检验合格的有关航行、作业和人身财产安全以及防止污染环境的重要设备、部件和材料，制造、改造、维修渔业船舶的；擅自拆除渔业船舶上有关航行、作业和人身财产安全以及防止污染环境的重要设备、部件的；擅自改变渔业船舶的吨位、载重线、主机功率、人员定额和适航区域的处罚

《渔业船舶检验条例》第三十四条规定，对于违反本条例规定，有下列行为之一的，责令立即改正，处 2 000 元以上 2 万元以下的罚款；正在作业的，责令立即停止作业；拒不改正或者拒不停止作业的，强制拆除非法使用的重要设备、部件和材料或者暂扣渔业船舶检验证书；构成犯罪的，依法追究刑事责任：

①使用未经检验合格的有关航行、作业和人身财产安全以及防止污染环境的重要设备、部件和材料，制造、改造、维修渔业船舶的。

②擅自拆除渔业船舶上有关航行、作业和人身财产安全以及防止污染环境的重要设备、部件的。

③擅自改变渔业船舶的吨位、载重线、主机功率、人员定额和适航区域的。

6. 伪造、变造渔业船舶的检验证书、检验记录和检验报告，或者私刻渔业船舶检验业务印章的处罚

《渔业船舶检验条例》第三十七条规定，伪造、变造渔业船舶检验证书、检验记录和检验报告，或者私刻渔业船舶检验业务印章的，应该予以没收；构成犯罪的，依法追究刑事责任。

7. 捕捞辅助船涂改检验证书、擅自更改船舶载重线或者以欺骗行为获取检验证书的处罚

《船舶和海上设施检验条例》第二十六条规定，涂改检验证书、擅自更改船舶载重线或者以欺骗行为获取检验证书的，船检局或者其委托的检验机构有权撤销已签发的相应证书，并可以责令改正或者补办有关手续。

《船舶和海上设施检验条例》第二十七条规定，伪造船舶检验证书或者擅自更改船舶载重线的，由有关行政主管机关给予通报批评，并可以处以相当于相应的检验费一倍至五倍的罚款；构成犯罪的，由司法机关依法追究刑事责任。

8. 采取的行政强制措施的种类

行政强制措施主要包括以下几种：

①按照规定应当报废的渔业船舶继续作业的，可采取收缴失效的渔业船舶检验证书，强制拆解应当报废的渔业船舶的行政强制措施。

②违反《渔业船舶检验条例》规定，渔业船舶应当申报营运检验或者临时检验而不申报的，责令立即停止作业，限期申报检验；逾期仍不申报检验的，除罚款外，并可以采取暂扣渔业船舶检验证书的行政强制措施。

③违反《渔业船舶检验条例》规定，下列行为中正在作业的，责令立即停止作业；拒不改正或者拒不停止作业的，可采取强制拆除非法使用的重要设备、部件和材料或者暂扣渔业船舶检验证书的行政强制措施：

a. 使用未经检验合格的有关航行、作业和人身财产安全以及防止污染环境的重要设备、部件和材料，制造、改造、维修渔业船舶的。

b. 擅自拆除渔业船舶上有关航行、作业和人身财产安全以及防止污染环境的重要设备、部件的。

c. 擅自改变渔业船舶的吨位、载重线、主机功率、人员定额和适航区域的。

二、渔业船舶登记管理（渔业船舶登记范围、项目以及船名核定规则）

要 点 解 析

1. 船舶登记

《中华人民共和国渔业船舶登记办法》（以下简称《渔业船舶登记办法》）第二条规定了渔业船舶登记范围：中华人民共和国公民或法人所有的渔业船舶，以及中华人民共和国公民或法人以光船条件从境外租进的渔业船舶。

渔业船舶登记项目包括所有权登记、国籍登记、抵押权登记、光船租赁登记以及变更登记和注销登记。

（1）所有权登记 渔业船舶所有权的取得、转让和消灭，应当依照《渔业船舶登记办法》进行登记；未经登记的，不得对抗善意第三人。

（2）国籍登记 渔业船舶应当依照《渔业船舶登记办法》进行渔业船舶国籍登记，方可取得航行权。

（3）**抵押权登记** 渔业船舶抵押权的设定、转移和消灭，抵押权人和抵押人应当共同依照《渔业船舶登记办法》进行登记；未经登记的，不得对抗善意第三人。

（4）**光船租赁登记** 以光船条件出租渔业船舶，或者以光船条件租进境外渔业船舶的，出租人和承租人应当依照《渔业船舶登记办法》进行光船租赁登记；未经登记的，不得对抗善意第三人。

（5）**变更登记** 船名、船舶主尺度、吨位或船舶种类，船舶主机类型、数量或功率，船舶所有人姓名、名称或地址（船舶所有权发生转移的除外），船舶共有情况、船舶抵押合同、租赁合同（解除合同的除外）等以上情况发生变更的，渔业船舶所有人应当向原登记机关申请变更登记。

（6）**注销登记** 渔业船舶出现了所有权转移的，灭失或失踪满六个月的，拆解或销毁的，自行终止渔业生产活动的，符合以上情形之一，渔业船舶所有人应当向登记机关申请办理渔业船舶所有权注销登记；出现国籍证书有效期满未延续的，渔业船舶检验证书有效期满未依法延续的，以贿赂、欺骗等不正当手段取得渔业船舶国籍以及其他应当注销该渔业船舶国籍的情况，符合以上情形之一，登记机关可直接注销该渔业船舶国籍。

2. 船名核定

（1）**船名核定申请** 《渔业船舶登记办法》第九条规定，渔业船舶只能有一个船名。远洋渔业船舶、科研船和教学实习船的船名由申请人在申请渔业船网工具指标时提出，经省级登记机关通过全国海洋渔船动态管理系统查询，无重名、同音且符合规范的，在《渔业船网工具指标申请书》上标注其船名、船籍港。渔业行政主管部门核发的《渔业船网工具指标批准书》应当载明上述船名、船籍港。公务船舶的船名按照农业农村部的规定办理，其他渔业船舶的船名由登记机关按照农业农村部的统一规定核定。

《渔业船舶登记办法》第十条规定了渔业船舶所有人或承租人应当向登记机关申请船名的情形：①制造、进口渔业船舶；②因继承、赠与、购置、拍卖或法院生效判决取得渔业船舶所有权，需要变更船名；③以光船条件从境外租进渔业船舶。

《渔业船舶登记办法》第十一条规定了申请渔业船舶船名核定须提交的材料。申请人应当填写渔业船舶船名申请表，交验渔业船舶所有人或承租人的户口簿或企业法人营业执照，并提交下列材料：①捕捞渔船和捕捞辅助船应当提交省级以上人民政府渔业行政主管部门签发的渔业船网工具指标批准书；②养殖渔船应当提交渔业船舶所有人持有的养殖证；③从境外租进的渔业船舶，应当提交农业农村部同意租赁的批准文件；④申请变更渔业船舶船名的，应当提供变更理由及相关证明材料。

（2）**船名核定的决定期限**　《渔业船舶登记办法》第十二条规定了船名核定决定期限。登记机关应当自受理申请之日起七个工作日内作出核定决定。予以核定的，向申请人核发渔业船舶船名核定书，同时确定该渔业船舶的船籍港。不予核定的，书面通知当事人并说明理由。

（3）**船名核定书的有效期**　《渔业船舶登记办法》第十三条规定了渔业船舶船名核定书的有效期为十八个月。超过有效期未使用船名的，渔业船舶船名核定书作废，渔业船舶所有人应当按照《渔业船舶登记办法》规定重新提出申请。

（4）**船名的标写要求**　《渔业船舶船名规定》第七条和第八条规定了渔业船舶船名的标写要求。第七条规定，渔业船舶取得船名后，应当在船首两舷和船尾部标写船名和船籍港名称。船首两侧的船名从左至右横向标写；船籍港名称应在船尾部中央从左至右水平标写。第八条规定，船名和船籍港名称的标写颜色为黑底白字，如果船体漆的颜色与白色反差较大，也可以以船体漆的颜色为底色。标写字型均为仿宋体，字迹必须工整、清晰。字体大小视船型而定，但船名字体尺寸不应小于 300 毫米×300 毫米，船籍港的字体尺寸不应小于200 毫米×200 毫米。

（5）**船名牌的固定安装要求**　《渔业船舶船名规定》第九条和第十条规定了船名牌的固定安装要求。第九条规定，渔业船舶应当在驾驶台顶部两侧悬挂船名牌。第十条规定，船名牌必须固定安装，并保持完整无损，不得被其他物体遮挡。发现损坏、褪色等可能影响船名牌显示效能的情况时，应及时修复或更换。

3. 未持有船舶证书的处罚

《渔业港航监督行政处罚规定》第十五条规定，已办理渔业船舶登记手续，但未按规定持有船舶国籍证书、船舶登记证书、船舶检验证书、船舶航行签证簿的，予以警告，责令其改正，并可处 200 元以上 1 000 元以下罚款。

4. 船舶无有效船名和证书的处罚

《渔业港航监督行政处罚规定》第十六条规定了对无有效的渔业船舶船名、船号、船舶登记证书（或船舶国籍证书）、检验证书的船舶的处罚是禁止其离港，并对船舶所有者或者经营者处船价 2 倍以下的罚款。其中，从重处罚的情形包括：

①无有效的渔业船舶登记证书（或渔业船舶国籍证书）和检验证书，擅自刷写船名、船号、船籍港的。

②伪造渔业船舶登记证书（或国籍证书）、船舶所有权证书或船舶检验证书的。

③伪造事实骗取渔业船舶登记证书或渔业船舶国籍证书的。

④冒用他船船名、船号或船舶证书的。

5. 转让渔业船舶证书或使用过期渔业船舶证书的处罚

《渔业港航监督行政处罚规定》第十八条规定了转让渔业船舶证书或使用过期渔业船舶证书的处罚：

①将船舶证书转让他船使用，一经发现，应立即收缴，对转让船舶证书的船舶所有者或经营者处 1 000 元以下罚款；对借用证书的船舶所有者或经营者处船价 2 倍以下罚款。

②使用过期渔业船舶登记证书或渔业船舶国籍证书的，登记机关应通知船舶所有者限期改正，过期不改的，责令其停航，并对船舶所有者或经营者处 1 000 元以上 10 000 元以下罚款。

6. 未按规定标写船名、船籍港，没有悬挂船名牌的处罚

《渔业港航监督行政处罚规定》第二十条规定，未按规定标写船名、船号、船籍港，没有悬挂船名牌的，责令其限期改正，对船舶所有者或经营者处 200 元以上 1 000 元以下罚款。

三、渔业船员管理

要点解析

1. 渔业船员管理的主管部门

《中华人民共和国渔业船员管理办法》（以下简称《渔业船员管理办法》）第三条规定，渔业船员管理的主管部门是农业农村部以及县级以上地方人民政府渔业行政主管部门及其所属的渔政渔港监督管理机构。

2. 渔业船员证书

《渔业船员管理办法》第四条规定了渔业船员实行持证上岗制度。渔业船员应当按照本办法的规定接受培训，经考试或考核合格、取得相应的渔业船员证书后，方可在渔业船舶上工作。在远洋渔业船舶上工作的中国籍船员，还应当按照有关规定取得中华人民共和国海员证。

《渔业船员管理办法》第五条规定了渔业船员的概念及渔业船员证书相关内容：

①渔业船员分为职务船员和普通船员。其中，职务船员是负责船舶管理的人员，包括以下五类：a. 驾驶人员，职级包括船长、船副、助理船副；b. 轮机人员，职级包括轮机长、管轮、助理管轮；c. 机驾长；d. 电机员；e. 无线电操作员。普通船员是职务船员以外的其他船员。

②职务船员证书分为海洋渔业职务船员证书和内陆渔业职务船员证书。普

通船员证书分为海洋渔业普通船员证书和内陆渔业普通船员证书。

③渔业船员证书的有效期不超过 5 年。证书有效期满，持证人可申请换发证书。渔业船员证书期满 5 年后，持证人应重新申请原等级原职级证书。

3. 渔业船员培训

《渔业船员管理办法》第六条列举了渔业船员培训的种类，包括基本安全培训、职务船员培训和其他培训：

①基本安全培训是指渔业船员都应当接受的任职培训，包括水上求生、船舶消防、急救、应急措施、防止水域污染、渔业安全生产操作规程等内容。

②职务船员培训是指职务船员应当接受的任职培训，包括拟任岗位所需的专业技术知识、专业技能和法律法规等内容。

③其他培训是指远洋渔业专项培训和其他与渔业船舶安全和渔业生产相关的技术、技能、知识、法律法规等培训。

4. 未配齐职务船员或船员未取得专业训练合格证、基础训练合格证的处罚

《渔业港航监督行政处罚规定》第二十二条规定，未按规定配齐职务船员的，责令其限期改正，对船舶所有者或经营者并处 200 元以上 1 000 元以下罚款。普通船员未取得专业训练合格证或基础训练合格证的，责令其限期改正，对船舶所有者或经营者并处 1 000 元以下罚款。

5. 冒用、租借他人或涂改职务船员证书、普通船员证书的处罚

《渔业港航监督行政处罚规定》第二十五条规定，冒用、租借他人或涂改职务船员证书、普通船员证书的，应责令其限期改正，并收缴所用证书，对当事人或直接责任人并处 50 元以上 200 元以下罚款。

6. 因违规被扣留或吊销船员证书而谎报遗失，申请补发的处罚

《渔业港航监督行政处罚规定》第二十六条规定，对因违规被扣留或吊销船员证书而谎报遗失，申请补发的，可对当事人或直接责任人处 200 元以上 1 000元以下罚款。

7. 向渔政渔港监督管理机关提供虚假证明材料、伪造资历或以其他舞弊方式获取船员证书的处罚

《渔业港航监督行政处罚规定》第二十七条规定，向渔政渔港监督管理机关提供虚假证明材料、伪造资历或以其他舞弊方式获取船员证书的，应收缴非法获取的船员证书，对提供虚假材料的单位或责任人处 500 元以上 3 000 元以下罚款。

8. 船员证书持证人与证书所载内容不符的处罚

《渔业港航监督行政处罚规定》第二十八条规定，船员证书持证人与证书所载内容不符的，应收缴所持证书，对当事人或直接责任人处 50 元以上 200

元以下罚款。

9. 到期未办理证件审验的处罚

《渔业港航监督行政处罚规定》第二十九条规定，到期未办理证件审验的职务船员，应责令其限期办理，逾期不办理的，对当事人并处 50 元以上 100 元以下罚款。

法 律 链 接

1.《中华人民共和国渔业船舶检验条例》（实施日期：2003 年 8 月 1 日）

2.《关于调整交通运输部职责编制的通知》（实施日期：2018 年 9 月 13 日）

3.《中华人民共和国船舶和海上设施检验条例》（2019 年修正）（实施日期：1993 年 2 月 14 日）

4.《中华人民共和国内河交通安全管理条例》（2017 年修正）（实施日期：2002 年 8 月 1 日）

5.《中华人民共和国渔业船舶登记办法》（实施日期：2013 年 1 月 1 日）

6.《渔业船舶船名规定》（实施日期：1998 年 3 月 2 日）

7.《中华人民共和国渔业船员管理办法》（实施日期：2015 年 1 月 1 日）

第七节　清理、取缔涉渔"三无"船舶及没收渔业船舶相关规定

一、涉渔"三无"船舶的概念

要 点 解 析

《国务院对清理、取缔"三无"船舶通告的批复》规定，"三无"船舶为无船名船号、无船舶证书、无船籍港的船舶。涉渔"三无"船舶即指非法用于渔业生产经营活动的无船名船号、无船舶证书、无船籍港的船舶。船舶证书，包括船舶检验证书、船舶登记证书、渔业捕捞许可证。

二、处理涉渔"三无"船舶的法律依据

要 点 解 析

1. 农业部、公安部、交通部、国家工商行政管理局、海关总署《关于清

理、取缔"三无"船舶的通告》以及《国务院对清理、取缔"三无"船舶通告的批复》

第一条　凡未履行审批手续，非法建造、改装的船舶，由公安、渔政渔监和港监部门等港口、海上执法部门予以没收；对未履行审批手续擅自建造、改装船舶的造船厂，由工商行政管理机关处船价2倍以下的罚款，情节严重的，可依法吊销其营业执照；未经核准登记注册非法建造、改装船舶的厂、点，由工商行政管理机关依法予以取缔，并没收销货款和非法建造、改装的船舶。

第二条　对停靠在港口的"三无"船舶，港监和渔政渔监部门应禁止其离港，予以没收，并可对船主处以船价2倍以下的罚款。

第三条　渔政渔监和港监部门应加强对海上生产、航行、治安秩序的管理，海关、公安边防部门应结合海上缉私工作，取缔"三无"船舶，对海上航行、停泊的"三无"船舶，一经查获，一律没收，并可对船主处船价2倍以下的罚款。

第五条　公安边防、海关、港监和渔政渔监等部门没收的"三无"船舶，可就地拆解，拆解费用从船舶残料变价款中支付，余款按罚没款处理；也可经审批并办理必要的手续后，作为执法用船，但不得改做他用。

2.《渔业行政处罚规定》

第十九条　凡无船名号、无船舶证书、无船籍港而从事渔业活动的船舶，可对船主处以船价2倍以下的罚款，并可予以没收。凡未履行审批手续非法建造、改装的渔船，一律予以没收。

3.《渔业船舶检验条例》

第三十二条第一款　违反本条例规定，渔业船舶未经检验、未取得渔业船舶检验证书擅自下水作业的，没收该渔业船舶。

4.《渔业法》

第四十一条　未依法取得捕捞许可证擅自进行捕捞的，没收渔获物和违法所得，并处十万元以下的罚款；情节严重的，并可以没收渔具和渔船。

5.《最高人民法院关于审理发生在我国管辖海域相关案件若干问题的规定（二）》

第十条　行政相对人未依法取得捕捞许可证擅自进行捕捞，行政机关认为该行为构成《渔业法》第四十一条规定的"情节严重"情形的，人民法院应当从以下方面综合审查，并作出认定：

①是否未依法取得渔业船舶检验证书或渔业船舶登记证书；

②是否故意遮挡、涂改船名、船籍港；

③是否标写伪造、变造的渔业船舶船名、船籍港，或者使用伪造、变造的

渔业船舶证书；

④是否标写其他合法渔业船舶的船名、船籍港或者使用其他渔业船舶证书；

……

三、处理涉渔"三无"船舶的行政强制措施

要点解析

1. 禁止其离港

《国务院对清理、取缔"三无"船舶通告的批复》第二条规定，对停靠在港口的"三无"船舶，港监和渔政渔监部门应禁止其离港；《渔业港航监督行政处罚规定》第十六条规定，无有效的渔业船舶船名、船号、船舶登记证书（或船舶国籍证书）、检验证书的船舶，禁止其离港。

2. 禁止离港、指定地点停放等强制措施

《最高人民法院关于审理发生在我国管辖海域相关案件若干问题的规定（二）》第十一条，行政机关对停靠在渔港，无船名、船籍港和船舶证书的船舶，采取禁止离港、指定地点停放等强制措施，行政相对人以行政机关超越法定职权为由提起诉讼的，人民法院不予支持。

3. 暂时扣押渔具或者渔船

《渔业法》第四十八条规定，在海上执法时，对违反禁渔区、禁渔期的规定或者使用禁用的渔具、捕捞方法进行捕捞，以及未取得捕捞许可证进行捕捞的，事实清楚、证据充分，但是当场不能按照法定程序作出和执行行政处罚决定的，可以先暂时扣押捕捞许可证、渔具或者渔船，回港后依法作出和执行行政处罚决定。

四、《国务院对清理、取缔"三无"船舶通告的批复》性质

要点解析

《国务院对清理、取缔"三无"船舶通告的批复》颁布于 1994 年 10 月 16 日，是依据当时有效的《行政法规制定程序暂行条例》制定的。《行政法规制定程序暂行条例》第十六条规定："行政法规发布后，一律刊登《中华人民共和国国务院公报》"，《国务院对清理、取缔"三无"船舶通告的批复》经国务院批准，并公布在 1994 年第 26 期《中华人民共和国国务院公报》上，应属于

现行有效的行政法规。

《中华人民共和国立法法》于 2000 年 7 月 1 日施行。最高人民法院《关于印发〈关于审理行政案件适用法律规范问题的座谈会纪要〉的通知》（法〔2004〕96 号）第一条"关于行政案件的审判依据"中明确现行有效的行政法规有：立法法施行以前，按照当时有效的行政法规制定程序，经国务院批准、由国务院部门公布的行政法规。《国务院对清理、取缔"三无"船舶通告的批复》属于立法法施行以前公布的，按照当时有效的行政法规制定程序，经国务院批准、由国务院部门公布的行政法规，应为现行有效的行政法规，可作为行政处罚的依据。

五、"三无"船舶违法行为的处理方式

要点解析

1. 未履行审批手续，非法建造、改装船舶

《国务院对清理、取缔"三无"船舶通告的批复》第一条规定，公安、渔政渔监和港监部门等港口、海上执法部门对未履行审批手续，非法建造、改装的船舶没收处罚。工商行政管理机关对于未经核准登记注册非法建造、改装船舶的厂、点中的非法建造、改装船舶予以没收处罚。

《渔业行政处罚规定》第十九条规定，渔业行政主管部门对未履行审批手续非法建造、改装的渔船一律予以没收处罚。

2. 停靠在港口的"三无"船舶

《国务院对清理、取缔"三无"船舶通告的批复》第二条规定，港监和渔政渔监部门对停靠在港口的"三无"船舶应禁止其离港，予以没收，并可对船主处以船价 2 倍以下的罚款处罚。

3. 海上航行、停泊的"三无"船舶

《国务院对清理、取缔"三无"船舶通告的批复》第三条规定，渔政渔监港监部门、海关、公安边防部门对海上航行、停泊的"三无"船舶，应予以没收，并可对船主处船价 2 倍以下的罚款处罚。

4. 从事渔业活动的"三无"船舶

《渔业行政处罚规定》第十九条规定，渔业行政主管部门对从事渔业活动的"三无"船舶，可对船主处以船价 2 倍以下的罚款，并可予以没收的处罚。

5. 未经检验、未取得渔业船舶检验证书擅自下水作业的渔业船舶

《渔业船舶检验条例》第三十二条第一款规定，渔业行政主管部门对未经检验、未取得渔业船舶检验证书擅自下水作业的渔业船舶予以没收。

6. 未依法取得捕捞许可证擅自进行捕捞的船舶

《渔业法》第四十一条规定，渔业行政主管部门对未依法取得捕捞许可证擅自进行捕捞的船舶，没收渔获物和违法所得，并处十万元以下的罚款；情节严重的，并可以没收渔具和渔船。

《最高人民法院关于审理发生在我国管辖海域相关案件若干问题的规定（二）》第十条规定，行政相对人未依法取得捕捞许可证擅自进行捕捞，行政机关认为该行为构成《渔业法》第四十一条规定的"情节严重"情形的，人民法院应当从以下方面综合审查，并作出认定：

①是否未依法取得渔业船舶检验证书或渔业船舶登记证书；

②是否故意遮挡、涂改船名、船籍港；

③是否标写伪造、变造的渔业船舶船名、船籍港，或者使用伪造、变造的渔业船舶证书；

④是否标写其他合法渔业船舶的船名、船籍港或者使用其他渔业船舶证书；

⑤是否非法安装挖捕珊瑚等国家重点保护水生野生动物设施；

⑥是否使用相关法律、法规、规章禁用的方法实施捕捞；

⑦是否非法捕捞水产品、非法捕捞有重要经济价值的水生动物苗种、怀卵亲体或者在水产种质资源保护区内捕捞水产品，数量或价值较大；

⑧是否于禁渔区、禁渔期实施捕捞；

⑨是否存在其他严重违法捕捞行为的情形。

法 律 链 接

1.《国务院对清理、取缔"三无"船舶通告的批复》（实施日期：1994 年 10 月 16 日）

2.《关于清理、取缔"三无"船舶的通告》（实施日期：1994 年 11 月 1 日）

3.《渔业行政处罚规定》（实施日期：1998 年 1 月 5 日）

4.《中华人民共和国渔业船舶检验条例》（实施日期：2003 年 8 月 1 日）

5.《中华人民共和国渔业法》（2013 年修正）（实施日期：1986 年 7 月 1 日）

6.《最高人民法院关于审理发生在我国管辖海域相关案件若干问题的规定（二）》（实施日期：2016 年 8 月 2 日）

7.《中华人民共和国渔业港航监督行政处罚规定》（实施日期：2000 年 6 月 13 日）

第八节　渔业生态保护与污染防控相关法律法规

一、渔业主管部门的生态环保与污染防控职能概述

要点解析

《渔业法》设有专章《渔业资源的增殖和保护》规定渔业生态保护相关内容，《中华人民共和国海洋环境保护法》（以下简称《海洋环境保护法》）规定渔业主管部门负责渔港水域内非军事船舶和渔港水域外渔业船舶污染海洋环境的监督管理，负责保护渔业水域生态环境工作，并调查处理海事行政主管部门管辖外的渔业污染事故；《中华人民共和国水污染防治法》（以下简称《水污染防治法》）规定县级以上人民政府渔业部门以及重要江河、湖泊的流域水资源保护机构，在职责范围内，对有关水污染防治实施监督管理。据此，渔业主管部门的环境监管职责主要体现在以下几个方面：

①对渔业水域污染活动进行监管。

②对渔港相关污染活动进行监管。

③对渔业船舶配备防污染设备设施及船舶排放污染物进行监管。

④对渔业水域建设项目进行监管。

⑤对水产养殖尾水排放进行监管。

⑥对渔业水域污染事故进行调查处理。

除行使行政权力进行监管外，渔业主管部门在特定条件下还可以依法向破坏和污染渔业水域当事人提出生态损害赔偿。

对于特定区域，渔业主管部门还应根据污染防治要求，承担相应的监管职能，如《太湖流域管理条例》《关于加快推进长江经济带农业面源污染治理的指导意见》《渤海综合治理攻坚战行动计划》等皆对渔业领域相关污染防控作出具体要求。

二、渔业水域污染监管

要点解析

1. 监管权限

《水污染防治法》第十九条第二款规定，建设单位在江河、湖泊新建、改建、扩建排污口，涉及渔业水域的，环境保护主管部门在审批环境影响评价文

件时，应当征求渔业主管部门的意见。

《海洋环境保护法》第三十条第二款规定，入海排污口的选择应当报设区的市级以上人民政府环境保护行政主管部门备案，环境保护行政主管部门在完成备案后 15 个工作日内应将入海排污口设置情况通报渔业主管部门。渔业主管部门发现入海排污口设置违法规定未备案的，应当通报环境保护主管部门。

《海洋环境保护法》第三十条第三款规定，在海洋自然保护区、重要渔业水域、海滨风景名胜区和其他需要特别保护的区域，不得新建排污口；第四十二条第二款规定不得从事污染环境、破坏景观的海岸工程项目建设或者其他活动。第七十七条第二款渔业主管部门发现违法新建排污口的，应当通报环境保护主管部门。

《海洋环境保护法》第三十六条规定，向海域排放含热废水，必须采取有效措施，保证邻近渔业水域的水温符合国家海洋环境质量标准，避免热污染对水产资源的危害。

2. 处罚权限

（1）排放禁止排放污染物的处罚权　《海洋环境保护法》第七十三条规定，向海域排放本法禁止排放的污染物或者其他物质的，由依照本法规定行使海洋环境监督管理权的部门（包括渔业主管部门）责令停止违法行为、限期改正或者责令采取限制生产、停产整治等措施，并处以三万元以上二十万元以下的罚款；拒不改正的，依法作出处罚决定的部门可以自责令改正之日的次日起，按照原罚款数额按日连续处罚；情节严重的，报经有批准权的人民政府批准，责令停业、关闭。

（2）未按规定排放污染物的处罚权　《海洋环境保护法》第七十三条规定，不按照本法规定向海洋排放污染物，或者超过标准、总量控制指标排放污染物的，由依照本法规定行使海洋环境监督管理权的部门（包括渔业主管部门）责令停止违法行为、限期改正或者责令采取限制生产、停产整治等措施，并处以二万元以上二十万元以下的罚款；拒不改正的，依法作出处罚决定的部门可以自责令改正之日的次日起，按照原罚款数额按日连续处罚；情节严重的，报经有批准权的人民政府批准，责令停业、关闭。

（3）造成水产资源破坏的处罚权　《海洋环境保护法》第七十六条规定，造成珊瑚礁、红树林等海洋生态系统及海洋水产资源、海洋保护区破坏的，由依照本法规定行使海洋环境监督管理权的部门（包括渔业主管部门）责令限期改正和采取补救措施，并处一万元以上十万元以下的罚款；有违法所得的，没收其违法所得。

三、渔港水域环境污染监管

要点解析

1. 监管权限

《海洋环境保护法》第六十九条第一款规定，港口、码头、装卸站和船舶修造厂必须按照有关规定备有足够的用于处理船舶污染物、废弃物的接收设施，并使该设施处于良好状态。第六十二条第二款规定，从事船舶污染物、废弃物、船舶垃圾接收、船舶清舱、洗舱作业活动的，必须具备相应的接收处理能力。

《水污染防治法》第六十一第二款规定，港口、码头、装卸站和船舶修造厂应当备有足够的船舶污染物、废弃物的接收设施。从事船舶污染物、废弃物接收作业，或者从事装载油类、污染危害性货物船舱清洗作业的单位，应当具备与其运营规模相适应的接收处理能力。

2. 处罚权限

《海洋环境保护法》第八十七条规定，港口、码头、装卸站及船舶未配备防污染设施、器材的，由依照本法规定行使海洋环境监督管理权的部门（包含渔业主管部门）予以警告，或者处二万元以上十万元以下的罚款。

四、渔业船舶防污染设备设施配备及船舶污染物排放监管

要点解析

《海洋环境保护法》《水污染防治法》规定了船舶的防污染要求，并未将渔业船舶作出单独区分。具体而言：

1. 船舶配备防污染设备设施要求

《海洋环境保护法》第六十四条第一款、第六十三条规定，船舶必须配置相应的防污设备和器材，按照有关规定持有防止海洋环境污染的证书与文书，并在船舶进行涉及污染物排放及操作时，应当如实记录。

2. 船舶排放污染物要求

《海洋环境保护法》第六十二条第一款规定，在中华人民共和国管辖海域，任何船舶及相关作业不得违反本法规定向海洋排放污染物、废弃物和压载水、船舶垃圾及其他有害物质。

《水污染防治法》第六十二条第一款规定，船舶及有关作业单位从事有污

染风险的作业活动，应当按照有关法律法规和标准，采取有效措施，防止造成水污染。海事管理机构、渔业主管部门应当加强对船舶及有关作业活动的监督管理。

《水污染防治法》第八十九条第二款规定，船舶进行涉及污染物排放的作业，未遵守操作规程或者未在相应的记录簿上如实记载的，由海事管理机构、渔业主管部门按照职责分工责令改正，处二千元以上二万元以下的罚款。

《中华人民共和国大气污染防治法》（以下简称《大气污染防治法》）第五十一条第一款规定，机动车船、非道路移动机械不得超过标准排放大气污染物。

《大气污染防治法》第六十三条第一款规定，内河和江海直达船舶应当使用符合标准的普通柴油。远洋船舶靠港后应当使用符合大气污染物控制要求的船舶用燃油。

3. 处罚权限

《海洋环境保护法》第八十七条规定，船舶未配备防污设施、器材的，由依照本法规定行使海洋环境监督管理权的部门（包含渔业主管部门）予以警告，或者处二万元以上十万元以下的罚款；船舶未持有防污证书、防污文书，或者不按照规定记载排污记录的，由依照本法规定行使海洋环境监督管理权的部门（包含渔业主管部门）予以警告，或者处二万元以下的罚款。

《水污染防治法》第八十九条第一款规定，船舶未配置相应的防污染设备和器材，或者未持有合法有效的防止水域环境污染的证书与文书的，由海事管理机构、渔业主管部门按照职责分工责令限期改正，处二千元以上二万元以下的罚款；逾期不改正的，责令船舶临时停航；第二款规定船舶进行涉及污染物排放的作业，未遵守操作规程或者未在相应的记录簿上如实记载的，由海事管理机构、渔业主管部门按照职责分工责令改正，处二千元以上二万元以下的罚款。

《水污染防治法》第九十条规定，向水体倾倒船舶垃圾或者排放船舶的残油、废油，船舶及有关作业单位从事有污染风险的作业活动，未按照规定采取污染防治措施的，或者进入中华人民共和国内河的国际航线船舶，排放不符合规定的船舶压载水的，由海事管理机构、渔业主管部门按照职责分工责令停止违法行为，处一万元以上十万元以下的罚款；造成水污染的，责令限期采取治理措施，消除污染，处二万元以上二十万元以下的罚款；逾期不采取治理措施的，海事管理机构、渔业主管部门按照职责分工可以指定有治理能力的单位代为治理，所需费用由船舶承担。

《大气污染防治法》第一百零六条规定，使用不符合标准或者要求的船舶用燃油的，由海事管理机构、渔业主管部门按照职责处一万元以上十万元以下的罚款。

五、渔业水域建设项目监管

要 点 解 析

1.《渔业法》规定

建设项目可能造成渔业资源损失的，应当根据具体情况，报批、采取补救措施、防止或减少损害，或者进行赔偿：

第三十二条规定，在鱼、虾、蟹洄游通道建闸、筑坝，对渔业资源有严重影响的，建设单位应建造过鱼设施或采取其他补救措施。

第三十四条规定，禁止围湖造田。沿海滩涂未经县级以上人民政府批准，不得围垦。重要的苗种基地、养殖场不得围垦。

第三十五条规定，进行水下爆破、勘探、施工作业，对渔业资源有严重影响的，作业单位应当事先同有关县级以上人民政府渔业行政主管部门协商，采取措施，防止或减少对渔业资源的损害；造成渔业资源损失的，由县级以上人民政府责令赔偿。

第三十三条规定，对于用于渔业，并兼有调蓄、灌溉功能的水体，有关主管部门应确定渔业生产所需要的最低水位线。

2. 相关法律法规对涉渔建设项目规定

《海洋环境保护法》第四十二条第二款规定，在依法划定的海洋自然保护区、海滨风景名胜区、重要渔业水域及其他需要特别保护的区域，不得从事污染环境、破坏景观的海岸工程项目建设或者其他活动。

《海洋环境保护法》第四十三条第二款规定，环境保护行政主管部门在批准海岸工程建设项目环境影响报告书（表）之前，必须征求海洋、海事、渔业主管部门和军队环境保护部门的意见；第四十七条第二款规定，海洋行政主管部门在批准海洋环境影响报告书（表）之前，必须征求海事、渔业主管部门和军队环境保护部门的意见；第五十七条第三款规定，国家海洋行政主管部门在选划海洋倾倒区和批准临时性海洋倾倒区之前，必须征求国家海事、渔业主管部门的意见。

《水污染防治法》第十九条第二款规定，建设单位在江河、湖泊新建、改建、扩建排污口的，应当取得水行政主管部门或者流域管理机构同意；涉及通航、渔业水域的，环境保护主管部门在审批环境影响评价文件时，应当征求交通、渔业主管部门的意见。

《中华人民共和国防洪法》第二十条第二款规定，在竹木流放的河流和渔业水域整治河道的，应当兼顾竹木水运和渔业发展的需要，并事先征求林业、渔业行政主管部门的意见。

六、防止水产养殖污染环境的规定

要 点 解 析

《渔业法》第十九条规定，从事养殖生产不得使用含有毒有害物质的饵料、饲料。第二十条规定，从事养殖生产应当保护水域生态环境，科学确定养殖密度，合理投饵、施肥、使用药物，不得造成水域的环境污染。

《海洋环境保护法》第二十八条第二款规定，新建、改建、扩建海水养殖场，应当进行环境影响评价。

《水污染防治法》第六十五条第二款规定，禁止在饮用水水源一级保护区内从事网箱养殖、旅游、游泳、垂钓或者其他可能污染饮用水水体的活动；第六十六条第二款规定，在饮用水水源二级保护区内从事网箱养殖、旅游等活动的，应当按照规定采取措施，防止污染饮用水水体。

《中华人民共和国海岛保护法》第三十五条规定，在依法确定为开展旅游活动的可利用无居民海岛及其周边海域，不得建造居民定居场所，不得从事生产性养殖活动；已经存在生产性养殖活动的，应当在编制可利用无居民海岛保护和利用规划中确定相应的污染防治措施。

七、渔业水域污染事故调查处理

要 点 解 析

《渔业法》《水污染防治法》和《海洋环境保护法》都对渔业污染事故的处理进行了基本规定。

1. 渔业主管部门管辖范围

《海洋环境保护法》第五条第三款规定，国家海事行政主管部门负责所辖港区水域内非军事船舶和港区水域外非渔业、非军事船舶污染海洋环境的监督管理，并负责污染事故的调查处理；对在中华人民共和国管辖海域航行、停泊和作业的外国籍船舶造成的污染事故登轮检查处理；第四款规定渔业主管部门负责除上述以外的渔业污染事故。

《水污染防治法》第七十八条第二款规定，造成渔业污染事故或者渔业船舶造成水污染事故的，应当向事故发生地的渔业主管部门报告，接受调查处理。

对于船舶污染事故给渔业造成损害的，根据《海洋环境保护法》，渔业主管部门参与调查；根据《水污染防治法》，渔业主管部门负责调查。对此，应当注意区分。

2. 渔业水域污染事故处理程序规定

1997年农业部发布了《渔业水域污染事故调查处理程序规定》，规定了渔业水域污染事故的概念、渔业水域污染的级别管辖，以及渔业水域污染事故的调查程序，包括事故报告、受理和立案、调查取证等。

渔业水域污染事故是指由于单位和个人将某种物质和能量引入渔业水域，损坏渔业水体使用功能，影响渔业水域内的生物繁殖、生长或造成该生物死亡、数量减少，以及造成该生物有毒有害物质积累、质量下降等，对渔业资源和渔业生产造成损害的事实。

渔业水域污染事故调查处理实行级别管辖。渔业水域污染事故分为较大和一般性渔业污染事故、重大渔业污染事故、特大和涉外渔业污染事故。①事故造成直接经济损失额在百万元以下的，为较大和一般性渔业水域污染事故，由事故所在的地（市）、县主管机构，在其监督管理范围内依法管辖。②事故造成直接经济损失额在百万元以上千万元以下的，为重大渔业污染事故，由事故所在的省（自治区、直辖市）主管机构，在其监督管理范围内依法管辖。③事故造成直接经济损失额在千万元以上的，为特大渔业污染事故以及涉外渔业污染事故，都由国家主管机构或其授权指定的省级主管机构处理。

3. 渔业污染事故处罚权

《海洋环境保护法》第七十三条规定，因发生事故或者其他突发性事件，造成海洋环境污染事故，不立即采取处理措施的，由依照本法规定行使海洋环境监督管理权的部门（包括渔业主管部门）责令停止违法行为、限期改正或者责令采取限制生产、停产整治等措施，并处以二万元以上十万元以下的罚款；拒不改正的，依法作出处罚决定的部门可以自责令改正之日的次日起，按照原罚款数额按日连续处罚；情节严重的，报经有批准权的人民政府批准，责令停业、关闭。

《海洋环境保护法》第七十四条规定，发生事故或者其他突发性事件不按照规定报告的，由依照本法规定行使海洋环境监督管理权的部门（包括渔业主管部门）予以警告，或者处以五万元以下的罚款。

另外，海洋环境污染事故依法分为一般、较大、重大和特大海洋污染事故，对违反《海洋环境保护法》造成海洋环境污染事故的单位，除依法承担赔偿责任外，由依照本法规定行使海洋环境监督管理权的部门（包括渔业主管部门）处以罚款：对造成一般或者较大海洋环境污染事故的，按照直接损失的百分之二十计算罚款；对造成重大或者特大海洋环境污染事故的，按照直接损失的百分之三十计算罚款。

对直接负责的主管人员和其他直接责任人员可以处上一年度从本单位取得收入百分之五十以下的罚款；直接负责的主管人员和其他直接责任人员属于国家工作人员的，依法给予处分。

对严重污染海洋环境、破坏海洋生态，构成犯罪的，依法追究刑事责任。

八、渔业主管部门对水域污染的执法权限

要 点 解 析

1. 调解处理权

《水污染防治法》第九十七条规定，因水污染引起的损害赔偿责任和赔偿金额的纠纷，可以根据当事人的请求，由环境保护主管部门或者海事管理机构、渔业主管部门按照职责分工调解处理；调解不成的，当事人可以向人民法院提起诉讼。当事人也可以直接向人民法院提起诉讼。

2. 现场检查权

《海洋环境保护法》第十九条第二款规定，行使海洋环境监督管理权的部门（包含渔业主管部门）有权对管辖范围内排放污染物的单位和个人进行现场检查。被检查者应如实反映情况，提供必要的资料。拒绝现场检查，或者在被检查时弄虚作假的，依照本法规定行使海洋环境监督管理权的部门（包含渔业主管部门）予以警告，并处二万元以下的罚款。

3. 抗拒执法处罚权

《水污染防治法》第八十一条规定，以拖延、围堵、滞留执法人员等方式拒绝、阻挠环境保护主管部门或者其他依照本法规定行使监督管理权的部门（包括渔业主管部门）的监督检查，或者在接受监督检查时弄虚作假的，由县级以上人民政府环境保护主管部门或者其他依照本法规定行使监督管理权的部门责令改正，处二万元以上二十万元以下的罚款。

九、公益诉讼和涉渔生态损害赔偿制度

要 点 解 析

1. 公益诉讼

《环境保护法》第五十八条规定，对污染环境、破坏生态，损害社会公共

利益的行为，符合下列条件的社会组织可以向人民法院提起诉讼：①依法在设区的市级以上人民政府民政部门登记；②专门从事环境保护公益活动连续五年以上且无违法记录。

《民事诉讼法》第五十五条规定，对污染环境、侵害众多消费者合法权益等损害社会公共利益的行为，法律规定的机关和有关组织可以向人民法院提起诉讼。人民检察院在履行职责中发现破坏生态环境和资源保护、食品药品安全领域侵害众多消费者合法权益等损害社会公共利益的行为，在没有前款规定的机关和组织或者前款规定的机关和组织不提起诉讼的情况下，可以向人民法院提起诉讼。前款规定的机关或者组织提起诉讼的，人民检察院可以支持起诉。

《行政诉讼法》第二十五条第四款规定，人民检察院在履行职责中发现生态环境和资源保护、食品药品安全、国有财产保护、国有土地使用权出让等领域负有监督管理职责的行政机关违法行使职权或者不作为，致使国家利益或者社会公共利益受到侵害的，应当向行政机关提出检察建议，督促其依法履行职责。行政机关不依法履行职责的，人民检察院依法向人民法院提起诉讼。

视具体情况，渔业相关违法行为可能成为公益诉讼的对象。鉴于渔业执法机构往往是涉渔案件的第一时间发现者，对于确认现场情况、固定证据等有重要作用，且渔业执法机构对渔业较为了解，专业知识丰富。根据《最高人民法院关于审理环境民事公益诉讼案件适用法律若干问题的解释》，人民法院在公益诉讼的调查取证环节占主导地位。在实践中，其往往需要通过渔业执法机构的协助取证。

此外，在环境行政公益诉讼中，渔业部门可能成为诉讼的被告，需要参照《行政诉讼法》的相关规定，举证证明其依法实施了具体行政行为。

2. 涉渔生态损害赔偿制度

《海洋环境保护法》第八十九条第二款规定，对破坏海洋生态、海洋水产资源、海洋保护区，给国家造成重大损失的，由依照本法规定行使海洋环境监督管理权的部门代表国家对责任者提出损害赔偿要求。

根据《最高人民法院关于审理海洋自然资源与生态环境损害赔偿纠纷案件若干问题的规定》（法释〔2017〕23号），对海洋自然资源与生态环境损害，行使海洋环境监督管理权的机关（包括渔业主管部门）可以提起损害赔偿诉讼，要求造成生态或自然资源损害的单位和个人，赔偿预防措施费用、恢复费用、恢复期间损失费用及调查评估费用。

对于内陆水域，目前生态损害赔偿诉讼正在试点期。根据中共中央办公厅、国务院办公厅《生态损害赔偿制度改革方案》，对①发生较大及以上突发环境事件的；②在国家和省级主体功能区规划中划定的重点生态功能区、禁止开发区发生环境污染、生态破坏事件的；③发生其他严重影响生态环境后果的，省级、市地级政府及其指定的部门或机构，或者受国务院委托行使全民所有自然资源资产所有权的部门，均有权提起生态损害赔偿诉讼，要求造成生态环境损害的单位或个人，赔偿清除污染费用、生态环境修复费用、生态环境修复期间服务功能的损失、生态环境功能永久性损害造成的损失以及生态环境损害赔偿调查、鉴定评估等合理费用。诉讼相关程序应按照《最高人民法院关于审理生态环境损害赔偿案件的若干规定（试行）》进行。

法 律 链 接

1.《中华人民共和国环境保护法》（实施日期：2015 年 1 月 1 日）

2.《中华人民共和国海洋环境保护法》（2017 年修正）（实施日期：2000 年 4 月 1 日）

3.《中华人民共和国水污染防治法》（2017 年修正）（实施日期：2008 年 6 月 1 日）

4.《渔业水域污染事故调查处理程序规定》（实施日期：1997 年 3 月 26 日）

5.《生态环境损害赔偿制度改革方案》（实施日期：2017 年 12 月 17 日）

6.《最高人民法院关于审理生态环境损害赔偿案件的若干规定（试行）》（实施日期：2019 年 6 月 5 日）

7.《最高人民法院关于审理海洋自然资源与生态环境损害赔偿纠纷案件若干问题的规定》（实施日期：2018 年 1 月 15 日）

第四章
渔业行政执法相关规范

第一节　农业行政处罚程序相关规定

一、农业行政处罚程序规定

要点解析

1. 渔业行政处罚的管辖

《农业行政处罚程序规定》第三条规定，本规定所称农业行政主管部门包含渔业行政主管机关，并且该规定第九条规定了渔业行政主管机关管辖渔业违法案件的范围，因此，渔业行政主管机关处理渔业违法案件适用本规定。

《农业行政处罚程序规定》对渔业行政处罚的管辖分为一般性管辖和特殊性管辖。

（1）一般性管辖　《农业行政处罚程序规定》第七条规定了农业行政处罚由违法行为发生地的农业行政处罚机关管辖。

《农业行政处罚程序规定》第八条规定了县级农业行政处罚机关管辖本行政区域内的行政违法案件。设区的市、自治州的农业行政处罚机关和省级农业行政处罚机关管辖本行政区域内重大、复杂的行政违法案件。农业部及其所属的经法律、法规授权的农业管理机构管辖全国或所辖区域内重大、复杂的行政违法案件。

《农业行政处罚程序规定》第九条第一款规定了渔业行政处罚机关管辖本辖区范围内发生的和上级部门指定管辖的渔业违法案件。

（2）特殊性管辖　《农业行政处罚程序规定》第十条规定了对当事人的同一违法行为，两个以上农业行政处罚机关都有管辖权的，应当由先立案的农业行政处罚机关管辖。

《农业行政处罚程序规定》第十一条规定了上级农业行政处罚机关在必要时可以管辖下级农业行政处罚机关管辖的行政处罚案件。下级农业行政处罚机关认为行政处罚案件重大复杂或者本地不宜管辖，可以报请上一级农业行政处罚机关管辖。

2.“谁查获谁处罚”原则的适用情形

《农业行政处罚程序规定》第九条第二款规定了渔业行政处罚有下列情况之一的，适用"谁查获谁处理"的原则：

①违法行为发生在共管区、叠区的；

②违法行为发生在管辖权不明确或者有争议的区域的；

③违法行为发生地与查获地不一致的。

3. 适用简易程序（当场处罚）的情形、程序和报备要求

（1）适用简易程序应当符合的条件

①违法事实确凿；

②有明确法定依据；

③处罚种类是警告或者罚款（对公民处50元以下；对法人或者其他组织处1 000元以下）。

（2）执法人员的处罚程序

①向当事人表明执法身份，出示执法证件；

②当场查清违法事实，收集和保存必要的证据；

③告知当事人拟作出行政处罚决定的事实、理由和依据，并告知违法行为人依法享有的陈述权和申辩权；

④充分听取当事人的陈述和申辩，违法行为人提出的事实、理由或者证据成立的，应当采纳；

⑤填写当场处罚决定书并当场交付当事人；

⑥当场收缴罚款的，同时填写罚款收据，交付被处罚人；未当场收缴罚款的，应当告知被处罚人在规定期限内到指定的银行缴纳罚款。

（3）当场作出行政处罚决定的备案规定 《农业行政处罚程序规定》第二十四条规定，执法人员应当在作出当场处罚决定之日起、渔业执法人员应当自抵岸之日起二日内将《当场处罚决定书》报所属农业行政处罚机关备案。

4. 渔业行政处罚的立案

《农业行政处罚程序规定》第二十六条规定，除依法可以当场决定行政处罚的外，执法人员经初步调查，发现公民、法人或者其他组织涉嫌有违法行为依法应当给予行政处罚的，应当填写《行政处罚立案审批表》，报本行政处罚机关负责人批准立案。

立案是行政机关或法律、法规授权的组织对于公民、法人或者其他组织的控告检举材料和自己发现的违法行为，认为需要给予违法者行政处罚，并决定进行调查处理的活动。行政处罚案件，除依法采用简易程序处罚的案件以及在法定情形下采取紧急措施的案件以外，都必须经过立案程序，先立案再进行调查处理。

渔业行政处罚案件的来源主要有：

①在渔业执法检查过程中发现的；

②群众举报或受害人对违法行为人控告的；

③上级机关交办的；

④其他行政机关或组织移送的；

⑤违法者主动交代的。

对于举报、控告的案件，行政机关或者法律、法规授权的组织要认真核实，经过查证属实后予以立案。

立案的条件有：

①有违法行为发生；

②违法行为依法应受行政处罚；

③属于本处罚机关管辖；

④属于一般程序适用范围。

5. 调查取证要求、权利

(1) 调查取证要求　《农业行政处罚程序规定》第二十七条规定了农业行政处罚机关应当对案件情况进行全面、客观、公正的调查，收集证据；必要时，依照法律、法规的规定，可以进行检查。执法人员调查收集证据时不得少于2人。

《农业行政处罚程序规定》第二十八条规定了执法人员询问证人或当事人（以下简称"被询问人"），应当制作《询问笔录》。笔录经被询问人阅核后，由询问人和被询问人签名或者盖章。被询问人拒绝签名或盖章的，由询问人在笔录上注明情况。

《农业行政处罚程序规定》第二十九条第二款规定了执法人员对与案件有关的物品或者场所进行现场检查或者勘验检查时，应当通知当事人到场，制作《现场检查（勘验）笔录》，当事人拒不到场或拒绝签名盖章的，应当在笔录中注明，并可以请在场的其他人员见证。

(2) 调查取证的权力　《农业行政处罚程序规定》第二十九条规定了农业行政处罚机关为调查案件需要，有权要求当事人或者有关人员协助调查；有权依法进行现场检查或者勘验；有权要求当事人提供相应的证据资料；对重要的书证，有权进行复制。

6. 证据种类

证据包括：书证；物证；视听资料；电子数据；证人证言；当事人的陈述；鉴定意见；勘验笔录和现场笔录。

以上证据经法庭审查属实，才能作为认定案件事实的根据。

7. 证据先行保存的适用

在证据可能灭失或者以后难以取得的情况下，经行政机关负责人批准，可以先行登记保存。行政机关对先行登记保存的证据，应当在七日内及时作出处理决定，在此期间，当事人或者有关人员不得销毁或者转移证据。

8. 先行保存物品的管理与处置

《农业行政处罚程序规定》第三十四条规定，先行登记保存物品时，就地由当事人保存的，当事人或者有关人员不得使用、销售、转移、损毁或者隐匿。

就地保存可能妨害公共秩序、公共安全，或者存在其他不适宜就地保存情况的，可以异地保存。对异地保存的物品，农业行政处罚机关应当妥善保管。

《农业行政处罚程序规定》第三十五条规定，农业行政处罚机关对先行登记保存的证据，应当在七日内作出下列处理决定并告知当事人：

①需要进行技术检验或者鉴定的，送交有关部门检验或者鉴定；

②对依法应予没收的物品，依照法定程序处理；

③对依法应当由有关部门处理的，移交有关部门；

④为防止损害公共利益，需要销毁或者无害化处理的，依法进行处理；

⑤不需要继续登记保存的，解除登记保存。

9. 渔业行政执法强制措施种类和要求

(1) 渔业行政执法强制措施种类 《农业行政处罚程序规定》第三十一条第三款规定，农业行政处罚机关可以依据有关法律、法规的规定，对违法物品采取查封、扣押等强制措施。

(2) 渔业行政执法强制措施要求 《农业行政处罚程序规定》第三十二条规定，农业行政处罚机关对证据进行抽样取证、登记保存或者采取查封、扣押等强制措施，应当通知当事人到场；当事人不到在场或拒绝到场的，应当邀请其他人员到场见证并签名或盖章；当事人拒绝签名或盖章的，应当在笔录中予以注明。农业行政处罚机关实施查封、扣押等强制措施的，还应当遵守《行政强制法》的有关规定。

对抽样取证、登记保存、查封扣押的物品，农业行政处罚机关应当制作《抽样取证凭证》《证据登记保存清单》《查封（扣押）决定书》和《查封（扣押）清单》。

10. 回避的适用

《农业行政处罚程序规定》第三十六条规定，案件调查人员与本案有利害关系或者其他关系可能影响公正处理的，应当申请回避，当事人也有权向农业行政处罚机关申请要求回避。

执法人员与当事人有直接利害关系或者其他关系指的是：

①是本案的当事人或者当事人近亲属的；

②本人或者其近亲属与本案有利害关系的；

③与本案当事人有其他关系，可能影响案件公正处理的。

案件调查人员的回避，由农业行政处罚机关负责人决定；农业行政处罚机关负责人的回避由集体讨论决定。

回避未被决定前，不得停止对案件的调查处理。

11. 行政处罚集体讨论的适用

《农业行政处罚程序规定》第三十七条规定，执法人员在调查结束后，认为案件事实清楚，证据充分，应当制作《案件处理意见书》，报农业行政处罚机关负责人审批。

案情复杂或者有重大违法行为需要给予较重行政处罚的，应当由农业行政处罚机关负责人集体讨论决定。

12. 行政处罚事先告知

《农业行政处罚程序规定》第三十八条规定，在作出行政处罚决定之前，农业行政处罚机关应当制作《行政处罚事先告知书》，送达当事人，告知拟给予的行政处罚内容及其事实、理由和依据，并告知当事人可以在收到告知书之日起三日内，进行陈述、申辩。符合听证条件的，告知当事人可以要求听证。

当事人无正当理由逾期未提出陈述、申辩或者要求听证的，视为放弃上述权利。

行政机关必须充分听取当事人的意见，对当事人提出的事实、理由和证据，应当进行复核；当事人提出的事实、理由或证据成立的，行政机关应当采纳。行政机关不得因当事人申辩而加重处罚。

13. 行政处罚决定时限要求

《农业行政处罚程序规定》第四十一条规定，农业行政处罚案件自立案之日起，应当在三个月内作出处理决定；特殊情况下三个月内不能作出处理的，报经上一级农业行政处罚机关批准可以延长至一年。

对专门性问题需要鉴定的，所需时间不计算在办案期限内。

14. 听证的适用条件和程序

（1）听证的适用条件 《农业行政处罚程序规定》第四十二条规定，农业行政处罚机关作出责令停产停业、吊销许可证或者执照、较大数额罚款的行政处罚决定前，应当告知当事人有要求举行听证的权利。当事人要求听证的，农业行政处罚机关应当组织听证。

前款所指的较大数额罚款，地方农业行政处罚机关按省级人大常委会或者人民政府规定的标准执行；农业部及其所属的经法律、法规授权的农业管理机构对公民罚款超过三千元、对法人或其他组织罚款超过三万元属较大数额罚款。

（2）听证的程序 听证程序分为听证前置程序和听证会程序。

①听证前置程序。《农业行政处罚程序规定》第四十三条规定，听证由拟作出行政处罚的农业行政处罚机关组织。具体实施工作由其法制工作机构或者相应机构负责。

《农业行政处罚程序规定》第四十四条规定，当事人要求听证的，应当在收到《行政处罚事先告知书》之日起三日内向听证机关提出。

《农业行政处罚程序规定》第四十五条规定，听证机关应当在举行听证会的七日前送达《行政处罚听证会通知书》，告知当事人举行听证的时间、地点、听证主持人名单及可以申请回避和可以委托代理人等事项。

当事人应当按期参加听证。当事人有正当理由要求延期的，经听证机关批准可以延期一次；当事人未按期参加听证并且未事先说明理由的，视为放弃听证权利。

《农业行政处罚程序规定》第四十七条规定，除涉及国家秘密、商业秘密或个人隐私外，听证应当公开举行。

②听证会程序。《农业行政处罚程序规定》第四十九条规定，听证按下列程序进行：

a. 听证书记员宣布听证会场纪律、当事人的权利和义务。听证主持人宣布案由，核实听证参加人名单，宣布听证开始。

b. 案件调查人员提出当事人的违法事实、出示证据，说明拟作出的农业行政处罚的内容及法律依据。

c. 当事人或其委托代理人对案件的事实、证据、适用的法律等进行陈述、申辩和质证，可以向听证会提交新的证据。

d. 听证主持人就案件的有关问题向当事人、案件调查人员、证人询问。

e. 案件调查人员、当事人或其委托代理人相互辩论。

f. 当事人或其委托代理人作最后陈述。

g. 听证主持人宣布听证结束。听证笔录交当事人和案件调查人员审核无误后签字或者盖章。

15. 听证参加人的组成和当事人的权利义务

（1）听证参加人的组成 《农业行政处罚程序规定》第四十六条规定，听证参加人由听证主持人、听证员、书记员、案件调查人员、当事人及其委托代理人组成。

听证主持人、听证员、书记员应当由听证机关负责人指定的法制工作机构工作人员或其他相应工作人员等非本案调查人员担任。

当事人委托代理人参加听证的，应当提交授权委托书。

（2）当事人的权利义务 《农业行政处罚程序规定》第四十八条规定了当事人在听证中的权利和义务：

①有权对案件涉及的事实、适用法律及有关情况进行陈述和申辩；

②有权对案件调查人员提出的证据质证并提出新的证据；

③如实回答主持人的提问；

④遵守听证会场纪律，服从听证主持人指挥。

16. 法律文书的送达方式和时限

法律文书的送达方式主要有直接送达、留置送达、委托送达、邮寄送达、公告送达等。直接送达是基础，而其他送达方式是在直接送达有困难的情况下才可以适用。

《农业行政处罚程序规定》第五十二条规定，《行政处罚决定书》应当在宣告后当场交付当事人；当事人不在场的，应当在七日内送达当事人，并由当事人在《送达回证》上签名或者盖章；当事人不在的，可以交给其成年家属或者所在单位代收，并在送达回证上签名或者盖章。

当事人或者代收人拒绝接收、签名、盖章的，送达人可以邀请有关基层组织或者其所在单位的有关人员到场，说明情况，把《行政处罚决定书》留在其住处或者单位，并在送达回证上记明拒绝的事由、送达的日期，由送达人、见证人签名或者盖章，即视为送达。

直接送达农业行政处罚文书有困难的，可委托其他农业行政处罚机关代为送达，也可以邮寄、公告送达。

邮寄送达的，挂号回执上注明的收件日期为送达日期；公告送达的，自发出公告之日起经过六十天，即视为送达。

《农业部办公厅关于印发〈渔业行政执法协作办案工作制度〉的通知》第二章第六条第三项规定，按照《农业行政处罚程序规定》第五十二条规定，直接送达《行政处罚决定书》有困难，需要委托涉案渔船船籍港、停泊港所在地或当事人居住地、户籍所在地协办单位代为送达。该通知针对渔业行政执法对《农业行政处罚程序规定》第五十二条第三项的内容予以补充规定。

17. 当场收缴罚款的适用

《农业行政处罚程序规定》第五十四条规定，依照本规定第二十二条的规定当场作出农业行政处罚决定，有下列情形之一的，执法人员可以当场收缴罚款：①依法给予二十元以下罚款的；②不当场收缴事后难以执行的。

《农业行政处罚程序规定》第五十五条规定，在边远、水上、交通不便地区，农业行政处罚机关及其执法人员依照本规定第二十二条、第三十九条的规定作出罚款决定后，当事人向指定的银行缴纳罚款确有困难，经当事人提出，农业行政处罚机关及其执法人员可以当场收缴罚款。

《农业行政处罚程序规定》第五十六条规定，农业行政处罚机关及其执法人员当场收缴罚款的，应当向当事人出具省级财政部门统一制发的罚款收据，不出具财政部门统一制发的罚款收据的，当事人有权拒绝缴纳罚款。

《农业行政处罚程序规定》第五十七条规定，执法人员当场收缴的罚款，应当自返回行政处罚机关所在地之日起二日内，交至农业行政处罚机关；在水上当场收缴的罚款，应当自抵岸之日起二日内交至农业行政处罚机关；农业行政处罚机关应当在二日内将罚款交至指定的银行。

18. 拒不执行已生效的渔业行政处罚决定可采取的强制措施

《农业行政处罚程序规定》第六十条规定了对生效的农业行政处罚决定，当事人拒不履行的，作出农业行政处罚决定的农业行政处罚机关依法可以采取下列措施：

①到期不缴纳罚款的，每日按罚款数额的百分之三加处罚款；

②根据法律规定，将查封、扣押的财物拍卖抵缴罚款；

③申请人民法院强制执行。

19. 暂缓或者分期缴纳罚款的条件

《农业行政处罚程序规定》第六十一条规定了当事人确有经济困难，需要延期或者分期缴纳罚款的，当事人应当书面申请，经作出行政处罚决定的机关批准，可以暂缓或者分期缴纳。

20. 立案归档的要求

《农业行政处罚程序规定》第六十四条规定了农业行政处罚机关应当按照下列要求及时将案件材料立卷归档：

①一案一卷；

②文书齐全，手续完备；

③案卷应按顺序装订。

21. 渔业行政执法文书种类

《农业行政执法文书制作规范》渔业行政处罚文书种类主要有：立案类、调查取证类、告知类、决定类、执行类和结案类。

（1）立案类文书 渔业行政处罚立案审批表。

制作内容：文书编号、案件来源、受案时间、案由、当事人、联系地址、联系电话、简要案情、承办人意见、执法机构意见、处罚机关意见等。

（2）调查取证类文书 现场笔录、询问笔录、陈述申辩笔录、先行登记保存证据通知书、查封（扣押）决定书、解除查封（扣押）决定书、案件处理意见书。

制作内容：文书编号、时间和地点、进行笔录（作出通知书）的渔业行政机关、当事人、要求写明现场笔录、询问笔录、陈述申辩笔录的具体情况。执法人员、记录人、当事人签名或盖章签名。

（3）告知类文书　渔业行政处罚事先告知书、渔业行政处罚听证告知书、渔业行政处罚听证会通知书、渔业行政处罚听证会报告书。

制作内容：文书编号、当事人、案件调查经过及主要违法事实、处理依据及处理意见、处罚机关、落款日期、处罚机关地址、联系人和联系电话。

（4）决定类文书　渔业行政当场处罚决定书、渔业行政处罚决定书、罚没物品处理记录、责令改正通知书。

制作内容：文书编号、当事人基本情况及地址、法定代表人、违法事由、处罚依据及处罚内容、告知事项、处罚日期及处罚机关盖章、当事人签收。

（5）执行类文书　罚款催缴通知书、强制执行申请书。

制作内容：文书编号、当事人、处罚时间及处罚内容、履行期限、法院名称、案由、送达时间、申请执行的内容、附送材料、申请执行机关印章、文书落款日期。

（6）结案类文书　渔业行政处罚结案报告。

制作内容：文书编号、案由、当事人、立案时间、处罚决定送达时间、处罚决定及执行情况、执法人员签名、执法机构意见、处罚机关意见。

22. 渔业行政执法文书制作规范

（1）基本要求

①《农业行政执法文书制作规范》第四条规定，农业行政执法文书分为内部文书和外部文书。

内部文书是指在农业行政机关或农业法律法规授权的执法机构（以下统称"农业执法机关"）内部使用，记录内部工作流程，规范执法工作运转程序的文书。

外部文书是指农业执法机关对外使用，对执法机关和行政相对人均具有法律效力的文书。

②《农业行政执法文书制作规范》第五条规定，农业行政执法文书应当按照规定的格式填写或打印制作。行政处罚决定书应当打印制作。

③《农业行政执法文书制作规范》第六条第二款规定，文书中的编号、时间、价格、数量等应当使用阿拉伯数字。

④《农业行政执法文书制作规范》第八条规定，文书中"案由"填写为"违法行为定性＋案"，如违反禁渔期非法捕捞案。在立案和调查取证阶段文书中"案由"应当填写为："涉嫌＋违法行为定性＋案"。

⑤《农业行政执法文书制作规范》第九条规定，当场处罚决定书、行政处

罚立案审批表、查封（扣押）决定书、解除查封（扣押）决定书、行政处罚事先告知书、行政处罚决定书、履行行政处罚决定催告书、强制执行申请书、案件移送函。案件移送函应当编注案号，"案号"为"行政区划简称＋执法机关简称＋执法类别＋行为种类简称（如立、告、罚等）＋年份＋序号"。特殊情况下，"执法类别"可以省略。

⑥《农业行政执法文书制作规范》第十条规定，文书中当事人情况应当按如下要求填写：a. 根据案件情况确定"个人"或者"单位"，"个人""单位"两栏不能同时填写。b. 当事人为个人的，姓名应填写身份证或户口簿上的姓名；住址应填写常住地址或居住地址；"年龄"应以公历周岁为准。c. 当事人为法人或者其他组织的，填写的单位名称、法定代表人（负责人）、地址等事项应与工商登记注册信息一致。根据《农业部关于渔业系统贯彻〈行政处罚法〉实施意见的通知》（农渔发〔1997〕4 号）规定，对渔船实施处罚时，按照《行政处罚法》第三十三条中的"法人"或"其他组织"实施处罚，并在相关执法文书中载明船名船号、船籍港、船长姓名、地址等基本情况。d. 当事人名称前后应一致。

⑦《农业行政执法文书制作规范》第十一条规定，询问笔录、现场检查（勘验）笔录、查封（扣押）现场笔录、听证笔录等文书，应当场交当事人阅读或者向当事人宣读，并由当事人逐页签字盖章或捺指印确认。当事人拒绝签字盖章或拒不到场的，执法人员应当在笔录中注明，并可以邀请在场的其他人员签字。记录有遗漏或者有差错的，可以补充和修改，并由当事人在改动处签章或捺指印确认。

⑧《农业行政执法文书制作规范》第十四条规定，需要交付当事人的外部文书中设有签收栏的，由当事人直接签收；也可以由其成年直系亲属代签收，并注明与当事人的关系。文书中没有设签收栏的，应当使用送达回证。

（2）具体文书适用及制作规范　渔业行政执法文书按照选用分类，分为必用文书和选用文书。其中，必用文书是指渔业行政执法机关办理行政执法案件必须填写的行政执法文书，选用文书是指渔业行政执法机关办理行政执法案件可选用的行政执法文书。

①必用行政执法文书（10 种）。

a. 当场处罚决定书。当场处罚决定书是指渔业执法机关适用简易程序，现场作出处罚决定的文书。"违法事实"栏应当写明违法行为发生的时间、地点、违法行为的定性等情况。"处罚依据及内容"栏应当写明作出处罚所依据的法律、法规和规章的全称并具体到条、款、项、目；处罚内容应当具体、明确、清楚。

b. 行政处罚立案审批表。行政处罚立案审批表是指渔业执法机关在办理一般程序案件中，用以履行报批立案手续的文书。

"案件来源"栏应当按照检查发现、群众举报或投诉、上级交办、有关部门移送、媒体曝光、监督抽检、违法行为人交代等情况据实填写；"简要案情"栏应当写明当事人涉嫌违法的事实、证据等简要情况以及涉嫌违反的相关法律规定，并由受案人签名。

c. 询问笔录。询问笔录是指为查明案件事实，收集证据，而向相关人员调查了解有关案件情况的文字记载。询问笔录应当记录被询问人提供的与案件有关的全部情况，包括案件发生的时间、地点、情形、事实经过、因果关系及后果等。询问时应当有两名以上执法人员在场，并做到一个被询问人一份笔录，一问一答。询问人提出的问题，如被询问人不回答或者拒绝回答的，应当写明被询问人的态度，如"不回答"或者"沉默"等，并用括号标记。

ⓐ询问笔录用于调查取证，所询问的对象必须是案件的当事人或者是案件的有关证人，与本案无关的人员是不能做相关询问的。企业的法定代表人或法定代表人的委托人，是调查取证对象，可以使用询问笔录进行相关取证调查。

ⓑ询问时应先向被询问人出示询问人的执法证件，核实被询问人的基本情况，说明调查的原因、目的，告知作伪证的法律责任。

ⓒ询问笔录中如有更改，更改之处应由被询问人签字或捺手印。询问记录完毕后有阅读能力的交其阅读，无阅读能力的应向其宣读。如被询问人认为笔录有遗漏或者有差错的，可以补充或修改，但要被询问人签字或捺手印。

ⓓ询问笔录尾部应由被询问人注明"情况属实"并签字或捺手印。被询问人拒绝签名或捺手印的，应说明清楚，由询问人、笔录人签名。

d. 现场检查（勘验）笔录。现场检查（勘验）笔录是指执法人员对与涉嫌违法行为有关的物品、场所等进行检查或者勘验的文字、图形记载和描述。现场检查（勘验）笔录应当对所检查的物品名称、数量、包装形式、规格或所勘验的现场具体地点、范围、状况等作全面、客观、准确的记录。现场检查（勘验）笔录尽量在海上或押回渔港职务船员离船前勘验完毕，防止回港后船员离船，出现无人配合勘验的尴尬局面（驾驶室、机舱门无法打开等），不利于后续调查取证。不要记录与现场无关的内容，记录完毕正文空白横线处应填写"以下空白"或划斜线。

e. 案件处理意见书。案件处理意见书是指案件调查结束后，执法人员就案件调查经过、证据材料、调查结论及处理意见报请执法机关负责人审批的文书。

"调查结论及处理意见"栏应当由执法人员根据案件调查情况和有关法

律、法规和规章的规定提出处理意见。据以立案的违法事实不存在的，应当写明建议终结调查并结案等内容；对依法应给予行政处罚的，应当写明给予行政处罚的种类、幅度及法律依据等。从重、从轻或者减轻处罚的，应当写明理由。"执法机构意见""法制机构意见"栏，应当分别写明具体审核意见并由负责人签名。"执法机关意见"栏，由渔业执法机关负责人写明意见。对重大、复杂或者争议较大的案件，应当注明经执法机关负责人集体讨论。

f. 行政处罚事先告知书（一般）。

g. 行政处罚事先告知书（听证）。行政处罚事先告知书是指渔业行政执法机关在作出行政处罚决定前，告知当事人拟作出的行政处罚决定的事实、理由、依据以及当事人依法享有的权利的文书。执法机关应当根据案件是否符合听证条件，决定适用一般案件文书或听证案件文书。行政处罚事先告知书应当写明当事人的违法事实及证据、违反的法律条款、拟作出行政处罚的种类、幅度及法律依据，并告知当事人享有的陈述和申辩的权利、要求举行听证的权利及法定期限，并注明联系人、电话和执法机关地址等。

h. 行政处罚决定审批表。行政处罚决定审批表是指事先告知后，执法人员就当事人陈述申辩或听证情况及处理意见报请执法机关负责人审批的文书。"陈述申辩或听证情况"栏应当如实写明当事人陈述申辩意见或听证情况。"处理意见"栏，由执法人员提出维持或变更行政处罚事先告知书所拟作处罚决定的处理意见。

i. 行政处罚决定书。行政处罚决定书是指渔业行政执法机关依法适用一般程序，对当事人作出行政处罚决定的文书。

对违法事实的描述应当全面、客观，阐明违法行为的基本事实，即何时、何地、何人、采取何种方式或手段、产生何种行为后果等；列举证据应当注意证据的证明力，对证据的作用和证据之间的关系进行说明。应当对当事人陈述申辩意见的采纳情况及理由予以说明；对经过听证程序的，文书中应当载明。作出处罚决定所依据的法律、法规、规章应当写明全称，列明适用的条、款、项、目并引用法条原文。

有从重、从轻或者减轻情节，依法予以从重、从轻或者减轻处罚的，应当写明理由。

《行政处罚法》第四十条规定，行政处罚决定书应当在宣告后当场交付当事人；当事人不在场的，行政机关应当在七日内依照民事诉讼法的有关规定，将行政处罚决定书送达当事人。

《行政处罚法》第四十六条第三款规定，当事人应当自收到行政处罚决定书之日起十五日内，到指定的银行缴纳罚款。银行应当收受罚款，并将罚款直接上缴国库。第五十一条第一款：到期不缴纳罚款的，每日按罚款数额的百分之三加处罚款。

《行政强制法》第五十三条规定，当事人在法定期限内不申请行政复议或者提起行政诉讼，又不履行行政决定的，没有行政强制执行权的行政机关可以自期限届满之日起三个月内，依照本章规定申请人民法院强制执行。第五十四条：行政机关申请人民法院强制执行前，应当催告当事人履行义务。催告书送达十日后当事人仍未履行义务的，行政机关可以向所在地有管辖权的人民法院申请强制执行；执行对象是不动产的，向不动产所在地有管辖权的人民法院申请强制执行。第六十条第一款：行政机关申请人民法院强制执行，不缴纳申请费。强制执行的费用由被执行人承担。

j. 行政处罚结案报告。行政处罚结案报告是指案件终结后，执法人员报请执法机关负责人批准结案的文书。结案报告应当对案件的办理情况进行总结，对给予行政处罚的，写明处罚决定的内容及执行情况；不予行政处罚的应当写明理由；予以撤销案件的，写明撤销的理由。

②选用行政执法文书（18 种）。

a. 抽样取证凭证。抽样取证凭证是指执法人员在执法过程中，抽取涉嫌违法物品样品保存作证据或送交有关部门鉴定而制作的文书。

b. 产品确认通知书。产品确认通知书是指渔业执法机关从非生产单位取得样品，为确认样品的真实生产单位，向标签标注的生产单位发出的文书。

c. 证据登记保存清单。证据登记保存清单是指渔业行政执法机关在查处案件过程中，对可能灭失或者以后难以取得的证据进行登记保存时使用的文书。

d. 登记保存物品处理通知书。登记保存物品处理通知书是指渔业执法机关在规定的期限内对被登记保存的物品作出处理决定并告知当事人的文书。执法机关可视具体处理情况制作物品清单。

e. 查封（扣押）决定书。查封（扣押）决定书是指渔业行政执法机关在案件调查过程中依照有关法律法规对涉案场所、设施或者财物采取强制措施，实施查封（扣押）的文书。

查封（扣押）决定书应当载明下列事项：

ⓐ当事人的姓名或者名称、地址。

ⓑ查封（扣押）的理由、依据和期限。

ⓒ查封（扣押）场所、设施或财物的名称、数量等。

ⓓ申请行政复议或者提起行政诉讼的途径和期限。

ⓔ执法机关的名称、印章和日期。

查封（扣押）财物清单一式二份，由当事人和执法机关分别保存。

查封（扣押）时，应当在相关场所、设施或者财物加贴封条，封条应当标明日期，并加盖执法机关印章。

《渔业法》第四十八条第二款规定，在海上执法时，对违反禁渔区、禁渔期的规定或者使用禁用的渔具、捕捞方法进行捕捞，以及未取得捕捞许可证进行捕捞的，事实清楚、证据充分，但是当场不能按照法定程序作出和执行行政处罚决定的，可以先暂时扣押捕捞许可证、渔具或者渔船，回港后依法作出和执行行政处罚决定。

《渔业法》第四十八条的扣押只限于在"海上执法时"，如果在港口发现渔船违规行为，建议根据《渔港水域交通安全管理条例》第十八条之规定，禁止其离港，出具《禁止离港通知书》。

f. 查封（扣押）现场笔录。查封（扣押）现场笔录是指执法人员对实施查封（扣押）的现场情况所做的文字记载。查封（扣押）现场笔录应当记录查封（扣押）决定书及财物清单送达、当事人到场、实施查封（扣押）过程、当事人陈述申辩以及其他有关情况。

g. 解除查封（扣押）决定书。解除查封（扣押）决定书是指经渔业执法机关调查核实，依法对查封（扣押）场所、设施或者财物解除强制措施并告知当事人的文书。执法机关在作出解除查封（扣押）决定时，视情况制作解除查封（扣押）财物清单。解除查封（扣押）的财物应当与查封（扣押）时的财物核对无误。对查封（扣押）财物部分解除时，清单应当写清解除查封（扣押）财物的具体情况。

h. 责令改正通知书。责令改正通知书是指渔业行政执法机关依据有关法律、法规的规定，责令违法行为人立即或在一定期限内纠正违法行为的文书。

i. 行政处罚听证会通知书。行政处罚听证会通知书是指渔业执法机关决定举行听证会并向当事人告知听证会事项的文书。

j. 听证笔录。听证笔录是指渔业执法机关对听证过程和内容的文字记载。"听证记录"应当写明案件调查人员提出的违法事实、证据和处罚意见，当事人陈述、申辩的理由以及是否提供新的证据，证人证言、质证过程等内容。案件调查人员、当事人或其委托代理人应当在笔录上逐页签名或盖章并在尾页注明日期；证人应当在记录其证言之页签名。

k. 行政处罚听证会报告书。行政处罚听证会报告书是指听证会结束后，听证主持人向执法机关负责人报告听证会情况并提出案件处理意见的文书。"听证基本情况摘要"栏应当填写听证会的时间、地点、案由、听证参加人的基本情况、听证认定的事实、证据。"听证结论及处理意见"应当由听证人员根据听证情况，对拟作出的行政处罚决定的事实、理由、依据作出评判并提出倾向性处理意见。听证主持人向执法机关负责人提交报告书时，应当附听证笔录。

l. 当场缴纳罚款申请书。适用听证程序的行政处罚，行政机关及其执法人员不可以当场收缴罚款。

m. 送达回证。送达回证是指渔业执法机关将执法文书送达当事人的回执证明文件。"送达单位"指执法机关；"送达人"指执法机关的执法人员或执法机关委托的有关人员；"受送达人"指案件当事人；"收件人"不是当事人时，应当在备注栏中注明其身份和与当事人的关系。

n. 罚没物品处理记录。罚没物品处理记录是指渔业执法机关对罚没物品依法进行处理的文字记载。

o. 履行行政处罚决定催告书。履行行政处罚决定催告书是指渔业执法机关申请人民法院强制执行前催告当事人履行义务的文书。

p. 强制执行申请书。强制执行申请书是指渔业执法机关向人民法院申请强制执行的文书。

强制执行申请书应当写明申请人及被申请人基本情况、作出行政处罚决定及送达情况、申请执行内容，由执法机关负责人签名并加盖执法机关印章。

q. 案件移送函。案件移送函是指渔业执法机关在执法过程中，将案件移送其他有权机关处理的文书。案件移送函应当写明受移送单位名称、移送案件的基本情况及移送依据。

（3）文书归档及管理

①《农业行政执法文书制作规范》第四十二条规定，一般程序案件应当按照一案一卷进行组卷；材料过多的，可一案多卷。简易程序案件可以多案合并组卷。

②《农业行政执法文书制作规范》第四十四条规定，案卷应当制作封面、卷内目录和备考表。

③《农业行政执法文书制作规范》第四十五条规定，案件文书材料按照下列顺序整理归档：

a. 案卷封面。

b. 卷内目录。

c. 行政处罚决定书。

d. 立案审批表。

e. 当事人身份证明。

f. 询问笔录、现场检查（勘验）笔录、抽样取证凭证、证据登记保存清单、登记物品处理通知书、查封（扣押）决定书、解除查封（扣押）决定书、鉴定意见等文书。

g. 检验报告、销售单据、许可证等有关证据材料。

h. 案件处理意见书、行政处罚事先告知书等。

i. 行政处罚听证会通知书、听证笔录、行政处罚听证会报告书等听证文书。

j. 行政处罚决定审批表。

k. 送达回证等回执证明文件。

l. 执行的票据等材料。

m. 罚没物品处理记录等。

n. 履行行政处罚决定催告书、强制执行申请书、案件移送函等。

o. 行政处罚结案报告。

p. 备考表。

④《农业行政执法文书制作规范》第四十七条规定，当事人申请行政复议和提起行政诉讼或者行政机关申请人民法院强制执行的案卷，可以在案件办结后附入原卷归档。

二、规范农业行政处罚自由裁量权办法

要点解析

1. 渔业行政处罚自由裁量权的概念

行政处罚自由裁量权是指国家行政机关在法律、法规规定的原则和范围内有选择余地的处置权力。自由裁量权是行政权力的重要组成部分，在渔业行政执法过程中，对违法行为人的处罚决定不仅要合法，还应适当、适度，自由裁量应严格按照法律、法规、规章规定的范围实施。

《规范农业行政处罚自由裁量权办法》第二条规定，本办法所称农业行政处罚自由裁量权，是指农业农村主管部门在实施农业行政处罚时，根据法律、法规、规章的规定，综合考虑违法行为的事实、性质、情节、社会危害程度等因素，决定行政处罚种类及处罚幅度的权限。

2. 行使自由裁量权的原则

《规范农业行政处罚自由裁量权办法》第六条规定，行使行政处罚自由裁量权，应当以事实为依据，行政处罚的种类和幅度应当与违法行为的事实、性质、情节、社会危害程度相当，与违法行为发生地的经济社会发展水平相适应。违法事实、性质、情节及社会危害后果等相同或相近的违法行为，同一行政区域行政处罚的种类和幅度应当基本一致。

3. 设定自由裁量权的权限

《规范农业行政处罚自由裁量权办法》第七条规定，农业农村部可以根据统一和规范全国农业行政执法裁量尺度的需要，针对特定的农业行政处罚事项制定自由裁量基准。

《规范农业行政处罚自由裁量权办法》第八条规定了省及市、县级设定裁量权的权限。法律、法规、规章对行政处罚事项规定有自由裁量空间的，省级农业农村主管部门应当根据本办法结合本地区实际制定自由裁量基准，明确处罚裁量标准和适用条件，供本地区农业农村主管部门实施行政处罚时参照执行。市、县级农业农村主管部门可以在省级农业农村主管部门制定的行政处罚自由裁量基准范围内，结合本地实际对处罚裁量标准和适用条件进行细化和量化。

4. 制定行政处罚自由裁量权基准应遵守的规定

《规范农业行政处罚自由裁量权办法》第十条规定，制定行政处罚自由裁量基准，应当遵守以下规定：

①法律、法规、规章规定可以选择是否给予行政处罚的，应当明确是否给予行政处罚的具体裁量标准和适用条件。

②法律、法规、规章规定可以选择行政处罚种类的，应当明确适用不同种类行政处罚的具体裁量标准和适用条件。

③法律、法规、规章规定可以选择行政处罚幅度的，应当根据违法事实、性质、情节、社会危害程度等因素确定具体裁量标准和适用条件。

④法律、法规、规章规定可以单处也可以并处行政处罚的，应当明确单处或者并处行政处罚的具体裁量标准和适用条件。

5. 罚款数额标准

《规范农业行政处罚自由裁量权办法》第十一条规定，法律、法规、规章设定的罚款数额有一定幅度的，在相应的幅度范围内分为从重处罚、一般处罚、从轻处罚。除法律、法规、规章另有规定外，罚款处罚的数额按照以下标准确定：

①罚款为一定幅度的数额，并同时规定了最低罚款数额和最高罚款数额的，从轻处罚应低于最高罚款数额与最低罚款数额的中间值，从重处罚应高于中间值。

②只规定了最高罚款数额未规定最低罚款数额的，从轻处罚一般按最高罚款数额的百分之三十以下确定，一般处罚按最高罚款数额的百分三十以上百分之六十以下确定，从重处罚应高于最高罚款数额的百分之六十。

③罚款为一定金额的倍数，并同时规定了最低罚款倍数和最高罚款倍数的，从轻处罚应低于最低罚款倍数和最高罚款倍数的中间倍数，从重处罚应高

于中间倍数。

④只规定最高罚款倍数未规定最低罚款倍数的，从轻处罚一般按最高罚款倍数的百分之三十以下确定，一般处罚按最高罚款倍数的百分之三十以上百分之六十以下确定，从重处罚应高于最高罚款倍数的百分之六十。

6. 处罚幅度要求

《规范农业行政处罚自由裁量权办法》第十二条规定，同时具有两个以上从重情节且不具有从轻情节的，应当在违法行为对应的处罚幅度内按最高档次实施处罚。同时具有两个以上从轻情节且不具有从重情节的，应当在违法行为对应的处罚幅度内按最低档次实施处罚。同时具有从重和从轻情节的，应当根据违法行为的性质和主要情节确定对应的处罚幅度，综合考虑后实施处罚。

7. 不予处罚的情形

《规范农业行政处罚自由裁量权办法》第十三条规定，有下列情形之一的，农业农村主管部门依法不予处罚：

①未满 14 周岁的公民实施违法行为的；

②精神病人在不能辨认或者控制自己行为时实施违法行为的；

③违法事实不清，证据不足的；

④违法行为轻微并及时纠正，未造成危害后果的；

⑤违法行为在两年内没有发现的，法律另有规定的除外；

⑥其他依法不予处罚的。

8. 从轻或减轻处罚的情形

《规范农业行政处罚自由裁量权办法》第十四条规定，有下列情形之一的，农业农村主管部门依法从轻或减轻处罚：

①已满 14 周岁不满 18 周岁的公民实施违法行为的。

②主动消除或减轻违法行为危害后果的。

③受他人胁迫实施违法行为的。

④在共同违法行为中起次要或者辅助作用的。

⑤主动中止违法行为的。

⑥配合行政机关查处违法行为有立功表现的。

⑦主动投案向行政机关如实交代违法行为的。

⑧其他依法应当从轻或减轻处罚的。

同时，《规范农业行政处罚自由裁量权办法》第十六条还规定，给予减轻处罚的，依法在法定行政处罚的最低限度以下作出。

9. 从重处罚的情形

《规范农业行政处罚自由裁量权办法》第十五条规定，有下列情形之一的，农业农村主管部门依法从重处罚：

①违法情节恶劣，造成严重危害后果的；

②责令改正拒不改正，或者一年内实施两次以上同种违法行为的；

③妨碍、阻挠或者抗拒执法人员依法调查、处理其违法行为的；

④故意转移、隐匿、毁坏或伪造证据，或者对举报投诉人、证人打击报复的；

⑤在共同违法行为中起主要作用的；

⑥胁迫、诱骗或教唆未成年人实施违法行为的；

⑦其他依法应当从重处罚的。

10. 法制审核和重大案件集体讨论

《规范农业行政处罚自由裁量权办法》第十七条规定，农业农村主管部门行使行政处罚自由裁量权，应当充分听取当事人的陈述、申辩，并记录在案。按照一般程序作出的农业行政处罚决定，应当经农业农村主管部门法制工作机构审核；对情节复杂或者重大违法行为给予较重的行政处罚的，还应当经农业农村主管部门负责人集体讨论决定，并在案卷讨论记录和行政处罚决定书中说明理由。

11. 行使行政处罚自由裁量的禁止情形

《规范农业行政处罚自由裁量权办法》第二十条规定，农业农村主管部门行使行政处罚自由裁量权，不得有下列情形：

①违法行为的事实、性质、情节以及社会危害程度与受到的行政处罚相比，畸轻或者畸重的；

②在同一时期同类案件中，不同当事人的违法行为相同或者相近，所受行政处罚差别较大的；

③依法应当不予行政处罚或者应当从轻、减轻行政处罚的，给予处罚或未从轻、减轻行政处罚的；

④其他滥用行政处罚自由裁量权情形的。

12. 对行政处罚自由裁量的监督

《规范农业行政处罚自由裁量权办法》第二十一条规定，各级农业农村主管部门应当建立健全规范农业行政处罚自由裁量权的监督制度，通过以下方式加强对本行政区域内农业农村主管部门行使自由裁量权情况的监督：

①行政处罚决定法制审核。

②开展行政执法评议考核。

③开展行政处罚案卷评查。

④受理行政执法投诉举报。

⑤法律、法规和规章规定的其他方式。

三、行政执法公示、执法全过程记录和
重大执法决定法制审核制度

要点解析

1. 基本原则

（1）**坚持依法规范**　全面履行法定职责，规范办事流程，明确岗位责任，确保法律、法规、规章严格实施，保障公民、法人和其他组织依法行使权利。

（2）**坚持执法为民**　牢固树立以人民为中心的发展思想，贴近群众、服务群众，方便群众及时获取执法信息、便捷办理各种手续、有效监督执法活动。

（3）**坚持务实高效**　聚焦基层执法实践需要，着力解决实际问题，注重措施的有效性和针对性，便于执法人员操作，切实提高执法效率。

（4）**坚持改革创新**　在确保统一、规范的基础上，鼓励、支持、指导各地区、各部门因地制宜、更新理念、大胆实践，不断探索创新工作机制，更好服务保障经济社会发展。

（5）**坚持统筹协调**　统筹推进行政执法各项制度建设，加强资源整合、信息共享，做到各项制度有机衔接、高度融合。

2. 工作目标

"三项制度"在各级行政执法机关全面推行，行政处罚、行政强制、行政检查、行政征收征用、行政许可等行为得到有效规范，行政执法公示制度机制不断健全，做到执法行为过程信息全程记载、执法全过程可回溯管理、重大执法决定法制审核全覆盖，全面实现执法信息公开透明、执法全过程留痕、执法决定合法有效，行政执法能力和水平整体大幅提升，行政执法行为被纠错率明显下降，行政执法的社会满意度显著提高。

3. "谁执法谁公示"的原则

行政执法机关要按照"谁执法谁公示"的原则，明确公示内容的采集、传递、审核、发布职责，规范信息公示内容的标准、格式。建立统一的执法信息公示平台，及时通过政府网站及政务新媒体、办事大厅公示栏、服务窗口等平台向社会公开行政执法基本信息、结果信息。涉及国家秘密、商业秘密、个人隐私等不宜公开的信息，依法确需公开的，要作适当处理后公开。发现公开的行政执法信息不准确的，要及时予以更正。

4. 执法公示制度的要求

（1）**强化事前公开**　行政执法机关要统筹推进行政执法事前公开与政府信息公开、权责清单公布、"双随机、一公开"监管等工作。全面准确及时主动公开行政执法主体、人员、职责、权限、依据、程序、救济渠道和随机抽查事项清单等信息。根据有关法律法规，结合自身职权职责，编制并公开本机关的服务指南、执法流程图，明确执法事项名称、受理机构、审批机构、受理条件、办理时限等内容。公开的信息要简明扼要、通俗易懂，并及时根据法律法规及机构职能变化情况进行动态调整。

（2）**规范事中公示**　行政执法人员在进行监督检查、调查取证、采取强制措施和强制执行、送达执法文书等执法活动时，必须主动出示执法证件，向当事人和相关人员表明身份，鼓励采取佩戴执法证件的方式，执法全程公示执法身份；出具行政执法文书，主动告知当事人执法事由、执法依据、权利义务等内容。国家规定统一着执法服装、佩戴执法标识的，执法时要按规定着装、佩戴标识。

（3）**加强事后公开**　行政执法机关要在执法决定作出之日起 20 个工作日内，向社会公布执法机关、执法对象、执法类别、执法结论等信息，接受社会监督，行政许可、行政处罚的执法决定信息要在执法决定作出之日起 7 个工作日内公开，但法律、行政法规另有规定的除外。建立健全执法决定信息公开发布、撤销和更新机制。已公开的行政执法决定被依法撤销、确认违法或者要求重新作出的，应当及时从信息公示平台撤下原行政执法决定信息。

5. 执法全过程记录的内容

（1）**完善文字记录**　文字记录是以纸质文件或电子文件形式对行政执法活动进行全过程记录的方式。研究制定执法规范用语和执法文书制作指引，规范行政执法的重要事项和关键环节，做到文字记录合法规范、客观全面、及时准确。

（2）**规范音像记录**　音像记录是通过照相机、录音机、摄像机、执法记录仪、视频监控等记录设备，实时对行政执法过程进行记录的方式。各级行政执法机关要根据行政执法行为的不同类别、阶段、环节，采用相应音像记录形式，充分发挥音像记录直观有力的证据作用、规范执法的监督作用、依法履职的保障作用。做好音像记录与文字记录的衔接工作，充分考虑音像记录方式的必要性、适当性和实效性，对文字记录能够全面有效记录执法行为的，可以不进行音像记录；对查封扣押财产、强制拆除等直接涉及人身自由、生命健康、重大财产权益的现场执法活动和执法办案场所，要推行全程音像记录；对现场执法、调查取证、举行听证、留置送达和公告送达等容易引发争议的行政执法过程，要根据实际情况进行音像记录。建立健全执法音像记录管理制度，明确执法音像记录的设备配备、使用规范、记录要素、存储应用、监督管理等要求。研究制定执法行为用语指引，指导执法人员规范文明开展音像记录。配备音像记录设备、建设询问室和听证室等音像记录场所，要按照工作必需、厉行节约、性能适度、安全稳定、适量够用的原则，结合本地区经济发展水平和本部门执法具体情况确定。

（3）严格记录归档　完善执法案卷管理制度，加强对执法台账和法律文书的制作、使用、管理，按照有关法律法规和档案管理规定归档保存执法全过程记录资料，确保所有行政执法行为有据可查。对涉及国家秘密、商业秘密、个人隐私的记录资料，归档时要严格执行国家有关规定。积极探索成本低、效果好、易保存、防删改的信息化记录储存方式，通过技术手段对同一执法对象的文字记录、音像记录进行集中储存。建立健全基于互联网、电子认证、电子签章的行政执法全过程数据化记录工作机制，形成业务流程清晰、数据链条完整、数据安全有保障的数字化记录信息归档管理制度。

6. 重大执法决定法制审核制度

（1）明确审核机构　各级行政执法机关要明确具体负责本单位重大执法决定法制审核的工作机构，确保法制审核工作有机构承担、有专人负责。加强法制审核队伍的正规化、专业化、职业化建设，把政治素质高、业务能力强、具有法律专业背景的人员调整充实到法制审核岗位，配强工作力量，使法制审核人员的配置与形势任务相适应，原则上各级行政执法机关的法制审核人员不少于本单位执法人员总数的5%。充分发挥法律顾问、公职律师在法制审核工作中的作用，特别是针对基层存在的法制审核专业人员数量不足、分布不均等问题，探索建立健全本系统内法律顾问、公职律师统筹调用机制，实现法律专业人才资源共享。

（2）明确审核范围　凡涉及重大公共利益，可能造成重大社会影响或引发社会风险，直接关系行政相对人或第三人重大权益，经过听证程序作出行政执法决定，以及案件情况疑难复杂、涉及多个法律关系的，都要进行法制审核。各级行政执法机关要结合本机关行政执法行为的类别、执法层级、所属领域、涉案金额等因素，制定重大执法决定法制审核目录清单。上级行政执法机关要对下一级执法机关重大执法决定法制审核目录清单编制工作加强指导，明确重大执法决定事项的标准。

（3）明确审核内容　严格审核行政执法主体是否合法，行政执法人员是否具备执法资格；行政执法程序是否合法；案件事实是否清楚，证据是否合法充分；适用法律、法规、规章是否准确，裁量基准运用是否适当；执法是否超越执法机关法定权限；行政执法文书是否完备、规范；违法行为是否涉嫌犯罪、需要移送司法机关等。法制审核机构完成审核后，要根据不同情形，提出同意或者存在问题的书面审核意见。行政执法承办机构要对法制审核机构提出的存在问题的审核意见进行研究，作出相应处理后再次报送法制审核。

（4）明确审核责任　行政执法机关主要负责人是推动落实本机关重大执法

决定法制审核制度的第一责任人，对本机关作出的行政执法决定负责。要结合实际，确定法制审核流程，明确送审材料报送要求和审核的方式、时限、责任，建立健全法制审核机构与行政执法承办机构对审核意见不一致时的协调机制。行政执法承办机构对送审材料的真实性、准确性、完整性，以及执法的事实、证据、法律适用、程序的合法性负责。法制审核机构对重大执法决定的法制审核意见负责。

法 律 链 接

1.《农业行政处罚程序规定》（实施日期：2006 年 7 月 1 日）

2.《规范农业行政处罚自由裁量权办法》（实施日期：2019 年 6 月 1 日）

3.《关于全面推行行政执法公示制度执法全过程记录制度重大执法决定法制审核制度的指导意见》（实施日期：2019 年 1 月 3 日）

4.《农业行政执法文书制作规范》（实施日期：2012 年 11 月 1 日）

第二节　渔政执法与治安处罚及刑事法律的衔接

一、行政执法机关移送涉嫌犯罪案件的规定

要 点 解 析

1. 行政执法机关移送涉嫌犯罪案件程序

《行政执法机关移送涉嫌犯罪案件的规定》第五条规定了行政执法机关对应向公安机关（海警机关）移送的涉嫌犯罪案件的程序要求：

①应当立即指定 2 名或者 2 名以上行政执法人员组成专案组专门负责，核实情况后提出移送涉嫌犯罪案件的书面报告，报经本机关正职负责人或者主持工作的负责人审批。

②行政执法机关正职负责人或者主持工作的负责人应当自接到报告之日起 3 日内作出批准移送或者不批准移送的决定。决定批准的，应当在 24 小时内向同级公安机关（海警机关）移送；决定不批准的，应当将不予批准的理由记录在案。

2. 行政执法机关向公安机关（海警机关）移送涉嫌犯罪案件应当附有的材料

《行政执法机关移送涉嫌犯罪案件的规定》第六条列举了行政执法机关向公安机关（海警机关）移送涉嫌犯罪案件应当附有的材料：

①涉嫌犯罪案件移送书；

②涉嫌犯罪案件情况的调查报告；

③涉案物品清单；

④有关检验报告或者鉴定结论；

⑤现场照片、询问笔录、电子数据、视听资料、认定意见、责令整改通知书等其他有关涉嫌犯罪的材料。

3. 行政执法机关对公安机关（海警机关）不予立案的处理方式

《行政执法机关移送涉嫌犯罪案件的规定》第九条、第十条规定了行政执法机关接到公安机关（海警机关）不予立案的通知书后，有以下处理方式：

①行政执法机关认为依法应当由公安机关决定立案的，可以自接到不予立案通知书之日起3日内，提请作出不予立案的公安机关（海警机关）复议，也可以建议人民检察院依法进行立案监督。

②移送案件的行政执法机关对公安机关（海警机关）不予立案的复议仍有异议的，应当自收到复议决定通知书之日起3日内建议人民检察院依法进行立案监督。

③行政执法机关对公安机关（海警机关）决定不予立案的案件，应当依法作出处理；其中，依照有关法律、法规或者规章的规定应当给予行政处罚的，应当依法实施行政处罚。

4. 行政执法机关逾期不移送涉嫌犯罪案件的法律责任

《行政执法机关移送涉嫌犯罪案件的规定》第十六条规定，行政执法机关违反本规定，逾期不将案件移送公安机关（海警机关）的，由本级或者上级人民政府，或者实行垂直管理的上级行政执法机关，责令限期移送，并对其正职负责人或者主持工作的负责人根据情节轻重，给予记过以上的行政处分；构成犯罪的，依法追究刑事责任。

二、公安机关受理行政执法机关移送涉嫌犯罪案件规定

要点解析

1. 公安机关接受行政执法机关移送的涉嫌犯罪案件的要求及程序

《公安机关受理行政执法机关移送涉嫌犯罪案件规定》第二条规定了公安机关接受行政执法机关移送的涉嫌犯罪案件的要求及程序：

对行政执法机关移送的涉嫌犯罪案件，公安机关应当接受，及时录入执法办案信息系统，并检查是否附有下列材料：

①案件移送书，载明移送机关名称、行政违法行为涉嫌犯罪罪名、案件主办人及联系电话等。案件移送书应当附移送材料清单，并加盖移送机关公章。

②案件调查报告，载明案件来源、查获情况、嫌疑人基本情况、涉嫌犯罪的事实、证据和法律依据、处理建议等。

③涉案物品清单，载明涉案物品的名称、数量、特征、存放地等事项，并附采取行政强制措施、现场笔录等表明涉案物品来源的相关材料。

④附有鉴定机构和鉴定人资质证明或者其他证明文件的检验报告或者鉴定意见。

⑤现场照片、询问笔录、电子数据、视听资料、认定意见、责令整改通知书等其他与案件有关的证据材料。

移送材料表明移送案件的行政执法机关已经或者曾经作出有关行政处罚决定的，应当检查是否附有有关行政处罚决定书。

对材料不全的，应当在接受案件的 24 小时内书面告知移送的行政执法机关在 3 日内补正。但不得以材料不全为由，不接受移送案件。

2. 对接受的案件公安机关处理方式

《公安机关受理行政执法机关移送涉嫌犯罪案件规定》第四条规定了对接受的案件的处理方式：

①对接受的案件，公安机关应当立即审查，并在规定的时间内作出立案或者不立案的决定。

②决定立案的，应当书面通知移送案件的行政执法机关。对决定不立案的，应当说明理由，制作不予立案通知书，连同案卷材料在 3 日内送达移送案件的行政执法机关。

3. 涉嫌犯罪案件移送材料不全、证据不充分的处理

《公安机关受理行政执法机关移送涉嫌犯罪案件规定》第五条规定，公安机关审查发现涉嫌犯罪案件移送材料不全、证据不充分的，可以就证明有犯罪事实的相关证据要求等提出补充调查意见，商请移送案件的行政执法机关补充调查。必要时，公安机关可以自行调查。

4. 涉案物品以及与案件有关的其他证据材料移交方式

《公安机关受理行政执法机关移送涉嫌犯罪案件规定》第六条规定了涉案物品以及与案件有关的其他证据材料的移交方式：

①对决定立案的，公安机关应当自立案之日起 3 日内与行政执法机关交接涉案物品以及与案件有关的其他证据材料。

②对保管条件、保管场所有特殊要求的涉案物品，公安机关可以在采取必要措施固定留取证据后，商请行政执法机关代为保管。

③移送案件的行政执法机关在移送案件后，需要作出责令停产停业、吊销许可证等行政处罚，或者在相关行政复议、行政诉讼中，需要使用已移送公安机关证据材料的，公安机关应当协助。

5. 公安机关立案后决定撤销案件再移送程序

《公安机关受理行政执法机关移送涉嫌犯罪案件规定》第七条规定了公安机关立案后决定撤销案件再移送程序：

①对行政执法机关移送的涉嫌犯罪案件，公安机关立案后决定撤销案件的，应当将撤销案件决定书连同案卷材料送达移送案件的行政执法机关。

②对依法应当追究行政法律责任的，可以同时向行政执法机关提出书面建议。

三、最高人民法院关于审理发生在我国管辖海域相关案件若干问题的规定（一）

要点解析

《刑法》在非法猎捕、杀害珍贵濒危野生动物或者非法捕捞水产品等犯罪的适用范围。

《最高人民法院关于审理发生在我国管辖海域相关案件若干问题的规定（一）》第三条规定，中国公民或者外国人在我国管辖海域实施非法猎捕、杀害珍贵濒危野生动物或者非法捕捞水产品等犯罪的，依照我国刑法追究刑事责任。

四、最高人民法院关于审理发生在我国管辖海域相关案件若干问题的规定（二）

要点解析

1. 《刑法》第三百四十条规定的"情节严重"的认定

《最高人民法院关于审理发生在我国管辖海域相关案件若干问题的规定（二）》第四条规定：违反保护水产资源法规，在海洋水域，在禁渔区、禁渔期或者使用禁用的工具、方法捕捞水产品，具有下列情形之一的，应当认定为《刑法》第三百四十条规定的"情节严重"：

①非法捕捞水产品一万千克以上或者价值十万元以上的。

②非法捕捞有重要经济价值的水生动物苗种、怀卵亲体二千千克以上或者价值二万元以上的。

③在水产种质资源保护区内捕捞水产品二千千克以上或者价值二万元以上的。

④在禁渔区内使用禁用的工具或者方法捕捞的。

⑤在禁渔期内使用禁用的工具或者方法捕捞的。

⑥在公海使用禁用渔具从事捕捞作业，造成严重影响的。

⑦其他情节严重的情形。

2. 非法采捕珊瑚、砗磲或者其他珍贵、濒危水生野生动物"情节严重" "情节特别严重"的认定

根据《最高人民法院关于审理发生在我国管辖海域相关案件若干问题的规定（二）》第五条规定，非法采捕珊瑚、砗磲或者其他珍贵、濒危水生野生动物，具有下列情形之一的，应当认定为"情节严重"：

①价值在五十万元以上的。

②非法获利二十万元以上的。

③造成海域生态环境严重破坏的。

④造成严重国际影响的。

⑤其他情节严重的情形。

非法采捕珊瑚、砗磲或者其他珍贵、濒危水生野生动物，具有下列情形之一的，应当认定为"情节特别严重"：

①价值或者非法获利达到本条第一款规定标准五倍以上的。

②价值或者非法获利达到本条第一款规定的标准，造成海域生态环境严重破坏的。

③造成海域生态环境特别严重破坏的。

④造成特别严重国际影响的。

⑤其他情节特别严重的情形。

3. 非法收购、运输、出售珊瑚、砗磲或者其他珍贵、濒危水生野生动物及其制品的"情节严重" "情节特别严重"的认定

《最高人民法院关于审理发生在我国管辖海域相关案件若干问题的规定（二）》第六条规定，非法收购、运输、出售珊瑚、砗磲或者其他珍贵、濒危水生野生动物及其制品，具有下列情形之一的，应当认定为"情节严重"：

①价值在五十万元以上的。

②非法获利在二十万元以上的。

③具有其他严重情节的。

非法收购、运输、出售珊瑚、砗磲或者其他珍贵、濒危水生野生动物及其制品，具有下列情形之一的，应当认定为"情节特别严重"：

①价值在二百五十万元以上的。

②非法获利在一百万元以上的。

③具有其他特别严重情节的。

4. 涉渔犯罪数罪并罚原则

根据《最高人民法院关于审理发生在我国管辖海域相关案件若干问题的规定（二）》第八条规定，实施破坏海洋资源犯罪行为，同时构成非法捕捞罪、非法猎捕、杀害珍贵、濒危野生动物罪、组织他人偷越国（边）境罪、偷越国（边）境罪等犯罪的，依照处罚较重的规定定罪处罚。有破坏海洋资源犯罪行为，又实施走私、妨害公务等犯罪的，依照数罪并罚的规定处理。

五、刑法分则及最高人民检察院　公安部关于公安机关管辖的刑事案件立案追诉标准的规定（一）

要 点 解 析

1. 非法捕捞水产品罪

（1）概念　《刑法》第三百四十条第一项第一款规定，非法捕捞水产品罪，是指违反水产资源保护法规，在禁渔区、禁渔期或者使用禁用的工具、方法捕捞水产品，情节严重，依法应追究刑事责任的行为。这里的禁渔区、禁渔期是指国务院渔业行政主管部门或者省、自治区、直辖市人民政府渔业行政主管部门规定的禁渔区、禁渔期。

禁用的工具是指国务院渔业行政主管部门或者省、自治区、直辖市人民政府渔业行政主管部门规定禁止使用的渔具，以及小于最小网目尺寸的网具；禁用的方法是指《渔业法》规定禁止使用的炸鱼、毒鱼、电鱼等破坏渔业资源方法，以及国务院渔业行政主管部门或者省、自治区、直辖市人民政府渔业行政主管部门规定禁止使用的捕捞方法。

（2）犯罪构成

①该罪的主体是一般主体，包括自然人主体和单位主体。

②该罪侵害的客体是国家保护水产资源的管理秩序。

③该罪的主观方面为故意。

④该罪的客观方面表现为行为人违反水产资源保护法规，在禁渔区、禁渔期或者使用禁用的工具、方法捕捞水产品，情节严重的行为。

（3）立案追诉标准　关于立案追诉标准，先后有《最高人民检察院、公安部〈关于公安机关管辖的刑事案件立案追诉标准的规定（一）〉》（2008 年 6 月 25 日公通字〔2008〕36 号）、《最高人民法院关于审理发生在我国管辖海域相关案件若干问题的规定（二）》（2016 年 5 月 9 日法释〔2016〕17 号）这两个规定。两个规定对在海洋水域非法捕捞水产品的追诉标准有不同的规定，基于新法优于旧法的原则，内陆水域仍使用前者的规定，海洋水域适用后者的规定。

《最高人民检察院、公安部关于公安机关管辖的刑事案件立案追诉标准的规定（一）》第六十三条：[非法捕捞水产品案《刑法》第三百四十条)]违反保护水产资源法规，在禁渔区、禁渔期或者使用禁用的工具、方法捕捞水产品，涉嫌下列情形之一的，应予立案追诉：

①在内陆水域非法捕捞水产品五百千克以上或者价值五千元以上的，或者在海洋水域非法捕捞水产品二千千克以上或者价值二万元以上的。

②非法捕捞有重要经济价值的水生动物苗种、怀卵亲体或者在水产种质资源保护区内捕捞水产品，在内陆水域五十千克以上或者价值五百元以上，或者在海洋水域二百千克以上或者价值二千元以上的。

③在禁渔区内使用禁用的工具或者禁用的方法捕捞的。

④在禁渔期内使用禁用的工具或者禁用的方法捕捞的。

⑤在公海使用禁用渔具从事捕捞作业，造成严重影响的。

⑥其他情节严重的情形。

《最高人民法院关于审理发生在我国管辖海域相关案件若干问题的规定（二）》第四条规定：违反保护水产资源法规，在海洋水域，在禁渔区、禁渔期或者使用禁用的工具、方法捕捞水产品，具有下列情形之一的，应当认定为刑法第三百四十条规定的"情节严重"：

①非法捕捞水产品一万千克以上或者价值十万元以上的。

②非法捕捞有重要经济价值的水生动物苗种、怀卵亲体二千千克以上或者价值二万元以上的。

③在水产种质资源保护区内捕捞水产品二千千克以上或者价值二万元以上的。

④在禁渔区内使用禁用的工具或者方法捕捞的。

⑤在禁渔期内使用禁用的工具或者方法捕捞的。

⑥在公海使用禁用渔具从事捕捞作业，造成严重影响的。

⑦其他情节严重的情形。

2. 非法猎捕、杀害珍贵、濒危（水生）野生动物罪

（1）概念

《刑法》第三百四十一条第一款第一项规定，本罪是指非法猎捕、杀害国家重点保护的珍贵、濒危（水生）野生动物，依法应追究刑事责任的行为。

本罪的行为具有以下两种情形：

①猎捕。这里的猎捕，是指采取特定方法抓捕。

②杀害。这里的杀害，是指残害致死。这些行为都很大程度上侵害了我国的濒危动物管理制度。

（2）犯罪构成

①该罪的主体是一般主体，包括自然人主体和单位主体。

②该罪的主观方面为故意。

③该罪侵害的客体是国家珍贵、濒危（水生）野生动物保护制度。

④该罪的客观方面表现为行为人实施了非法猎捕、杀害国家重点保护的珍贵、濒危（水生）野生动物的行为。

（3）立案追诉标准 《最高人民检察院、公安部关于公安机关管辖的刑事案件立案追诉标准的规定（一）》第六十四条：[非法猎捕、杀害国家重点保护的珍贵、濒危野生动物案《刑法》第三百四十一条第一款)]非法猎捕、杀害国家重点保护的珍贵、濒危野生动物的，应予立案追诉。本条和本规定第六十五条规定的"珍贵、濒危野生动物"，包括列入《国家重点保护野生动物名录》的国家一、二级保护野生动物、列入《濒危野生动植物种国际贸易公约》附录一、附录二的野生动物以及驯养繁殖的上述物种。

《最高人民法院关于审理发生在我国管辖海域相关案件若干问题的规定（一）》第三条规定，中国公民或者外国人在我国管辖海域实施非法猎捕、杀害珍贵濒危野生动物或者非法捕捞水产品等犯罪的，依照我国刑法追究刑事责任。

根据《最高人民法院关于审理发生在我国管辖海域相关案件若干问题的规定（二）》第五条规定，非法采捕珊瑚、砗磲或者其他珍贵、濒危水生野生动物，具有下列情形之一的，应当认定为"情节严重"：

①价值在五十万元以上的。

②非法获利二十万元以上的。

③造成海域生态环境严重破坏的。

④造成严重国际影响的。

⑤其他情节严重的情形。

非法采捕珊瑚、砗磲或者其他珍贵、濒危水生野生动物，具有下列情形之一的，应当认定为"情节特别严重"：

①价值或者非法获利达到本条第一款规定标准五倍以上的。

②价值或者非法获利达到本条第一款规定的标准，造成海域生态环境严重破坏的。

③造成海域生态环境特别严重破坏的。

④造成特别严重国际影响的。

⑤其他情节特别严重的情形。

3. 非法收购、运输、出售珍贵、濒危（水生）野生动物、珍贵、濒危（水生）野生动物制品罪

（1）概念 《刑法》第三百四十一条第一款规定，非法收购、运输、出售珍贵、濒危（水生）野生动物、珍贵、濒危（水生）野生动物制品罪是指非法收购、运输、出售国家重点保护的珍贵、濒危（水生）野生动物、珍贵、濒危（水生）野生动物制品，依法应追究刑事责任的行为。

（2）犯罪构成

①该罪的主体是一般主体，包括自然人主体和单位主体。

②该罪侵害的客体是国家珍贵、濒危（水生）野生动物保护制度。

③该罪的主观方面为故意。

④该罪的客观方面表现为行为人实施了非法收购、运输、出售国家重点保护的珍贵、濒危（水生）野生动物及其制品的行为。

（3）立案追诉标准　《最高人民检察院、公安部关于公安机关管辖的刑事案件立案追诉标准的规定（一）》第六十五条〔非法收购、运输、出售珍贵、濒危野生动物、珍贵、濒危野生动物制品案（《刑法》第三百四十一条第一款）〕非法收购、运输、出售国家重点保护的珍贵、濒危野生动物及其制品的，应予立案追诉。

本条规定的"收购"，包括以营利、自用等为目的的购买行为；"运输"，包括采用携带、邮寄、利用他人、使用交通工具等方法进行运送的行为；"出售"，包括出卖和以营利为目的的加工利用行为。

《最高人民法院关于审理发生在我国管辖海域相关案件若干问题的规定（二）》第六条作出以下规定：

非法收购、运输、出售珊瑚、砗磲或者其他珍贵、濒危水生野生动物及其制品，具有下列情形之一的，应当认定为"情节严重"：

①价值在五十万元以上的。

②非法获利在二十万元以上的。

③具有其他严重情节的。

非法收购、运输、出售珊瑚、砗磲或者其他珍贵、濒危水生野生动物及其制品，具有下列情形之一的，应当认定为"情节特别严重"：

①价值在二百五十万元以上的。

②非法获利在一百万元以上的。

③具有其他特别严重情节的。

4. 生产、销售有毒、有害食品罪

（1）概念　《刑法》第一百四十四条规定，该罪是指生产者、销售者违反国家食品卫生管理法规，故意在生产、销售的食品中掺入有毒、有害的非食品原料的或者销售明知掺有有毒、有害的非食品原料的食品的行为。

本罪是选择性罪名，不仅包括行为方式（生产、销售）选择，还包括犯罪对象（有毒、有害食品）选择。

（2）犯罪构成

①该罪的主体是一般主体，包括自然人主体和单位主体。既包括合法的食品生产者、销售者，也包括非法的食品生产者、销售者。

②本罪侵犯的客体是复杂客体，即国家对食品卫生的管理制度以及不特定多数人的身体健康权利。

③本罪在主观方面表现为故意，一般是出于获取非法利润的目的。

④本罪在客观方面表现为行为人在违反国家食品卫生管理法规，生产销售的食品中掺入有毒、有害的非食品原料或者销售明知掺有有毒、有害的非食品原料的食品行为。

（3）**立案追诉标准**　在生产、销售的食品中掺入有毒、有害的非食品原料的，或者销售明知掺有有毒、有害的非食品原料的食品的，应予立案追诉。

根据《最高人民法院、最高人民检察院关于办理危害食品安全刑事案件适用法律若干问题的解释》（以下简称《解释》）第二条的规定，生产、销售有毒、有害食品，具有下列情形之一的，应当认定为"对人体健康造成严重危害"：

①造成轻伤以上伤害的。

②造成轻度残疾或者中度残疾的。

③造成器官组织损伤导致一般功能障碍或者严重功能障碍的。

④造成十人以上严重食物中毒或者其他严重食源性疾病的。

⑤其他对人体健康造成严重危害的情形。

根据《解释》第六条的规定，生产、销售有毒、有害食品，具有下列情形之一的，应当认定为刑法第一百四十四条规定的"其他严重情节"：

①生产、销售金额二十万元以上不满五十万元的。

②生产、销售金额十万元以上不满二十万元，有毒、有害食品的数量较大或者生产、销售持续时间较长的。

③生产、销售金额十万元以上不满二十万元，属于婴幼儿食品的。

④生产、销售金额十万元以上不满二十万元，一年内曾因危害食品安全违法犯罪活动受过行政处罚或者刑事处罚的。

⑤有毒、有害的非食品原料毒害性强或者含量高的。

⑥其他情节严重的情形。

生产、销售有毒、有害食品，生产、销售金额五十万元以上，或者具有本解释第四条规定的情形之一的，应当认定为《刑法》第一百四十四条规定的"致人死亡或者有其他特别严重情节"：

《解释》第二十条规定，下列物质应当认定为"有毒、有害的非食品原料"：

①法律、法规禁止在食品生产经营活动中添加、使用的物质。

②国务院有关部门公布的《食品中可能违法添加的非食用物质名单》《保健食品中可能非法添加的物质名单》上的物质。

③国务院有关部门公告禁止使用的农药、兽药以及其他有毒、有害物质。

④其他危害人体健康的物质。

《解释》第二十一条规定："足以造成严重食物中毒事故或者其他严重食源性疾病""有毒、有害非食品原料"难以确定的，司法机关可以根据检验报告并结合专家意见等相关材料进行认定。必要时，人民法院可以依法通知有关专家出庭作出说明。

5. 走私珍贵（水生）动物、珍贵（水生）动物制品罪

（1）概念　《刑法》第一百五十一条规定，该罪是指违反海关法规，逃避海关监管，非法携带、运输、邮寄珍贵动物及其制品进出国边境的行为。

我国重点保护鱼类有中华鲟、绿海龟、长江江豚、中华白海豚、三线闭壳龟、斑海豹等。

（2）犯罪构成

①该罪的主体是一般主体，包括自然人主体和单位主体。

②本罪所侵犯的客体是国家对珍贵动物及其制品禁止进出口的制度。本罪的犯罪对象则是国家禁止进出口的珍贵动物及其制品。

③该罪的主观方面为故意。

④本罪在客观方面表现为违反海关法规，逃避海关监管，非法携带、运输、邮寄国家禁止进出口的珍贵动物及其制品进出国（边）境的行为。

（3）立案追诉标准

根据《最高人民法院、最高人民检察院关于办理走私刑事案件适用法律若干问题的解释》第九条的规定，走私国家一、二级保护动物未达到规定的数量标准，或者走私珍贵动物制品数额不满二十万元的，可以认定为《刑法》第一百五十一条第二款规定的"情节较轻"。

具有下列情形之一的，依照《刑法》第一百五十一条第二款的规定处五年以上十年以下有期徒刑，并处罚金：

①走私国家一、二级保护动物达到解释附表中规定的数量标准的。

②走私珍贵动物制品数额在二十万元以上不满一百万元的。

③走私国家一、二级保护动物未达到解释附表中规定的数量标准，但具有造成该珍贵动物死亡或者无法追回等情节的。

具有下列情形之一的，应当认定为《刑法》第一百五十一条第二款规定的"情节特别严重"：

①走私国家一、二级保护动物达到本解释附表中（二）规定的数量标准的；

②走私珍贵动物制品数额在一百万元以上的。

③走私国家一、二级保护动物达到本解释附表中（一）规定的数量标准，且属于犯罪集团的首要分子，使用特种车辆从事走私活动，或者造成该珍贵动物死亡、无法追回等情形的。

不以牟利为目的，为留作纪念而走私珍贵动物制品进境，数额不满十万元的，可以免予刑事处罚；情节显著轻微的，不作为犯罪处理。

6. 运送他人偷越国（边）境罪

（1）概念　《刑法》第三百二十一条规定，运送他人偷越国（边）境罪，是指违反出入国（边）境管理法规，非法运送他人偷越国（边）境的行为。

（2）犯罪构成

①该罪的主体是一般主体，包括自然人主体和单位主体，可以是中国人也可以是外国人。

②本罪所侵害的客体是国家有关出入国（边）境的管理制度。

③该罪的主观方面为故意，即明知他人企图偷越国（边）境而仍决意予以运送。

④本罪在客观方面表现为非法运送他人偷越国（边）境的行为。

（3）立案追诉标准

《刑法》第三百二十一条第二款规定，运送他人偷越国（边）境有下列情形之一的，处五年以上十年以下有期徒刑，并处罚金：

①多次实施运送行为或者运送人数众多的；

②所使用的船只、车辆等交通工具不具备必要的安全条件，足以造成严重后果的；

③违法所得数额巨大的；

④有其他特别严重情节的。

在运送他人偷越国（边）境中造成被运送人重伤、死亡，或者以暴力、威胁方法抗拒检查的，处七年以上有期徒刑，并处罚金。

根据《最高人民法院关于审理发生在我国管辖海域相关案件若干问题的规定（二）》第八条规定，实施破坏海洋资源犯罪行为，同时构成非法捕捞罪、非法猎捕、杀害珍贵、濒危野生动物罪、组织他人偷越国（边）境罪、偷越国（边）境罪等犯罪的，依照处罚较重的规定定罪处罚。有破坏海洋资源犯罪行为，又实施走私、妨害公务等犯罪的，依照数罪并罚的规定处理。

根据公安部《关于妨害国（边）境管理犯罪案件立案标准及有关问题的通知》的规定，运送他人偷越国（边）境的，应当立案侦查。

运送他人偷越国（边）境，具有下列情形之一的，应当立为重大案件：

①一次运送20～49人偷越国（边）境的。

②运送他人偷越国（边）境3～4次的。

③使用简陋、破旧、报废、通气状况很差的船只或者车辆等不具备必要安全条件的交通工具运送他人偷越国（边）境，足以造成严重后果的。

④违法所得 5 万～20 万元的。

⑤造成被运送人重伤 1～2 人的。

⑥以暴力、威胁方法抗拒检查的。

⑦有其他严重情节的。

运送他人偷越国（边）境，具有下列情形之一的，应当立为特别重大案件：

①一次运送 50 人以上偷越国（边）境的。

②运送他人偷越国（边）境 5 次以上的。

③造成被运送人重伤 3 人以上或者死亡一人以上的。

④违法所得 20 万元以上的。

⑤有其他特别严重情节的。

7. 偷越国（边）境罪

（1）概念 《刑法》第三百二十二条规定，所谓"偷越国（边）境"是指违反国（边）境管理法规，非法出入国（边）境的行为。

偷越国（边）境的手段和方法可以是多种多样的，一般表现为在不准通过的地点秘密出入境，有用船偷渡的，也有靠车马或步行偷越的；有的虽然是在指定的地点通过，但伪造、涂改、冒用出入境证件或用其他蒙骗手段蒙混过关的，例如有人藏在进出国（边）境的飞机、船只、汽车里，也有人藏在出入境装货的集装箱或行李箱中。无论采取什么方法，只要是实施了非法出入境等行为的，都是偷越国（边）境行为。

（2）犯罪构成

①该罪的主体是一般主体，包括自然人主体和单位主体。

②该罪侵害的客体是我国出入国（边）境管理秩序。

③该罪的主观方面为故意。

④该罪的客观方面表现为偷越国（边）境情节严重的行为。

（3）立案追诉标准 《公安部关于妨害国（边）境管理犯罪案件立案标准及有关问题的通知》规定：

偷越国（边）境，具有下列情形之一的，应当立案侦查：

①偷越国（边）境 3 次以上、屡教不改的。

②实施违法行为后偷越国（边）境的。

③在偷越国（边）境时对执法人员施以暴力、威胁手段的。

④造成重大涉外事件和恶劣影响的。

⑤有其他严重情节的。

偷越国（边）境，具有下列情形之一的，应当立为重大案件：

①为逃避刑罚偷越国（边）境的。

②以走私/贩毒等犯罪为目的偷越国（边）境的。

③有其他特别严重情节的。

六、治安管理处罚法

渔业行政执法人员在行政执法过程中，发现下列违法行为可以移送公安机关（海警机关）给以治安管理处罚。

1. 伪造、变造或者买卖船舶证书等行为的处理

《治安管理处罚法》第五十二条规定，有下列行为之一的，处十日以上十五日以下拘留，可以并处一千元以下罚款；情节较轻的，处五日以上十日以下拘留，可以并处五百元以下罚款：

①伪造、变造或者买卖国家机关、人民团体、企业、事业单位或者其他组织的公文、证件、证明文件、印章的。

②买卖或者使用伪造、变造的国家机关、人民团体、企业、事业单位或者其他组织的公文、证件、证明文件的。

③伪造、变造船舶户牌，买卖或者使用伪造、变造的船舶户牌，或者涂改船舶发动机号码的。

2. 船舶擅自进入、停靠国家禁止、限制进入的水域或者岛屿行为的处理

《治安管理处罚法》第五十三条规定，船舶擅自进入、停靠国家禁止、限制进入的水域或者岛屿的，对船舶负责人及有关责任人员处五百元以上一千元以下罚款；情节严重的，处五日以下拘留，并处五百元以上一千元以下罚款。

3. 隐藏、转移、变卖或者损毁行政执法机关依法扣押、查封、冻结的财物等行为的处理

《治安管理处罚法》第六十条规定，有下列行为之一的，处五日以上十日以下拘留，并处二百元以上五百元以下罚款：

①隐藏、转移、变卖或者损毁行政执法机关依法扣押、查封、冻结的财物的。

②伪造、隐匿、毁灭证据或者提供虚假证言、谎报案情，影响行政执法机关依法办案的。

③明知是赃物而窝藏、转移或者代为销售的。

4. 协助组织或者运送他人偷越国（边）境行为的处理

《治安管理处罚法》第六十一条规定，协助组织或者运送他人偷越国（边）境的，处十日以上十五日以下拘留，并处一千元以上五千元以下罚款。

5. 为偷越国（边）境人员提供条件等行为的处理

《治安管理处罚法》第六十二条规定，为偷越国（边）境人员提供条件的，处五日以上十日以下拘留，并处五百元以上二千元以下罚款。

6. 未取得驾驶证驾驶机动船舶的处理

《治安管理处罚法》第六十四条规定，未取得驾驶证驾驶或者偷开他人航空器、机动船舶的，处五百元以上一千元以下罚款；情节严重的，处十日以上十五日以下拘留，并处五百元以上一千元以下罚款。

7. 扰乱车站、港口、码头秩序等行为的处理

《治安管理处罚法》第二十三条规定，有下列行为之一的，处警告或者二百元以下罚款；情节较重的，处五日以上十日以下拘留，可以并处五百元以下罚款：

①扰乱车站、港口、码头、机场、商场、公园、展览馆或者其他公共场所秩序的。

②非法拦截或者强登、扒乘机动车、船舶、航空器以及其他交通工具，影响交通工具正常行驶的。

聚众实施前款行为的，对首要分子处十日以上十五日以下拘留，可以并处一千元以下罚款。

8. 阻碍国家机关工作人员依法执行职务等行为的处理

《治安管理处罚法》第五十条规定，有下列行为之一的，处警告或者二百元以下罚款；情节严重的，处五日以上十日以下拘留，可以并处五百元以下罚款：

①拒不执行人民政府在紧急状态情况下依法发布的决定、命令的。

②阻碍国家机关工作人员依法执行职务的。

法 律 链 接

1.《中华人民共和国刑法》（2017 年修正）（实施日期：1997 年 10 月 1 日）

2.《行政执法机关移送涉嫌犯罪案件的规定》（实施日期：2001 年 7 月 9 日）

3.《最高人民法院关于审理发生在我国管辖海域相关案件若干问题的规定（一）》（实施日期：2016 年 8 月 2 日）

4.《最高人民法院关于审理发生在我国管辖海域相关案件若干问题的规定（二）》（实施日期：2016 年 8 月 2 日）

5.《国家重点保护野生动物名录》（实施日期：1989 年 1 月 14 日）

6.《濒危野生动植物种国际贸易公约》（实施日期：1975 年 7 月 1 日）

7.《最高人民法院关于审理发生在我国管辖海域相关案件若干问题的规定

（二）》（实施日期：2016 年 8 月 2 日）

8.《最高人民检察院、公安部关于公安机关管辖的刑事案件立案追诉标准的规定（一）》（实施日期：2018 年 12 月 27 日）

9.《最高人民法院、最高人民检察院关于办理危害食品安全刑事案件适用法律若干问题的解释》（实施日期：2013 年 5 月 4 日）

10.《食品中可能违法添加的非食用物质名单》（实施日期：2011 年 6 月 1 日）

11.《保健食品中可能非法添加的物质名单》（实施日期：2012 年 3 月 16 日）

12.《最高人民法院、最高人民检察院关于办理走私刑事案件适用法律若干问题的解释》（实施日期：2014 年 9 月 10 日）

13.《关于妨害国（边）境管理犯罪案件立案标准及有关问题的通知》（实施日期：2000 年 3 月 31 日）

14.《中华人民共和国治安管理处罚法》（实施日期：2013 年 1 月 1 日）

第三节　渔业行政执法行为其他规范

一、执法办案协作制度

要点解析

1. 协作办案的适用情形

《渔业行政执法协作办案工作制度》第六条规定，凡属下列情形之一的渔业违法案件，主办单位可向协办单位提出协作办案要求：

①已查获涉嫌渔业违法的渔船，并取得涉嫌违法行为的部分证据，需要涉案渔船船籍港所在地或当事人居住地、户籍所在地的协办单位协助查证涉案船舶相关证书或资料、查找当事人补充调查取证的。

②查获公开通缉的涉嫌违法渔船后，需要发布通缉信息的渔业行政执法机构作为协办单位移交证据材料的。

③按照《农业行政处罚程序规定》第五十二条规定，直接送达《行政处罚决定书》有困难，需要委托涉案渔船船籍港、停泊港所在地或当事人居住地、户籍所在地协办单位代为送达的。

④依法作出的吊销捕捞许可证、职务船员证书等行政处罚决定，或提出扣减涉案渔船渔业成品油价格补助等建议，需要由协办单位协助执行的。

⑤查获非本船籍港违法渔船，已作出行政处罚，需要通报违法渔船船籍港所在地协办单位的。

⑥其他需要实行协作的案件和事项。

2. 协作办案的程序规定

《渔业行政执法协作办案工作制度》第九条规定，协办单位收到协查通报函后应当做好函件登记，核对协查通报函所附证据材料并妥善保存，如有疑问要及时与主办单位联系。下列有关情形需按协查通报函和本制度规定的时限要求开展相应的协查工作：

①协助查证船舶相关证书或资料的，协办单位应进行调查核实，尤其验明证书真伪的，并将调查核实结果及时反馈主办单位。

②协助查找当事人的，协办单位应在本辖区内寻访、查找当事人，发现当事人后要采取必要措施督促其到主办单位接受调查。

③协助调查取证或提供材料的，协办单位应当开展相关的调查取证工作，及时向主办单位函复工作情况或提供相关材料。

④协助送达法律文书的，协办单位应按照《农业行政处罚程序规定》第五十二条规定，将收到的法律文书及时送达当事人。

⑤协助执行行政处罚决定的，协办单位要积极配合落实。

⑥其他方面的协作办案应按协查通报函的有关要求开展。

3. 协作办案的时限和管辖权限要求

《渔业行政执法协作办案工作制度》第十条规定，对一般性渔业违法案件，协办单位应在收到协查通报函后 5 个工作日内函复协查结果。对涉外、安全、暴力抗拒执法等突发、紧急或严重渔业违法案件，应根据协查通报函的时限要求及时函复协查进展情况。协办单位因特殊原因不能在协查期限内办理的，应及时向主办单位说明，共同协商办理时限，并将协商结果报共同的上一级渔业行政执法机构备案。协办单位接到协查通报函后，发现无法协查的，要及时向主办单位通报并说明原因，同时报上一级渔业行政执法机构备案。协办单位与主办单位发生分歧时，由共同的上一级渔业行政执法机构协调。协办单位未在规定期限内反馈协查信息且未说明原因的，主办单位可向共同的上一级渔业行政执法机构反映，由共同的上一级渔业行政执法机构负责督办。

二、渔业行政执法"六条禁令"和"五统一"

要 点 解 析

《渔业行政执法六条禁令》规定了关于渔业行政执法的"六条禁令"：

①严禁着渔业行政执法制服进入各类营业性娱乐场所消费。

②严禁无法定依据或不开具有效票据处罚、收费。

③严禁索要、收受管理相对人钱物。

④严禁私分罚没款和罚没物。

⑤严禁弄虚作假、滥用职权、不按规定条件和程序办理渔业管理相关证书及证件。

⑥严禁参与和从事渔业生产经营活动。

《农业部关于深入推进依法行政加强渔政队伍规范化建设的通知》规定了关于渔业行政执法的"五统一"：

①统一渔业行政执法证管理。

②统一渔业行政执法文书格式。

③统一中国渔政标志。

④统一渔政执法装备标识。

⑤统一着装标准。

要进一步重视和加强渔政人员的管理，通过教育、引导、督促渔政执法人员严格执行"渔政执法六条禁令"，并与中央八项规定结合起来，严格规范并约束自己的言行，提高遵纪守法的自觉性，维护渔政队伍良好形象。

渔业行政执法机构工作人员要把严不严格遵守"五统一"作为检验各级渔政机构工作深不深入、作风扎实不扎实的一项重要内容，进一步严格要求、进一步明确责任、进一步加大检查力度，切实地把"五统一"的要求落实好、落实到位。

法 律 链 接

1.《渔业行政执法协作办案工作制度》（实施日期：2013 年 1 月 1 日）

2.《渔业行政执法六条禁令》（实施日期：2004 年 7 月 14 日）

3.《农业部关于深入推进依法行政加强渔政队伍规范化建设的通知》（实施日期：2010 年 11 月 17 日）

下篇 习题演练

中国渔政
CHINA FISHERY LAW ENFORCEMENT

第五章

基 础 类 习 题

第一节　中国特色社会主义法治建设基本原理习题

一、判断题（10题）

1. 行政执法人员未经执法资格考试合格，不得从事执法活动。（　　）

2. 我国国家宪法日是每年十二月四日。（　　）

3. 中国共产党第十九次全国代表大会，是在全面建成小康社会决胜阶段、中国特色社会主义进入新阶段召开的。（　　）

4. 中国共产党人的初心和使命，就是为中国人民谋幸福，为中华民族谋复兴。这个初心和使命是激励中国共产党人不断前进的根本动力。（　　）

5. 中国特色社会主义理论体系是实现社会主义现代化、创造人民美好生活的必由之路。（　　）

6. 全面依法治国是中国特色社会主义的本质要求和重要保障。必须坚持依法治国和以德治国相结合，依法治国和依规治党有机统一，深化司法体制改革，提高全民族法治素养和道德素质。（　　）

7. 新时代中国特色社会主义思想，明确中国特色社会主义最本质的特征是中国共产党的领导。（　　）

8. 全面从严治党是中国特色社会主义的本质要求和重要保障。（　　）

9. 实现"两个一百年"奋斗目标、实现中华民族伟大复兴的中国梦，不断提高人民生活水平，必须坚定不移把改革作为党执政兴国的第一要务。（　　）

10. 加强人民当家作主制度保障。人民代表大会制度是坚持党的领导、人民当家作主、依法治国有机统一的根本政治制度保障。（　　）

二、单项选择题（10题）

1.《中共中央关于全面推进依法治国若干重大问题的决定》提出，全面推进依法治国，总目标是（　　）。

　　A. 建设中国特色社会主义法治体系，建设社会主义法治国家

　　B. 走中国特色社会主道路

　　C. 建设共产主义国家

D. 实现中国梦

2. （　　）是坚持和发展中国特色社会主义的本质要求和重要保障，是实现国家治理体系和治理能力现代化的必然要求。

　　A. 改革开放　　B. 依法治国　　C. 依法行政　　D. 以德治国

3. 中国特色社会主义进入新时代，我国社会主要矛盾已经转化为人民日益增长的（　　）需要和（　　）的发展之间的矛盾。

　　A. 幸福生活　不充分不平衡　　B. 美好生活　不平衡不充分

　　C. 美好生活　不充分不平衡　　D. 幸福生活　不平衡不充分

4. （　　）是实现社会主义现代化、创造人民美好生活的必由之路。

　　A. 中国特色社会主义制度　　　B. 中国特色社会主义文化

　　C. 中国特色社会主义理论体系　D. 中国特色社会主义道路

5. 发展是解决我国一切问题的基础和关键，发展必须是科学发展，必须坚定不移地贯彻（　　）的发展理念。

　　A. 创新、统筹、绿色、开放、共享

　　B. 创新、协调、绿色、开放、共享

　　C. 创造、协调、生态、开放、共享

　　D. 创造、统筹、生态、开放、共享

6. （　　）是中国特色社会主义的本质要求和重要保障。

　　A. 全面可持续发展　　　　　　B. 全面发展经济

　　C. 全面依法治国　　　　　　　D. 全面从严治党

7. （　　）是指导党和人民实现中华民族伟大复兴的正确理论。

　　A. 中国特色社会主义道路　　　B. 中国特色社会主义理论体系

　　C. 中国特色社会主义制度　　　D. 中国特色社会主义文化

8. 新时代中国特色社会主义思想，明确中国特色社会主义最本质的特征是（　　）。

　　A. 建设中国特色社会主义法治体系

　　B. 中国共产党领导

　　C. "五位一体"总体布局

　　D. 人民利益为根本出发点

9. 党的十九大报告指出，科学立法、严格执法、公正司法、全民守法深入推进，（　　）建设相互促进，中国特色社会主义法治体系日益完善，全社会法治观念明显增强。

　　A. 法治生活、法治政府、法治国家

　　B. 法治国家、法治政府、法治社会

　　C. 法治政府、法治生活、法治社会

D. 法治社会、法治生活、法治政府

10. 党的十九大报告指出，全面依法治国是国家治理的一场深刻革命，必须坚持厉行法治，推进（　　）。

    A. 民主立法、严格执法、公正司法、全民守法

    B. 严格立法、严格执法、公正司法、全民守法

    C. 科学立法、严格执法、公正司法、全民守法

    D. 依法立法、严格执法、公正司法、全民守法

三、多项选择题（5 题）

1. 全面推进依法治国的原则包括（　　）。

    A. 坚持中国共产党的领导。党的领导是中国特色社会主义最本质的特征，是社会主义法治最根本的保证

    B. 坚持人民主体地位。人民是依法治国的主体和力量源泉，人民代表大会制度是保证人民当家作主的根本政治制度

    C. 坚持法律面前人人平等。平等是社会主义法律的基本属性。任何组织和个人都必须尊重宪法法律权威，都必须在宪法法律范围内活动，都必须依照宪法法律行使权力或权利、履行职责或义务，都不得有超越宪法法律的特权

    D. 坚持依法治国、依法执政、依法行政共同推进，坚持法治国家、法治政府、法治社会一体建设

2. 全面推进依法治国存在的问题是（　　）。

    A. 立法未能全面反映客观规律和人民意愿，针对性、可操作性不强，部门化倾向、争权推责严重

    B. 实现科学立法、严格执法、公正司法、全面守法，促进国家治理体系和治理能力现代化

    C. 执法司法权责脱节，多头和选择执法；不透明、不严格、不规范、不文明以及不公正和腐败

    D. 尊法、信法、守法、用法、依法维权意识不强，特别是领导干部徇私枉法现象仍然存在

3. 根据习近平总书记对全面推进依法治国总目标的详细说明，下列说法正确的是（　　）。

    A. 阐明了政府对全面推进依法治国的总体思路

    B. 体现了国家对全面推进依法治国的坚定信心

    C. 明确了全面推进依法治国的性质和方向

    D. 突出了全面推进依法治国的工作重点和总抓手

4. 以高度自信建设中国特色社会主义法治体系，要坚持（　　）共同推进。

  A. 依法治国   B. 依法执政

  C. 依法审判   D. 依法行政

5. 建设中国特色社会主义法治体系，全面推进依法治国，需要充分的规范供给为全社会依法办事提供基本遵循。下列说法正确的是（　　）。

  A. 恪守原有单一的法律渊源已无法满足法治实践的需求，有必要适当扩大法律渊源，甚至可以有限制地将司法判例、交易习惯、法律原则、国际惯例作为裁判根据，以弥补法律供给的不足

  B. 要完善包括市民公约、乡规民约、行业规章、团体章程在内的社会规范体系

  C. 要加快完善法律、行政法规、地方性法规体系

  D. 建立对法律扩大或限缩解释的规则，通过法律适用过程填补法律的积极或者消极的漏洞

第二节　法治政府建设习题

一、判断题（5题）

1. 《法治政府建设实施纲要（2015—2020年）》提出，到2020年基本建成职能科学、权责法定、执法严明、公开公正、廉洁高效、守法诚信的法治政府。（　　）

2. 创新行政执法方式是严格规范公正文明执法的措施之一。（　　）

3. 建设法治政府的指导思想为实现"两个一百年"奋斗目标、实现中华民族伟大复兴的中国梦提供有力的法治保障。（　　）

4. 建设法治政府的第三个任务是推进行政决策科学化、民主化、透明化。（　　）

5. 建设法治政府要求全面提高政府工作人员法治思维和依法行政能力。（　　）

二、单项选择题（5题）

1. 建设法治政府的总体目标是经过坚持不懈的努力，到（　　）年基本建成职能科学、权责法定、执法严明、公开公正、廉洁高效、守法诚信的法治政府。

  A. 2020   B. 2025   C. 2040   D. 2045

2. 政府职能依法全面履行，依法行政制度体系完备，行政决策科学民主合法，宪法法律严格公正实施，行政权力规范透明运行，人民权益切实有效保

障，依法行政能力普遍提高是建设法治政府的（　　　）。

  A. 指导思想 B. 总体目标 C. 基本原则 D. 衡量标准

3.（　　　）是治国理政的基本方式。

  A. 法律   B. 法治   C. 政府   D. 制度

4. 依法行政的内涵不包括（　　　）。

  A. 主体合法 B. 理念先进 C. 程序合法 D. 依据合法

5.（　　　）是全面推进依法治国、加快建设法治政府最根本的保证。

  A. 坚持法律面前人人平等

  B. 坚持依法治国、依法执政、依法行政共同推进

  C. 坚持党的领导

  D. 坚持以经济建设为中心

三、多项选择题（5题）

1. 建设法治政府的主要任务包括（　　　）。

  A. 依法全面履行政府职能

  B. 完善依法行政制度体系

  C. 推进行政决策科学化、民主化、法治化

  D. 守法诚信的法治政府

2. 严格规范公正文明执法的措施包括（　　　）。

  A. 改革行政执法体制   B. 完善行政执法程序

  C. 全面落实行政执法责任制 D. 健全行政执法人员管理制度

3. 建设法治政府必须把政府工作全面纳入法治轨道，实行法治政府建设

与（　　　）建设相结合。

  A. 创新政府 B. 高效政府 C. 廉洁政府 D. 服务型政府

4. 严格规范公正文明执法的目标包括（　　　）。

  A. 权责统一、权威高效的行政执法体制建立健全

  B. 法律法规规章得到严格实施，各类违法行为得到及时查处和制裁

  C. 公民、法人和其他组织的合法权益得到切实保障，经济社会秩序得

    到有效维护，行政违法或不当行为明显减少

  D. 对行政执法的社会满意度显著提高

5. 全面提高政府工作人员法治思维和依法行政能力的措施包括（　　　）。

  A. 树立重视法治素养和法治能力的用人导向

  B. 加强对政府工作人员的法治教育培训

  C. 完善政府工作人员法治能力考查测试制度

  D. 注重通过法治实践提高政府工作人员法治思维和依法行政能力

第三节　法理学基础知识习题

一、判断题（5题）

1. 法律责任包括民事责任、行政责任、刑事责任等。（　　）

2. 一般而言，制定主体的地位越高，其制定的法律法规的效力越高，这就是"上位法优于下位法"原则。（　　）

3. 地方性法规与部门规章的规定不一致，由国务院提出意见，国务院认为应当适用地方法规的，应当适用地方法规；认为应当适用部门规章的，应当提请全国人大常委会裁决。（　　）

4. 法律的空间效力：一般来说，一国法律适用于该国主权范围所及的全部领域，包括领土、领水、领空，也可以是适用于本国驻外使馆、在外船舶及飞机。（　　）

5. 法律制裁的种类有三种：民事制裁、刑事制裁和行政制裁。（　　　　）

二、单项选择题（5题）

1. 我国行政法渊源中具有最高效力等级的是（　　）。
   A. 宪法　　　　　B. 法律　　　　　C. 行政法规　　　D. 部门规章

2. 法律有可预测性的特征，即依靠作为社会规范的法律，人们可以预先估计到他们相互间将如何作为，这是法的（　　）。
   A. 评价作用　　　B. 教育作用　　　C. 预测作用　　　D. 指引作用

3. 部门规章之间、部门规章与地方政府规章之间对同一事项规定不一致时，由（　　）裁决。
   A. 国务院　　　　　　　　　B. 全国人民代表大会常务委员会
   C. 全国人民代表大会　　　　D. 最高人民法院

4. 法律制裁是指由特定的国家机关对违法者依其法律责任而实施的强制性惩罚措施，分为（　　）。
   ①刑事制裁　　　②民事制裁　　　③行政制裁　　　④违宪制裁
   A. ①②④　　　　B. ①③④　　　　C. ②③④　　　　D. ①②③④

5. 根据授权制定的法规与法律规定不一致时，由（　　）裁决。
   A. 授权机关　　　　　　　　B. 国务院
   C. 全国人民代表大会常务委员会　D. 最高法院

三、多项选择题（5题）

1. 行政法的渊源包括（　　）。

A. 宪法　　　　　　　　　　　B. 法律

C. 行政法规与部门规章　　　　D. 习俗

2. 关于法律效力问题，下列说法正确的是（　　）。

A. 规范性法律文件具有法律效力

B. 非规范性法律文件具有法律效力

C. 法的效力体现在对人效力、空间效力、时间效力

D. 法在时间上的效力通常以不溯及既往为原则

3. 法律关系的构成要素包括（　　）。

A. 主体　　　　B. 客体　　　　C. 内容　　　　D. 本体

4. 法律责任可以分为（　　）。

A. 刑事责任　　　　　　　　　B. 民事责任

C. 行政责任　　　　　　　　　D. 违纪责任

5. 执法的基本原则包括（　　）。

A. 依法行政原则　　　　　　　B. 讲究效能原则

C. 公平合理原则　　　　　　　D. 比例原则

第四节　宪法学基础知识习题

一、判断题（10 题）

1. 任何组织和个人都必须尊重宪法法律权威，都必须在宪法法律范围内活动，都必须依照宪法法律行使权力或权利、履行职责或义务，都不得有超越宪法法律的特权。（　　）

2. 《中华人民共和国宪法》规定，国家在社会主义初级阶段的基本经济制度是坚持以公有制为主体、多种所有制经济共同发展。（　　）

3. 宪法的修改与普通法律的修改在提起主体和通过程序上一样。（　　）

4. 我国坚持按劳分配为主体、多种分配方式并存的分配制度。（　　）

5. 中华人民共和国主席、副主席每届任期同全国人民代表大会每届任期相同。（　　）

6. 县级以上的地方各级人民代表大会常务委员会的组成人员可以担任国家行政机关、监察机关、审判机关和检察机关的职务。（　　）

7. 宪法的修改应由全国人民代表大会以全体代表的五分之一以上的多数通过。（　　）

8. 全国人民代表大会对国家监察委员会主任无罢免权。（　　）

9. 国家工作人员就职时应当依照法律规定公开进行宪法宣誓。（　　）

10. 中国特色社会主义最本质的特征是中国共产党领导。（　　）

二、单项选择题（10题）

1.（ ）是法的组成部分，它集中反映各种政治力量的实际对比关系，规定国家根本任务和根本政治制度即社会制度、国家制度的原则和国家政权的组织以及公民基本权利义务等内容。

    A. 宪法   B. 刑法   C. 民法   D. 行政法

2. 中华人民共和国是（ ）领导的、以工农联盟为基础的人民民主专政的社会主义国家。

    A. 知识分子   B. 工人阶级   C. 爱国者   D. 劳动阶级

3. 公有制包括全民所有制和（ ）。

    A. 个体经济   B. 私营经济

    C. 劳动群众集体所有制   D. 三资企业

4.（ ）是最高国家权力机关。

    A. 国务院   B. 全国人民代表大会

    C. 政协会议   D. 全国人民代表大会常务委员会

5. 为了深化国家监察体制改革，加强对（ ）的监督，实现国家监察全面覆盖，深入开展反腐败工作，推进国家治理体系和治理能力现代化，根据宪法，制定本法。

    A. 公务员   B. 领导干部

    C. 所有行使公权力的公职人员   D. 中国共产党全体党员

6. 国家监察委员会（ ）地方各级监察委员会的工作，上级监察委员会（ ）下级监察委员会的工作。

    A. 领导   B. 监督   C. 指导   D. 领导和监督

7. 2018年宪法修正案中增加了一款"设区的市的人民代表大会和它们的常务委员会，在不同宪法、法律、行政法规和本省、自治区的地方性法规相抵触的前提下，可以依照法律规定制定地方性法规，报本省、自治区人民代表大会常务委员会（ ）后施行"。

    A. 备案   B. 审核   C. 审批   D. 批准

8. 2018年3月11日第十三届全国人民代表大会第一次会议通过《中华人民共和国宪法修正案》，县级以上的地方各级人民代表大会选举并且有权罢免（ ）、本级人民法院院长和本级人民检察院检察长。

    A. 本级监察委员会主任   B. 本级人民政府的省长

    C. 本级人民政府的副省长   D. 下一级的人民检察院检察长

9. 2018年3月11日第十三届全国人民代表大会第一次会议通过《中华人民共和国宪法修正案》，到目前为止，我国对现行宪法进行了（ ）次修改。

A. 二　　　　　B. 三　　　　　C. 四　　　　　D. 五

10. 最高人民法院院长由（　　）选举和罢免。

A. 全国人民代表大会　　　　　B. 全国人民代表大会常务委员会

C. 国家主席　　　　　D. 国务院

三、多项选择题（10题）

1. 我国宪法规定，中华人民共和国公民对于任何国家机关和国家工作人员的违法失职行为，有向有关国家机关提出（　　）的权利。

A. 申诉　　　　B. 上诉　　　　C. 控告　　　　D. 检举

2. 公民的社会经济、教育和文化方面的权利包括（　　）。

A. 劳动的权利和义务　　　　　B. 劳动者休息的权利

C. 受教育的权利　　　　　D. 获得物质帮助权

3. 我国宪法规定的公民的基本义务包括（　　）。

A. 维护国家统一和全国各民族团结

B. 维护祖国的安全、荣誉和利益

C. 依照法律服兵役和参加民兵组织

D. 依照法律纳税的义务

4. 宪法与法律的区别表现在（　　）。

A. 规定的内容不同　　　　　B. 制定程序不同

C. 法律地位和效力不同　　　　　D. 修改程序不同

5. 2018 年 3 月 11 日第十三届全国人民代表大会第一次会议通过《中华人民共和国宪法修正案》，新增（　　）作为指导思想写入宪法。

A. 科学发展观

B. "三个代表"

C. 习近平新时代中国特色社会主义思想

D. 邓小平理论

6. 2018 年 3 月 11 日第十三届全国人民代表大会第一次会议通过《中华人民共和国宪法修正案》，下列选项中由人民代表大会产生，对它负责，受它监督的是（　　）。

A. 国家行政机关　　　　　B. 国家权力机关

C. 监察机关　　　　　D. 检察机关

7. 中国革命、建设、改革的成就是同世界人民的支持分不开的，中国的前途是同世界的前途紧密地联系在一起的。在处理中国与世界的关系的问题上，我国宪法新增的内容为（　　）。

A. 中国坚持独立自主的对外政策

  B. 坚持和平发展道路

  C. 坚持互利共赢开放战略

  D. 推动构建人类命运共同体

  8. 全国人民代表大会常务委员会的组成人员不得担任( )职务。

  A. 国家行政机关   B. 监察机关

  C. 审判机关   D. 检察机关

  9. 2018 年 3 月 11 日第十三届全国人民代表大会第一次会议通过《中华人民共和国宪法修正案》，中国( )的成就是同世界人民的支持分不开的。

  A. 革命   B. 建设   C. 发展   D. 改革

  10. 刘某 22 岁，为待业人员。根据我国宪法规定，关于刘某的权利义务，下列哪些选项是正确的( )。

  A. 有选举权和被选举权   B. 无需承担纳税义务

  C. 有依法服兵役的义务   D. 有宗教信仰的自由

第五节 刑法学基础知识习题

一、判断题（5 题）

  1. 法律明文规定为犯罪行为的，依照法律定罪处罚；法律没有明文规定为犯罪行为的，不得定罪处罚。( )

  2. 罪责自负、主观与客观相统一、惩办与宽大相结合，是我国《刑法》明文规定的三项基本原则。( )

  3. 甲国渔民在我国海域内进行非法捕捞，根据我国管辖的属人原则，适用我国刑法。( )

  4. 我国刑法在刑法溯及力问题上，采取了从旧兼从轻的原则。( )

  5. "足以造成严重食物中毒事故或者其他严重食源性疾病""有毒、有害非食品原料"难以确定的，司法机关可以根据检验报告并结合专家意见等相关材料进行认定。( )

二、单项选择题（5 题）

  1. 刑法的效力范围，不包括( )。

  A. 刑法的空间效力   B. 刑法的时间效力

  C. 刑罚的具体种类   D. 刑法的溯及力

  2. 关于犯罪的基本特征，下列说法正确的是( )。

  A. 不具有社会危害性

  B. 可能产生刑事违法性

C. 应受道德谴责性

D. 是一种严重危害社会，且触犯刑事法律规范，应当受到刑罚处罚的行为

3. 下列选项中，属于我国刑法中主刑的是（　　）。

A. 驱逐出境 　　　　　　　　B. 无期徒刑

C. 剥夺政治权利 　　　　　　D. 没收财产

4. 我国刑罚的适用对象是（　　）。

A. 犯罪人本人 　　　　　　　B. 犯罪人的近亲属

C. 犯罪人的朋友 　　　　　　D. 犯罪人的上级领导

5. 《中华人民共和国刑法》关于溯及力而采取的规则是（　　）。

A. 从旧原则 　　　　　　　　B. 从新原则

C. 从新兼从轻原则 　　　　　D. 从旧兼从轻原则

三、多项选择题（5题）

1. 非法采捕珊瑚、砗磲或者其他珍贵、濒危水生野生动物，下列哪些情形应当被认定为刑法第三百四十一条第一款规定的情节严重（　　）。

A. 价值在五十万元以上的

B. 非法获利二十万元以上的

C. 造成海域生态环境严重破坏的

D. 造成严重国际影响的

2. 《中华人民共和国刑法》的基本原则有（　　）。

A. 罪刑法定原则 　　　　　　B. 疑罪从无原则

C. 适用刑法人人平等原则 　　D. 罪责刑相适应原则

3. 我国的附加刑有（　　）。

A. 罚金 　　　　　　　　　　B. 没收财产

C. 剥夺政治权利 　　　　　　D. 驱逐出境

4. 下列说法错误的是（　　）。

A. 罪刑法定原则只约束立法者，不约束司法者

B. 罪刑法定原则只约束法官，不约束侦查人员

C. 罪刑法定原则不禁止适用习惯法

D. 罪刑法定只禁止不利于被告人的事后法，不禁止有利于被告人的事后法

5. 违反保护水产资源法规，在禁渔区、禁渔期或者使用禁用的工具、方法捕捞水产品，应予刑事立案追诉的是（　　）。

A. 在公海使用禁用渔具从事捕捞作业，造成严重影响的

B. 非法捕捞有重要经济价值的水生动物苗种、怀卵亲体二千千克以上或者价值二万元以上的

C. 在禁渔区内使用禁用的工具或者方法捕捞的

D. 在禁渔期内使用禁用的工具或者方法捕捞的

第六节　民法学基础知识习题

一、判断题（5题）

1. 被撤销的民事行为从行为被撤销时起无效。（　　）

2. 所有权人对其所有的不动产或者动产，依法享有占有、使用、收益和处分的权利。（　　）

3. 民法是调整平等主体的自然人、法人和非法人组织之间的财产关系和人身关系的法律规范的总和。（　　）

4. 物权主要包括所有权、用益物权和担保物权。（　　）

5. 绿色原则是民法的基本原则。（　　）

二、单项选择题（5题）

1. 中华人民共和国民法调整平等主体的自然人、法人和非法人组织之间的人身关系和（　　）。
　　A. 经济关系　　　　　　　　B. 社会关系
　　C. 财产关系　　　　　　　　D. 物质关系

2. 根据《中华人民共和国物权法》规定，依法取得的在特定水域从事捕捞的权利属于（　　）。
　　A. 担保物权　　　　　　　　B. 用益物权
　　C. 完全物权　　　　　　　　D. 债权

3. 物权是指权利人依法对特定的物享有直接支配和排他的权利，它不包括（　　）。
　　A. 所有权　　　　　　　　　B. 用益物权
　　C. 担保物权　　　　　　　　D. 债权

4. 担保物权不包括（　　）。
　　A. 抵押权　　　　　　　　　B. 质押权
　　C. 留置权　　　　　　　　　D. 债权

5. 民事法律行为的效力状态不包括（　　）。
　　A. 有效　　　　　　　　　　B. 无效
　　C. 可变更　　　　　　　　　D. 可撤销

三、多项选择题（5 题）

1. 下列社会关系中属于民法调整的是(　　)。
    A. 甲买彩票中奖后与税务机关发生的税收关系
    B. 甲向乙借 100 元而形成的债务关系
    C. 甲男与乙女的婚姻关系
    D. 甲赠送其 18 岁侄女乙一台电脑

2. 用益物权一般包括(　　)。
    A. 土地承包经营权　　　　　　B. 建设用地使用权
    C. 宅基地使用权　　　　　　　D. 海域使用权

3. 下列现象中，属于民事法律行为的有(　　)。
    A. 甲被宣告死亡　　　　　　　B. 乙参加朋友的婚礼
    C. 丙抛弃旧的电脑　　　　　　D. 丁参加当地人大代表的选举

4. 下列关于用益物权的判断，正确的是(　　)。
    A. 用益物权属于定限物权
    B. 用益物权属于他物权
    C. 用益物权具有物上代位性
    D. 用益物权以支配物的使用价值为内容

5. 承担侵权责任的方式包括(　　)。
    A. 停止侵害　　　　　　　　　B. 排除妨碍
    C. 消除危险　　　　　　　　　D. 返还财产

第六章

综合类习题

第一节　行政处罚习题

一、判断题（10题）

1. 行政处罚的种类包括没收违法所得、没收非法财物、责令停产停业、暂扣或者吊销许可证、暂扣或者吊销执照、行政拘留、警告、罚款等。（　　）

2. 限制人身自由的行政处罚权只能由公安机关、人民检察院和人民法院行使。（　　）

3. 行政处罚的实施机关包括行政机关，被法律、法规授权组织，受行政机关委托组织。（　　）

4. 小张因违反《中华人民共和国行政处罚法》的规定被渔业执法人员查处，小张辩解了几句，渔业执法人员认为其态度恶劣，可以对其从重处罚。（　　）

5. 张某因偷捕被某渔业执法机关没收渔网，并处200元罚款。该渔业执法机关不违反行政处罚的一事不再罚的原则。（　　）

6. 行政处罚是维护国家行政管理秩序的具体行政行为，等同于惩罚犯罪的刑罚，允许以罚代刑。（　　）

7. 限制人身自由的行政处罚，可以由法律、行政法规设定。（　　）

8. 法律、行政法规对违法行为已经作出行政处罚规定，地方性法规需要作出具体规定的，必须在法律、行政法规规定的给予行政处罚的行为、种类和幅度的范围内规定。（　　）

9. 行政机关实施行政处罚没有法定依据、擅自改变行政处罚种类和幅度、违反法定程序、违法委托实施处罚，可以对直接负责的主管人员和其他直接责任人员依法给予行政处分。（　　）

10. 行政机关使用或者毁损扣押的财物，对当事人造成损失的，应当依法予以赔偿，对直接负责的主管人员和其他直接责任人员依法给予行政处分。（　　）

二、单项选择题（10题）

1. 公民、法人或者其他组织的行为，只有法律、法规或者规章明文规定应予行政处罚的才受处罚，否则不受处罚。这属于《行政处罚法》规定的行政处罚原则中的( )。

    A. 处罚法定原则   B. 处罚公正、公开原则

    C. 处罚与教育相结合原则   D. 正当程序原则

2. 以下不属于行政处罚的是( )。

    A. 警告   B. 罚款

    C. 罚金   D. 没收违法所得、没收非法财物

3. 限制人身自由的行政处罚，只能由( )设定。

    A. 法律   B. 法律或行政法规

    C. 地方性法规   D. 部门规章

4. 行政法规可以设定除( )以外的行政处罚。

    A. 罚款   B. 限制人身自由

    C. 没收非法财物   D. 吊销证照

5. 王某非法捕鱼被渔业执法机关查处，对其作出没收非法捕获物，并罚款1 000元的处罚决定。渔业执法机关的上述处罚决定( )。

    A. 是错误的，只能实施没收非法捕获物的处罚

    B. 是错误的，只能实施罚款1 000元的处罚

    C. 是错误的，只能在没收与罚款中选择一种实施处罚

    D. 是正确的，不违反一事不再罚的原则

6. 渔民张某因在禁渔期非法捕鱼被渔业执法机关作出如下处罚：①吊销捕捞许可证；②没收销售非法捕捞所得；③罚款10万元；④扣押渔船。上述决定中不属于行政处罚的是( )。

    A. 吊销捕捞许可证   B. 没收销售非法捕捞所得

    C. 罚款10万元   D. 扣押渔船

7. 下列可以设定行政处罚的是( )。

    A. 山东省交通运输厅文件   B. 青岛市公安局文件

    C. 农业部规章   D. 县政府文件

8. 根据《中华人民共和国行政处罚法》的规定，( )对该受委托组织行为的后果承担法律责任。

    A. 委托的行政机关

    B. 接受委托的事业单位

    C. 委托的行政机关和接受委托的事业单位共同

    D. 制定规章的人民政府

9. 受委托实施行政处罚的组织必须符合的条件为( )。

    A. 依法成立的管理公共事务的事业组织

  B. 具有熟悉有关法律、法规、规章和业务的工作人员

  C. 对违法行为需要进行技术检查或者技术鉴定的，应当有条件组织进行相应的技术检查或者技术鉴定

  D. 以上三项都是

10. 下列说法错误的是（ ）。

  A. 行政机关对当事人进行处罚不使用罚款、没收财产单据或者使用非法定部门制发的罚款、没收财物单据的，当事人有权拒绝处罚，并有权予以检举

  B. 上级行政机关或者有关部门对使用的非法单据予以收缴销毁，对直接负责的主管人员和其他直接责任人员依法给予行政处分

  C. 行政机关将罚款、没收的违法所得或者财物截留、私分或者变相私分的，由国务院或者有关部门予以追缴，对直接负责的主管人员和其他直接责任人员依法给予行政处分

  D. 行政机关违法实行检查措施或者执行措施，给公民人身或者财产造成损害、给法人或者其他组织造成损失的，应当依法予以赔偿，对直接负责的主管人员和其他直接责任人员依法给予行政处分

三、多项选择题（9题）

1. 下列属于行政处罚的是（ ）。

  A. 警告   B. 罚金   C. 收容教育 D. 责令停产停业

2. 下列规范性文件中不能设定行政处罚的是（ ）。

  A. 河北省交通运输厅文件   B. 北京市公安局文件

  C. 农业部规章   D. 安徽省公安厅厅长令

3. 法律对违法行为已经作出行政处罚规定，行政法规需要作出具体规定的，必须在法律规定的给予行政处罚的（ ）和幅度的范围内规定。

  A. 行为   B. 种类   C. 方法   D. 情节

4. 行政处罚可以由（ ）实施。

  A. 行政机关   B. 法律授权的组织

  C. 法院   D. 受行政机关依法委托的组织

5. 尚未制定法律、行政法规的，地方性规章对违反行政管理秩序的行为，可以设定（ ）的行政处罚。

  A. 警告   B. 一定数量罚款

  C. 责令停产停业   D. 行政拘留

6. 渔业执法机关委托符合法律规定的事业单位行使行政处罚权，该事业单位作出行政处罚决定的后果不应承担法律责任的是（ ）。

    A. 渔业执法机关　　　　　　B. 该事业单位

    C. 该事业单位工作人员　　　D. 该事业单位负责人

7. 行政机关实施行政处罚，有下列（　　）情形的，可以对直接负责的主管人员和其他直接责任人员依法给予处分。

    A. 没有法定的行政处罚依据的

    B. 违反法定的行政处罚程序的

    C. 擅自改变行政处罚的种类和幅度的

    D. 将行政处罚权委托给个人的

8. 下列说法正确的是（　　）。

    A. 对管辖发生争议的，报请共同的上一级行政机关指定管辖

    B. 对当事人的同一违法行为，不得给予两次以上罚款的行政处罚

    C. 不满十四周岁的人有违法行为的，不予行政处罚，责令监护人加以管教

    D. 已满十四周岁不满十八周岁的人有违法行为的，从轻或者减轻行政处罚

9. 渔民李某系精神病人，在其发病期间向海里倾倒大量垃圾，针对李某的行为，渔业执法机关的下列哪些做法是正确的？（　　）

    A. 罚款　　　　　　　　　　B. 行政拘留

    C. 不予行政处罚　　　　　　D. 责令监护人严加看管

第二节　行政强制习题

一、判断题（10 题）

1. 行政强制措施权，可依法委托给有条件的组织实施。（　　）

2. 行政强制措施由法律设定。法律、法规以外的其他规范性文件不得设定行政强制措施。（　　）

3. 行政法规不可以设定冻结存款、汇款行政强制措施。（　　）

4. 所有的渔业执法机关都有行政强制执行权。（　　）

5. 渔业执法人员为了实际办案需要，特殊情况下可以扣押涉案人员个人及其所扶养家属的生活必需品。（　　）

6. 在办理行政案件中，查封、扣押的期间不包括检测、检验、检疫或者技术鉴定的期间。（　　）

7. 查封扣押的一般期限是 30 日；情况复杂，经行政机关负责人批准延长，延长期限一律不得超过 60 日。（　　）

8. 法律对行政强制措施的对象、条件、种类作了规定的，行政法规、地

方性法规可以作出扩大规定。（　　）

9. 对查封、扣押的场所、设施或者财物，行政机关应当妥善保管，必要时可以使用。（　　）

10. 行政机关变卖查封、扣押物时变卖价格明显低于市场价格，给当事人造成损失的，应当给予赔偿。（　　）

二、单项选择题（10 题）

1. 下列实施查封、扣押的做法，符合《中华人民共和国行政强制法》规定的是（　　）。

　　A. 甲机关派出一名执法人员实施查封、扣押

　　B. 乙机关执法人员制作并当场交付了查封、扣押决定书和清单

　　C. 丙机关执法人员拒绝听取当事人的陈述和申辩

　　D. 丁机关执法人员事后补做了现场笔录

2. 因查封、扣押发生的保管费用由（　　）承担。

　　A. 行政机关

　　B. 管理相对人

　　C. 如确认管理相对人违法的，由管理相对人

　　D. 行政机关和管理相对人共同

3. 下列做法不符合《中华人民共和国行政强制法》规定的是（　　）。

　　A. 甲机关执法队员在实施行政强制措施前向行政机关负责人报告并经负责人批准

　　B. 乙机关在实施行政强制措施时派出了三名执法队员

　　C. 丙机关执法队员在实施行政强制措施时经要求出示了执法身份证件

　　D. 丁机关执法人员在实施行政强制措施时未通知当事人到场

4. 张某因为违法行为被渔业执法人员作出以下处理：①查封不符合安全标准的货物 2 000 箱；②没收违法所得 2 万元；③罚款 1 万元。上述规定中属于行政强制措施的是（　　）。

　　A. 查封不符合安全标准的货物 2 000 箱

　　B. 罚款 1 万元

　　C. 追究公司法定代表人责任

　　D. 无行政强制措施

5. 某省欲制定一项地方性法规，对行政强制措施进行规范。该法规可以创设的是（　　）。

　　A. 冻结存款、汇款　　　　　　　B. 限制公民人身自由

　　C. 查封　　　　　　　　　　　　D. 加处滞纳金

6. 以下不可以设定行政强制措施的是（　　）。

    A. 法律　　　　　　　　　　　B. 行政法规

    C. 地方性法规　　　　　　　　D. 规章

7. 行政机关实施下列查封、扣押，符合《中华人民共和国行政强制法》规定的是（　　）。

    A. 甲机关委托一个社会组织实施查封、扣押

    B. 乙机关执法人员制作并当场交付了查封、扣押决定书和清单

    C. 丙机关查封、扣押物品时间长达 61 日

    D. 丁机关执法人员未通知当事人到场

8. 情况紧急，需要当场实施限制公民人身自由以外的行政强制措施的，行政执法人员应当在（　　）内向行政机关负责人报告，并补办批准手续。

    A. 6 小时　　　　B. 12 小时　　　　C. 24 小时　　　　D. 48 小时

9. 以下表述错误的是（　　）。

    A. 对查封、扣押的场所、设施或者财物，行政机关应当妥善保管，不得使用或者损毁；造成损失的，应当承担赔偿责任

    B. 对查封的场所、设施或者财物，行政机关可以委托第三人保管

    C. 因第三人的原因造成的损失，有权直接向第三人追偿

    D. 因查封、扣押发生的保管费用由行政机关承担

10. 《中华人民共和国行政强制法》中有关查封、扣押的解除规定，下列说法错误的是（　　）。

    A. 当事人没有违法行为时，行政机关应当及时作出解除查封、扣押决定

    B. 解除查封、扣押应当立即退还财物

    C. 已将鲜活物品或者其他不易保管的财物拍卖或者变卖的，退还拍卖或者变卖所得款项

    D. 变卖价格明显低于市场价格，给当事人造成损失的，应当给予赔偿

三、多项选择题（10 题）

1. 查封、扣押决定书应当载明（　　）。

    A. 当事人的姓名或者名称、地址

    B. 查封、扣押的理由、依据和期限

    C. 查封、扣押场所、设施或者财物的名称、数量等

    D. 请行政复议或者提起行政诉讼的途径和期限

2. 按照《中华人民共和国行政强制法》规定，下列属于不得查封、扣押

的有（　　）。

  A. 公民个人的生活必需品

  B. 公民所扶养家属的生活必需品

  C. 已被其他国家机关依法查封的财物

  D. 与违法行为无关的场所、设施或者财物

3. 行政法规可以设定的行政强制措施有（　　）。

  A. 限制公民人身自由   B. 查封场所、设施或者财物

  C. 扣押财物   D. 冻结存款、汇款

4. 下列行政机关实施行政强制措施的情形中，未遵守程序规定的有（　　）。

  A. 甲在实施行政强制措施时没有当场告知当事人采取行政强制措施的理由、依据以及当事人依法享有的权利、救济途径，后以书面形式补充告知

  B. 乙在实施行政强制措施时拒绝听取当事人的陈述和申辩

  C. 丙在实施行政强制措施时没有制作现场笔录或者其他可代替现场笔录的文书材料

  D. 丁在实施行政强制措施时当事人拒绝在现场笔录上签名，民警在笔录中予以注明

5. 关于行政机关实施的下列行政强制措施，符合法律规定的有（　　）。

  A. 甲机关执法人员在实施行政强制措施前向行政机关负责人报告并经负责人批准

  B. 乙机关在实施行政强制措施时派出了 3 名执法人员

  C. 丙机关执法人员在实施行政强制措施时未出示执法身份证件

  D. 丁机关执法人员在实施行政强制措施时未通知当事人到场

6. 关于《中华人民共和国行政强制法》中查封、扣押期限的规定，下列说法正确的有（　　）。

  A. 查封、扣押的期限一般不得超过 30 日

  B. 经批准延长后，可以延长至 60 日

  C. 经批准延长后，可以延长至 90 日

  D. 查封、扣押的期限为 30 日，可以延长 60 日

7. 根据《中华人民共和国行政强制法》的规定，下列说法正确的是（　　）。

  A. 尚未制定法律，且属于国务院行政管理职权事项的，行政法规可以设定除限制公民人身自由、冻结存款、汇款和应当由法律规定的行政强制措施以外的其他行政强制措施

B. 尚未制定法律、行政法规，且属于地方性事务的，地方性法规可以设定查封场所、设施或者财物以及扣押财物的行政强制措施

C. 法律、法规以外的其他规范性文件不得设定行政强制措施

D. 法律对行政强制措施的对象、条件、种类作了规定的，行政法规、地方性法规可以作出扩大规定

8. 根据《中华人民共和国行政强制法》的规定，关于查封、扣押的内容，以下正确的是(　　)。

A. 因查封、扣押发生的保管费用由当事人承担

B. 解除查封、扣押应当立即退还财物

C. 解除查封、扣押时，已将鲜活物品或者其他不易保管的财物拍卖或者变卖的，退还拍卖或者变卖所得款项

D. 变卖价格明显低于市场价格，给当事人造成损失的，应当给予补偿

9. 根据《中华人民共和国行政强制法》的规定，下列说法正确的是(　　)。

A. 违法行为情节显著轻微或者没有明显社会危害的，可以不采取行政强制措施

B. 行政强制措施由法律、法规规定的行政机关在法定职权范围内实施

C. 行政强制措施权可以委托

D. 行政强制措施应当由行政机关具备资格的行政执法人员实施，其他人员不得实施

10. 根据《中华人民共和国行政强制法》的规定，关于冻结的内容，以下正确的是(　　)。

A. 只有法律才能规定冻结权的实施主体

B. 个人有权冻结存款、汇款

C. 冻结存款、汇款的数额应当与违法行为涉及的金额相当

D. 允许重复冻结

第三节　行政许可习题

一、判断题（10题）

1. 行政许可是行政机关依照法定职权对社会实施的外部管理行为。(　　)

2. 行政机关对其他机关人事、财务、外事等事项的审批不属于行政许可的范围。(　　)

3. 公民、法人或者其他组织对行政机关实施的行政许可，只能依法申请

行政复议，不能提起行政诉讼。（　　　）

4. 行政机关依法撤回已经生效的行政许可，由此给被许可人造成损失的，行政机关应当依法给予补偿。（　　　）

5. 法律、法规授权组织对外不能以自己的名义实施行政许可，同时也不能独立承担法律责任。（　　　）

6. 行政机关在其法定职权范围内，依照法律、法规、规章的规定，可以委托其他行政机关实施行政许可。（　　　）

7. 行政机关对行政许可申请进行审查时，发现行政许可事项直接关系他人重大利益的，可以不告知该利害关系人。（　　　）

8. 有关行政许可的规定未经公布，不能成为实施行政许可的依据。（　　　）

9. 行政机关应当根据被许可人的申请，在该行政许可有效期届满前作出是否准予延续的决定；逾期未作决定的，视为准予延续。（　　　）

10. 被许可人以欺骗、贿赂等手段取得许可的，应当予以撤销。（　　　）

二、单项选择题（10题）

1. 公民、法人或者其他组织依法取得的行政许可受法律保护，行政机关不得擅自改变已经生效的行政许可。这体现了（　　　）。

　　A. 公平原则　　　　　　　　　B. 公开原则

　　C. 信赖保护原则　　　　　　　D. 便民原则

2. 行政许可由（　　　）在其法定职权范围内实施。

　　A. 设立行政许可的机关

　　B. 具有行政许可权的行政机关

　　C. 具有行政管理权的行政机关

　　D. 具有行政许可权的行政机关的内部机构

3. 关于行政许可实施机关，正确的说法是（　　　）。

　　A. 凡是国家行政机关都可以对公民、法人或者其他组织实施行政许可

　　B. 行政机关具有的行政许可权应当在其法定职权范围内实施

　　C. 受委托的组织以委托行政机关的名义行使实施行政许可，也可以再委托其他组织实施行政许可

　　D. 行政机关可以将自己的行政许可权委托给具有管理公共事务职能的组织行使

4. 法律、法规授权的具有管理公共事务职能的组织，在法定授权范围内，以（　　　）的名义实施行政许可。

　　A. 自己　　　　　　　　　　　B. 授权机关

C. 特定行政机关   D. 委托行政机关

5. 企业或者其他组织的设立等需要确定主体资格的，申请人提交的申请材料齐全、符合法定形式的，行政机关应当当场（   ）。

     A. 予以登记   B. 进行解释

     C. 通报消息   D. 登记在案

6. 行政机关作出准予行政许可的决定，应当自作出决定之日起（   ）日内向申请人颁发、送达行政许可证件，或者加贴标签、加盖检验、检测、检疫印章。

     A. 5   B. 10   C. 15   D. 20

7. （   ）规定实施行政许可应当听证的事项，或者行政机关认为需要听证的其他涉及公共利益的重大行政许可事项，行政机关应当向社会公告，并举行听证。

     A. 法律、法规、规章   B. 法律、法规

     C. 法律、行政法规   D. 法律

8. 被许可人以欺骗、贿赂等不正当手段取得的行政许可属于直接关系公共安全、人身健康、生命财产安全事项的，申请人在（   ）内不得再次申请该行政许可。

     A. 6 个月   B. 5 年   C. 1 年   D. 3 年

9. 以下说法正确的是（   ）。

     A. 不论是"可以撤销"，还是"应当撤销"的情形，当撤销许可可能对公共利益造成重大损害的，不得撤销

     B. 被许可人的合法权益因撤销行政许可受到损害的，行政机关应当依法给予补偿

     C. 行政机关应当根据被许可人的申请，在该行政许可有效期届满前作出是否准予延续的决定；逾期未作决定的，视为拒绝延续

     D. 被许可人需要延续依法取得的行政许可的有效期的，应当在该行政许可有效期届满 15 日前向作出行政许可决定的行政机关提出申请

10. 依法需要听证、招标、拍卖、检验、检测、检疫、鉴定和专家评审的，所需时间不计算在规定的期限内，但行政机关应将所需时间以（   ）形式告知申请人。

     A. 口头   B. 书面   C. 电子邮件   D. 电话

三、多项选择题（10 题）

1. 行政许可的实施机关包括（   ）。

     A. 具有行政许可权的行政机关

B. 行政机关依照法律、法规、规章的规定所委托的具有管理公共事务职能的组织

C. 法律法规授权的具有管理公共事务职能的组织

D. 行政机关依照法律、法规、规章的规定所委托的其他行政机关

2. 依法取得的行政许可，除（　　）规定依照法定条件和程序可以转让的外，不得转让。

　　A. 法律　　　　　　　　　　　B. 行政法规

　　C. 地方性法规　　　　　　　　D. 省级政府规章

3. 行政许可的实施和结果，除涉及（　　）的外，应当公开。

　　A. 国家秘密　　B. 商业秘密　　C. 个人隐私　　D. 国家利益

4. 下列关于委托实施行政许可的说法中，正确的有（　　）。

　　A. 受委托行政机关在委托范围内，以自己的名义实施行政许可

　　B. 受委托行政机关在委托范围内，以委托行政机关的名义实施行政许可

　　C. 委托方是行政机关，受委托一方可以是行政机关以外的其他组织

　　D. 委托方和受托方必须都是行政机关。

5. 实施行政许可应遵循公开原则，具体包括（　　）。

　　A. 实施主体公开　　　　　　　B. 实施期限公开

　　C. 实施程序公开　　　　　　　D. 许可决定公开

6. 下列哪些制度属于行政许可可以撤销的情形（　　）。

　　A. 行政机关工作人员滥用职权、玩忽职守作出准予行政许可决定的

　　B. 超越法定职权作出准予行政许可决定的

　　C. 违反法定程序作出准予行政许可决定的

　　D. 被许可人以欺骗、贿赂等手段取得许可的

7. 国务院实施行政许可的程序，适用有关（　　）的规定。

　　A. 法律　　　　　　　　　　　B. 行政法规

　　C. 规章　　　　　　　　　　　D. 地方性法规

8. 在哪些情况下，行政许可应当注销（　　）。

　　A. 行政许可有效期届满未延续的

　　B. 赋予公民特定资格的行政许可，该公民死亡或者丧失行为能力的

　　C. 对不具备申请资格或者不符合法定条件的申请人准予行政许可的

　　D. 行政许可依法被撤销、撤回，或者行政许可证件依法被吊销的

9. 以下情形，依法需要（　　）的，行政许可所需时间不计算在规定的期限内。

　　A. 专家评审　　　B. 拍卖　　　　C. 检验　　　　D. 检疫

10. 下列说法正确的有（　　）。

  A. 行政机关按照招标、拍卖程序确定中标人、买受人后，可以作出准予行政许可的决定

  B. 有数量限制的行政许可，两个或者两个以上申请人的申请均符合法定条件、标准的，行政机关应当根据受理行政许可申请的先后顺序作出准予行政许可的决定。

  C. 行政机关需要对申请材料的实质内容进行核实的，行政机关指派两名以上工作人员进行核查。

  D. 被许可人要求变更行政许可事项的，应当向作出行政许可决定的行政机关提出申请；符合法定条件、标准的，行政机关应当依法办理变更手续。

第四节　行政复议习题

一、判断题（5 题）

1. 渔业行政主管部门对渔民之间的纠纷进行调解，一方反悔后可对调解协议申请行政复议。（　　）

2. 渔民认为渔业行政主管部门侵犯其合法的经营自主权的，可以申请行政复议。（　　）

3. 渔民向渔业行政主管部门申请依法发放抚恤金、社会保险金或者最低生活保障费，行政机关没有依法发放的，可以申请行政复议或者直接向人民法院起诉。（　　）

4. 渔民向渔业行政主管部门申请履行保护其人身权利的法定职责，该行政机关没有依法履行，渔民不能提起行政复议。（　　）

5. 对两个或者两个以上行政机关以共同的名义作出的具体行政行为不服的，向其共同上一级行政机关申请行政复议。（　　）

二、单项选择题（5 题）

1. 某市海洋与渔业局和市工商局在一次水产品市场联合执法检查中，对个体户李某非法售卖的水产品予以没收，3 日后以共同名义对李某作出罚款 1 万元的行政处罚决定。李某若对罚款 1 万元的行政处罚决定不服，应向（　　）申请复议。

  A. 该市海洋与渔业局　　　　　　B. 该市工商局

  C. 该市人民政府　　　　　　　　D. 该市所在省的省海洋与渔业厅

2. 对行政机关作出的（　　）不服，不可以申请行政复议。

 A. 行政处罚   B. 行政强制措施

 C. 行政处分   D. 行政许可

3. 某市渔业局发布文件，规定对该市所有渔船征收1 000元的年检费，渔民张某认为这属于乱收费，欲提起复议申请。下列选项中错误的是（　　　）。

 A. 徐某可以直接对该征收行为提起行政复议

 B. 徐某可以直接针对该规范性文件要求行政复议

 C. 徐某可以在申请复议征收行为时要求审查该规范性文件

 D. 徐某无须经过复议，可以直接向人民法院提起行政诉讼

4. 对（　　　）的具体行政行为不服，只能向其上级行政机关申请行政复议。

 A. 地税行政机关   B. 金融行政机关

 C. 教育行政机关   D. 渔业行政主管部门

5. 公民、法人或者其他组织认为行政机关的具体行政行为所依据的（　　　）不合法，在对具体行政行为申请行政复议时，可以一并向行政复议机关提出审查申请。

 A. 国务院部门的规定   B. 行政法规

 C. 地方性法规   D. 法律

三、多项选择题（5题）

1. 行政复议，是指（　　　）认为具体行政行为侵犯其合法权益，依法向特定行政机关提出申请，由受理申请的行政机关对原具体行政行为依法进行审查并作出复议决定的活动。

 A. 公民   B. 国家机关   C. 法人   D. 其他组织

2. 行政相对人认为行政机关的具体行政行为所依据的（　　　）不合法，在对具体行政行为申请行政复议时，可以一并提出审查申请。

 A. 国务院部委规章

 B. 国务院部门的规定

 C. 县级以上地方各级人民政府及其工作部门的规定

 D. 乡、镇人民政府的规定

3. 对下列渔业行政主管部门的行为不可以申请行政复议的是（　　　）。

 A. 渔业行政主管部门对渔民张某和刘某之间的民事纠纷作出的调解

 B. 渔业行政主管部门将执法人员小张调离执法岗位

 C. 渔业行政主管部门扣押了渔民王某的渔船

 D. 渔业行政主管部门制定了渔业管理工作规范

4. 一般情况下，行政复议案件以上一级行政机关管辖为原则，但对于（　　　）申请复议的案件，则由原行政机关管辖。

A. 国务院部门所作决定

B. 上一级没有相应主管部门的机关所作决定

C. 省级人民政府所作决定

D. 经上级行政机关批准的决定

5. 渔民张某对某县渔业行政主管部门所作出的渔业行政处罚决定不服，申请复议，请问复议机关是（　　　　）。

A. 该县渔业行政主管部门

B. 该县所在市的市级渔业行政主管部门

C. 该县人民政府

D. 该县渔业行政主管部门中具体的执法人员

第五节　行政诉讼习题

一、判断题（10 题）

1. 行政诉讼法所称行政行为，包括法律、法规、规章授权的组织作出的行政行为。（　　　）

2. 人民法院依法对行政案件独立行使审判权，不受行政机关、社会团体和个人的干涉。（　　　）

3. 对限制人身自由或者对财产的查封、扣押、冻结等行政强制措施和行政强制执行不服的，可以提起行政诉讼。（　　　）

4. 人民法院公开审理行政案件，对涉及商业秘密的案件，当事人申请不公开审理的，可以不公开审理。（　　　）

5. 诉讼期间，不停止行政行为的执行。当事人对停止执行或者不停止执行的裁定不服的，可以申请复议一次。（　　　）

6. 立案后，当事人住所地改变或者追加的被告人不在管辖范围的，应当变更人民法院。（　　　）

7. 原告可以提供证明被诉具体行政行为违法的证据。原告提供的证据不成立的，免除被告对被诉具体行政行为合法性的举证责任。（　　　）

8. 被告不提供或者无正当理由逾期提供证据，视为没有相应证据。但是，被诉行政行为涉及第三人合法权益，第三人提供证据的除外。（　　　）

9. 法院发回重审或者按照第一审程序再审的案件，当事人提出管辖异议的不予审查。（　　　）

10. 公民、法人或者其他组织在对行政行为提起诉讼时一并请求对所依据的规范性文件审查的，由行政行为案件管辖法院一并审查。（　　　）

二、单项选择题（10题）

1. （　　）对作出的行政行为负有举证责任，应当提供作出该行政行为的证据和所依据的规范性文件。
　　A. 原告　　　　　B. 被告　　　　　C. 第三人　　　D. 行政机关

2. 根据《中华人民共和国行政诉讼法》的规定，下列情形不属于法院受理范围的是（　　）。
　　　A. 张某符合法定条件申请颁发许可证或营业执照，但行政机关拒绝颁发或不予答复
　　　B. 李某认为工商管理局对其违章经营的罚款决定有误
　　　C. 王某认为行政机关违法征收其土地，对征收决定不服的
　　　D. 赵某认为单位免除自己行政职务的处罚决定不合理

3. 下列案件，不可以适用调解的有（　　）。
　　　A. 行政赔偿
　　　B. 行政补偿
　　　C. 行政复议
　　　D. 行政机关行使法律、法规规定的自由裁量权的案件

4. 下列属于我国行政诉讼法特有原则的是（　　）。
　　　A. 人民法院依法独立行使审判权
　　　B. 当事人诉讼法律地位平等
　　　C. 谁主张谁举证
　　　D. 对具体行政行为合法性审查

5. 下列哪种文件不属于法院对规范性文件的附带审查的范围（　　）。
　　　A. 省政府制定的规范性文件　　　B. 市政府制定的规范性文件
　　　C. 县政府制定的规范性文件　　　D. 国务院制定的规范性文件

6. 对行政机关基于同一事实，既采取限制公民人身自由的行政强制措施，又采取其他行政强制措施或者行政处罚不服的，由（　　）管辖。
　　　A. 被限制人身自由地人民法院
　　　B. 具体行政行为发生地人民法院
　　　C. 被告所在地和原告所在地的人民法院共同
　　　D. 被告所在地或者原告所在地的人民法院

7. 渔业行政机关作出行政行为时，未告知公民、法人或者其他组织起诉期限的，起诉期限从公民、法人或者其他组织知道或者应当知道起诉期限之日起计算，但从知道或者应当知道行政行为内容之日起最长不得超过（　　）。
　　　A. 六个月　　　B. 一年　　　　C. 两年　　　　D. 五年

8. 公民、法人或者其他组织向复议机关申请行政复议后，复议机关作出维持决定的，应当以（　　）被告，并以复议决定送达时间确定起诉期限。

    A. 复议机关

    B. 原行为机关

    C. 复议机关和原行为机关为共同

    D. 复议机关或者原行为机关

9. 渔业行政机关在行政程序中采用的鉴定结论，应当载明委托人和委托鉴定的事项、向鉴定部门提交的相关材料、鉴定的依据和使用的科学技术手段、鉴定部门和鉴定人鉴定资格的说明，并应有（　　）。

    A. 鉴定人的签名　　　　　　B. 鉴定部门的盖章

    C. 鉴定部门负责人的签名　　D. 鉴定人的签名和鉴定部门的盖章

10. 下列证据不能作为认定被诉具体行政行为合法的依据的是（　　）。

    A. 渔业行政机关在作出具体行政行为前自行收集的证据

    B. 第三人在诉讼程序中提供的、被告在行政程序中作为具体行政行为依据的证据

    C. 渔业行政机关在行政程序中非法剥夺公民、法人或者其他组织依法享有的陈述、申辩或者听证权利所采用的证据

    D. 原告在诉讼程序中提供的、被告在行政程序中作为具体行政行为依据的证据

三、多项选择题（10 题）

1. 人民法院不受理公民、法人或者其他组织对下列哪些事项提起的诉讼？（　　）

    A. 国防、外交等国家行为

    B. 行政法规、规章或者行政机关制定、发布的具有普遍约束力的决定、命令

    C. 行政机关对行政机关工作人员的奖惩、任免等决定

    D. 法律规定由行政机关最终裁决的行政行为

2. 被告对作出的行政行为负有举证责任，应当提供（　　）。

    A. 作出该行政行为的证据　　B. 所依据的规范性文件

    C. 所依据的法律法规　　　　D. 所依据的行政规章

3. 提起诉讼应当符合下列哪些条件？（　　）

    A. 原告是符合《中华人民共和国行政诉讼法》第二十五条规定的公民、法人或者其他组织

    B. 有明确的被告

C. 有具体的诉讼请求和事实根据

D. 属于人民法院受案范围和受诉人民法院管辖

4. 人民法院公开审理行政案件，但是涉及（　　）和法律另有规定的除外。

A. 国家秘密 　　　　　　　　B. 个人隐私

C. 商业秘密 　　　　　　　　D. 单位秘密

5. 下列选项中，法庭可以直接认定的是（　　）。

A. 众所周知的事实 　　　　　B. 自然规律及定理

C. 按照法律规定推定的事实 　D. 已经依法证明的事实

6. 下列行为不属于人民法院行政诉讼受案范围的是（　　）。

A. 渔业行政机关作出的不产生外部法律效力的行为

B. 渔业行政机关针对信访事项作出的登记、受理、交办等行为

C. 渔业行政处罚行为

D. 渔业行政指导行为

7. 下列情形中属于行政诉讼法规定的"重大且明显违法"的是（　　）。

A. 行政行为实施主体不具有行政主体资格

B. 减损权利的行政行为没有法律规范依据

C. 增加义务的行政行为没有法律规范依据

D. 行政行为的内容客观上不可能实施

8. 在行政诉讼中，关于财产保全，下列说法正确的有（　　）。

A. 可依申请或职权提出

B. 法院接受申请后对情况紧急的，必须在 24 小时内作出裁定

C. 可责令申请人提供担保，不提供的，裁定驳回申请

D. 情况紧急的，可以申请诉前保全，应当提供担保

9. 法庭应当根据案件的具体情况，从以下哪些方面审查证据的真实性？（　　）

A. 证据形成的原因

B. 发现证据时的客观环境

C. 提供证据的人或者证人与当事人是否具有利害关系

D. 证据的取得是否符合法律、法规、司法解释和规章的要求

10. 下列情形中属于行政诉讼法规定的"以非法手段取得的证据"的是（　　）。

A. 严重违反法定程序收集的证据材料

B. 以违反法律强制性规定的手段获取且侵害他人合法权益的证据材料

C. 以利诱、欺诈等手段获取的证据材料

D. 以胁迫、暴力等手段获取的证据材料

第六节　国家赔偿习题

一、判断题（5 题）

1. 国家机关和国家机关工作人员行使职权，侵犯公民、法人和其他组织的合法权益造成损害的，受害人有依法取得国家赔偿的权利。（　　）

2. 行政机关及其工作人员行使行政职权侵犯公民、法人和其他组织的合法权益造成损害的，该行政机关为赔偿义务机关。（　　）

3. 经复议机关复议的，最初造成侵权行为的行政机关为赔偿义务机关，但复议机关的复议决定加重损害的，仅复议机关为赔偿义务机关。（　　）

4. 要求赔偿应当递交申请书。赔偿请求人书写申请书确有困难的，可以委托他人代书；也可以口头申请，由赔偿义务机关记入笔录。（　　）

5. 两个以上行政机关共同行使行政职权时侵犯公民、法人和其他组织的合法权益造成损害的，共同行使行政职权的行政机关为共同赔偿义务机关。（　　）

二、单项选择题（5 题）

1. 行政机关及其工作人员在行使职权时有（　　）侵犯人身权情形的，受害人无权取得赔偿。

  A. 违法拘留　　　　　　　　B. 违法强制戒毒

  C. 非法拘禁　　　　　　　　D. 违法取保候审

2. 两个以上行政机关共同行使行政职权时，侵犯公民、法人和其他组织的合法权益造成损害的，（　　）的行政机关为共同赔偿义务机关。

  A. 侵犯权益较重　　　　　　B. 任意一个

  C. 共同行使行政职权　　　　D. 首先行使权力

3. 赔偿请求人要求赔偿，应当先向（　　）提出。

  A. 赔偿义务机关　　　　　　B. 人民法院赔偿委员会

  C. 赔偿义务机关的上级机关　D. 违法办案部门

4. 根据《国家赔偿法》的规定，国家赔偿以（　　）为主要方式。

  A. 返还财产　　　　　　　　B. 支付赔偿金

  C. 恢复原状　　　　　　　　D. 赔礼道歉

5. 赔偿请求人受到不同损害的，（　　）。

  A. 对受到的不同损害，应当分别提出数项赔偿要求

  B. 根据受到的不同损害，可以同时提出数项赔偿要求

C. 对受到的不同损害，应当提出一个总的赔偿要求

D. 根据受到的不同损害，可以提出一个总的赔偿要求

三、多项选择题（5题）

1. 对行政机关或其工作人员的哪些行为国家不承担赔偿责任（　　）。

　　A. 行政机关工作人员与行使职权无关的个人行为

　　B. 因公民、法人和其他组织自己的行为致使损害发生的

　　C. 行政机关按照政府的行政命令采取的行为

　　D. 公民不要求追究行政机关责任的情形

2. 下列对赔偿义务机关叙述正确的是（　　）。

　　A. 两个以上行政机关共同行使行政职权时侵犯公民、法人和其他组织的合法权益造成损害的，其共同的上级行政机关为赔偿义务机关

　　B. 法律、法规授权的组织在行使授予的行政权力时侵犯公民、法人和其他组织的合法权益造成损害的，被授权的组织为赔偿义务机关

　　C. 受行政机关委托的组织或者个人，在行使受委托的行政权力时侵犯公民、法人和其他组织的合法权益造成损害的，委托的行政机关为赔偿义务机关

　　D. 赔偿义务机关被撤销的，撤销该赔偿义务机关的行政机关为赔偿义务机关

3. 行政机关的侵权行为经复议机关复议后，复议决定加重损害的，（　　）。

　　A. 复议机关对全部侵权行为履行赔偿义务

　　B. 复议机关对加重的部分履行赔偿义务

　　C. 最初造成侵权行为的行政机关对全部的侵权行为履行赔偿义务

　　D. 最初造成侵权行为的行政机关对最初的侵权行为履行赔偿义务

4. 行政机关及其工作人员在行使职权时，有（　　）等侵犯财产权情形的，受害人有权取得国家赔偿。

　　A. 违法扣押财物　　　　　　　B. 违法查封财物

　　C. 违法追缴财物　　　　　　　D. 违法为企业借款担保

5. 赔偿义务机关致人精神损害的，应当在侵权行为影响的范围内，为受害人（　　）；造成严重后果的，应当支付相应的精神损害抚慰金。

　　A. 消除影响　　　　　　　　　B. 赔偿损失

　　C. 恢复名誉　　　　　　　　　D. 赔礼道歉

第七章

专业类习题

第一节　渔业法习题

一、判断题（40题）

1. 国家对水域利用进行统一规划，确定可以用于养殖业的水域和滩涂。单位和个人使用国家规划确定用于养殖业的全民所有的水域、滩涂的，使用者应当向县级以上地方人民政府渔业行政主管部门提出申请，由本级人民政府渔业行政主管部门核发养殖证，许可其使用该水域、滩涂从事养殖生产。（　　　）

2. 在中华人民共和国的内水、滩涂、领海、专属经济区以及中华人民共和国管辖的一切其他海域从事养殖和捕捞水生动物、水生植物等渔业生产活动，都必须遵守《中华人民共和国渔业法》。（　　　）

3. 江河、湖泊等水域的渔业，按照行政区划由有关县级以上人民政府渔业行政主管部门监督管理；跨行政区域的，由有关县级以上地方人民政府协商制定管理办法，或者由上一级人民政府监督管理。（　　　）

4. 渔业行政执法人员严禁弄虚作假、滥用职权、不按规定条件和程序办理渔业管理相关证书及证件。（　　　）

5. 国家对渔业的监督管理，实行多头领导、分级管理。（　　　）

6. 渔政监督管理机构中的财务工作人员可以参与和从事渔业生产经营活动。（　　　）

7. 渔业行政主管部门或其所属的渔政监督管理机构及其工作人员可以参与和从事渔业生产经营活动。（　　　）

8. 集体所有的或者全民所有由农业集体经济组织使用的水域、滩涂，可以由个人或者集体承包，从事养殖生产。（　　　）

9. 从事养殖生产应当保护水域生态环境，科学确定养殖密度，合理投饵、施肥、使用药物，因其造成水域内必要的环境污染不违反《中华人民共和国渔业法》规定。（　　　）

10. 所有水产苗种的生产由县级以上地方人民政府渔业行政主管部门审批。（　　　）

11. 从事养殖生产可以使用轻微含有毒有害物质的饵料、饲料。（　　　）

12. 水产新品种必须经过省级以上水产原种和良种审定委员会审定，由省级以上渔业行政主管部门批准后方可推广。（　　）

13. 在县（区）范围内的江河、湖泊、滩涂等渔业水域从事捕捞作业的，由县（区）渔业行政主管部门核发捕捞许可证。（　　）

14. 国务院渔业行政主管部门和省、自治区、直辖市人民政府渔业行政主管部门应当加强对捕捞限额制度实施情况的监督检查，对超过上级下达的捕捞限额指标的，应当在其次年捕捞限额指标中予以核减。（　　）

15. 各级渔业行政主管部门在核发捕捞许可证时，应注明作业类型、场所、时限和渔具数量。（　　）

16. 捕捞许可证不得涂改、买卖，但经过审核批准后可以出租。（　　）

17. 任何单位和个人不得擅自收购、代销在禁渔期、禁渔区捕捞的和不符合起捕标准的违禁渔获物。发现违禁渔获物时，应及时报告渔政监督管理机构。（　　）

18. 在禁渔区、禁渔期可以进行拖虾捕捞作业。（　　）

19. 内陆水域的捕捞许可证，由省级以上地方人民政府渔业行政主管部门批准发放。捕捞许可证的格式，由国务院渔业行政主管部门统一制定。（　　）

20. 从国外或我国香港、澳门、台湾地区进口或以合作、合资等方式引进渔船在我国管辖水域从事捕捞作业的，除国家另有规定外，不予批准捕捞船网工具指标。（　　）

21. 县级以上地方人民政府渔业行政主管部门批准发放的捕捞许可证，应当与上级人民政府渔业行政主管部门下达的捕捞限额指标相适应。（　　）

22. 国务院渔业行政主管部门负责组织渔业资源的调查和评估，为实行捕捞限额制度提供科学依据。（　　）

23. 国家根据捕捞量低于渔业资源量的原则，确定渔业资源的总可捕捞量，实行捕捞限额制度。（　　）

24. 从事远洋捕捞业的，由经营者提出申请，经省、自治区、直辖市人民政府渔业行政主管部门审核后，报农业农村部批准。（　　）

25. 国家保护水产种质资源及其生存环境，并在具有较高经济价值和遗传育种价值的水产种质资源的主要生长繁殖区域建立水产种质资源保护区。未经国务院渔业行政主管部门批准，任何单位或者个人不得在水产种质资源保护区内从事捕捞活动。（　　）

26. 用于渔业并兼有调蓄、灌溉等功能的水体，有关主管部门应当确定渔业生产所需的最低水位线。（　　）

27. 从事休闲渔业的捕捞活动应申请休闲渔业捕捞许可证。（　　）

28. 因科学研究等特殊需要，在禁渔区、禁渔期捕捞，或者使用禁用的渔

具、捕捞方法或者捕捞重点保护的渔业资源品种，必须经国务院渔业行政主管部门批准。（ ）

29. 偷捕、抢夺他人养殖的水产品的，或者破坏他人养殖水体、养殖设施的，责令改正，可以处二万元以下的罚款。（ ）

30. 使用全民所有的水域、滩涂从事养殖生产，无正当理由使水域、滩涂荒芜满一年的，由发放养殖证的机关责令限期开发利用；逾期未开发利用的，吊销养殖证，可以并处一万元以下的罚款。（ ）

31. 制造、销售禁用渔具的，没收非法制造、销售的渔具和违法所得，可以并处一万元以下的罚款。（ ）

32. 偷捕、抢夺他人养殖的水产品的，或者破坏他人养殖水体、养殖设施的，责令改正，可以处十万元以下的罚款；造成他人损失的，依法承担赔偿责任；构成犯罪的，依法追究刑事责任。（ ）

33. 使用炸鱼、毒鱼、电鱼等破坏渔业资源方法进行捕捞的，违反关于禁渔区、禁渔期的规定进行捕捞的，或者使用禁用的渔具、捕捞方法和小于最小网目尺寸的网具进行捕捞或者渔获物中幼鱼超过规定比例的，没收渔获物和违法所得，处十五万元以下的罚款；情节严重的，没收渔具，吊销捕捞许可证；情节特别严重的，可以没收渔船；构成犯罪的，依法追究刑事责任。（ ）

34. 未依法取得捕捞许可证擅自进行捕捞的，没收渔获物和违法所得，可以并处五万元以下的罚款；情节严重的，并可以没收渔具和渔船。（ ）

35. 涂改、买卖、出租或者以其他形式转让捕捞许可证的，没收违法所得，吊销捕捞许可证，可以并处十万元以下的罚款。（ ）

36. 未经批准在水产种质资源保护区内从事捕捞活动的，责令立即停止捕捞，没收渔获物和渔具，可以并处五万元以下的罚款。（ ）

37. 未依法取得捕捞许可证擅自进行捕捞的，没收渔获物和违法所得，可以并处五万元以下的罚款。（ ）

38. 违反捕捞许可证关于作业类型、场所、时限和渔具数量的规定进行捕捞的，没收渔获物和违法所得，可以并处十万元以下的罚款；情节严重的，并可以没收渔具和渔船。（ ）

39. 渔业行政主管部门和其所属的渔政监督管理机构及其工作人员在核发许可证、分配捕捞限额有违法行为或者从事渔业生产经营活动的，或者有其他玩忽职守不履行法定义务、滥用职权、徇私舞弊行为的，依法给予行政处分；构成犯罪的，依法追究刑事责任。（ ）

40. 在海上执法时，对违反禁渔区、禁渔期的规定或者使用禁用的渔具、捕捞方法进行捕捞，以及未取得捕捞许可证进行捕捞的，事实清楚、证据充分，但是当场不能按照法定程序作出和执行行政处罚决定的，可以先暂时扣押

捕捞许可证、渔具或者渔船，回港后依法作出和执行行政处罚决定。（　　）

二、单项选择题（40题）

1. 我国对捕捞业实行船网工具控制指标管理，实行（　　）制度和捕捞限额制度。

　　A. 捕捞许可证　　　　　　　　B. 个体配额

　　C. 个体可转让配额　　　　　　D. 总可捕量

2. 渔业资源费的征收和使用，实行（　　）的原则。

　　A. 统一领导，分级管理　　　　B. 预防为主，防治结合

　　C. 取之于渔、用之于渔　　　　D. A 和 C

3. 国家对捕捞业实行船网工具控制指标管理、捕捞许可制度和（　　）。

　　A. 捕捞限额制度　　　　　　　B. 总可捕量制度

　　C. 个体配额制度　　　　　　　D. 个体可转让配额制度

4. 国家根据（　　）原则确定渔业资源的总可捕捞量，实行捕捞限额制度。

　　A. 捕捞量低于渔业资源增长量

　　B. 捕捞量等于渔业资源增长量

　　C. 捕捞量大于渔业资源增长量

　　D. 捕捞量大于等于渔业资源增长量

5. 国家对渔业生产实行的方针是（　　）。

　　A. 以养殖为主

　　B. 养殖、捕捞并重

　　C. 养殖、捕捞、加工并举

　　D. 以养殖为主，养殖、捕捞、加工并举，因地制宜，各有侧重

6. 国家鼓励充分利用适于养殖的水域、滩涂，发展养殖业的主体是（　　）。

　　A. 只有全民所有制单位

　　B. 全民所有制单位、集体所有制单位和个人

　　C. 全民所有制单位或集体所有制单位

　　D. 只有集体所有制

7. 《中华人民共和国渔业法》对从事养殖生产有明确的规定，下列说法中正确的是（　　）。

　　A. 不得使用含有毒有害物质的饵料和饲料

　　B. 饲料和饵料是否含有有毒有害物质与养殖者无关

　　C. 造成水域的环境污染与养殖者无关

　　D. 养殖密度越大越好，有利于养殖发展

8.《中华人民共和国渔业法》第十八条规定（　　）级以上人民政府渔业行政主管部门应当加强对养殖生产的技术指导和病害防治工作。

    A. 县   B. 市

    C. 省   D. 乡、镇

9.《中华人民共和国渔业法》第二十条规定：从事养殖生产应当保护水域生态环境，科学确定（　　），合理投饵、施肥、使用药物，不得造成水域的环境污染。

    A. 养殖密度   B. 养殖面积

    C. 养殖数量   D. 养殖种类

10. 国家为了保护、合理利用渔业资源，控制（　　），维护渔业生产秩序，保障渔业生产者的合法权益，根据《中华人民共和国渔业法》，制定渔业捕捞许可管理规定。

    A. 捕捞强度   B. 捕捞产量

    C. 捕捞努力量   D. 捕捞投入

11.（　　）级以上地方人民政府渔业行政主管部门及其所属的渔政监督管理机构负责本行政区域内的捕捞许可管理的组织和实施工作。

    A. 县   B. 市

    C. 省   D. 乡、镇

12. 适用于许可在特定水域、特定时间或对特定品种的捕捞作业的许可证是（　　）。

    A. 专项（特许）渔业捕捞许可证   B. 临时渔业捕捞许可证

    C. 外国渔船捕捞许可证   D. 捕捞辅助船许可证

13.（　　）级以上渔业行政主管部门及其所属的渔政渔港监督管理机构按规定的权限审批发放捕捞许可证，应明确核定许可的作业类型、场所、时限、渔具数量及规格、捕捞品种等。

    A. 县   B. 市

    C. 省   D. 乡、镇

14. 渔业捕捞许可证由（　　）规定样式并制定。

    A. 渔政渔港监督管理机构

    B. 县级以上地方政府渔业行政主管部门

    C. 省级人民政府

    D. 农业农村部

15. 使用（　　）的渔具或者捕捞方法的不得发放捕捞许可证。

    A. 破坏渔业资源   B. 被明令禁止使用

    C. 老旧低效   D. A 和 B

16. 渔业捕捞许可制度是指凡欲从事渔业捕捞生产，必须（　　）向渔业行政主管部门提出申请，经审核批准并（　　）后方能从事捕捞生产的制度。

    A. 事先，取得许可证　　　　　　　　B. 事后，取得许可证

    C. 事先，登记　　　　　　　　　　　D. 事后，登记

17. 使用（　　）渔具和捕捞方法不得发放捕捞许可证。

    A. 电鱼　　　　　　　　　　　　　　B. 毒鱼

    C. 鱼鹰捕鱼　　　　　　　　　　　　D. 以上都是

18. 渔业捕捞许可证由（　　）级以上渔业行政主管部门，按不同作业水域、作业类型、捕捞品种和渔船马力大小，实行分级审批发放。

    A. 县　　　　　　　　　　　　　　　B. 市

    C. 省　　　　　　　　　　　　　　　D. 乡、镇

19. 从事捕捞作业的单位和个人，必须按照捕捞许可证关于（　　）的规定进行作业，并遵守国家有关保护渔业资源的规定。

    A. 作业类型、场所、时限　　　　　　B. 渔具数量

    C. 捕捞限额　　　　　　　　　　　　D. 以上都是

20. 捕捞许可证可以（　　）。

    A. 买卖　　　　　　　　　　　　　　B. 出租

    C. 转让　　　　　　　　　　　　　　D. 以上都不可以

21. 在（　　）情况下必须申请换发捕捞许可证。

    A. 船名或船籍港变更　　　　　　　　B. 渔船所有人共有人之间变更

    C. 渔业捕捞许可证使用期满　　　　　D. 以上都是

22. 适用于许可在我国管辖海域捕捞作业的许可证是（　　）。

    A. 海洋渔业捕捞许可证　　　　　　　B. 公海渔业捕捞许可证

    C. 内陆渔业捕捞许可证　　　　　　　D. 以上任意一种皆可以

23. 海洋捕捞作业场所要明确核定渔区的类别和范围，其中（　　）渔区要明确核定渔区、渔场或保护区的具体名称。

    A. A类　　　　　　　　　　　　　　B. B类

    C. C类　　　　　　　　　　　　　　D. D类

24. 申请渔业捕捞许可证，申请人应当向户籍所在地、法人或非法人组织登记地县级以上人民政府渔业主管部门提出申请，并提交下列资料：（1）渔业捕捞许可证申请书；（2）船舶所有人户口簿或者营业执照；（3）渔业船舶检验证书、渔业船舶国籍证书和所有权登记证书，徒手作业的除外；（4）渔具和捕捞方法符合渔具准用目录和技术标准的说明。申请海洋渔业捕捞许可证，除提供第一款规定的资料外，还应提供：（1）（　　）；（2）首次申请和重新申请捕捞许可证的，提供渔业船网工具指标批准书；（3）申请换发捕捞许可证的，提

供原捕捞许可证。

    A. 申请人所属渔业组织出具的意见

    B. 提供渔业船网工具指标批准书复印件

    C. 提供县级以上渔业行政主管部门出具的证明

    D. 提供渔业船网工具指标批准书和提供省级以上渔业行政主管部门出具的证明

25. 进行水下爆破、勘探、施工作业，对渔业资源有严重影响的，作业单位应当事先同有关县级以上人民政府渔业行政主管部门协调，采取措施，防止或者减少对渔业资源的损害；造成渔业资源损失的，由（　　）责令赔偿。

    A. 有关县级以上人民政府　　 B. 有关县级以上人民法院

    C. 县渔政部门　　 D. 县级以上渔政主管部门

26. 进行水下（　　）作业，对渔业资源有严重影响的，作业单位应当事先同有关县级以上人民政府渔业行政主管部门协商，采取措施，防止或者减少对渔资源的损害。

    A. 爆破　　 B. 勘探

    C. 施工　　 D. 以上都是

27. 进行水下爆破、勘探、施工作业，对渔业资源有严重影响的，作业单位应当事先同有关（　　）级以上人民政府渔业行政主管部门协商，采取措施，防止或者减少对渔业资源的损害；造成渔业资源损失的，由有关（　　）级以上人民政府责令赔偿。

    A. 县、县　　 B. 市、县

    C. 省、市　　 D. 乡、镇

28. 在鱼、虾、蟹洄游通道建闸、筑坝，对渔业资源有严重影响的，（　　）应当建造过鱼设施或者采取其他补救措施。

    A. 海区渔政监督管理机构

    B. 建设单位

    C. 渔港监督机构

    D. 省级人民政府渔业行政主管部门

29. 涂改、买卖、出租或者以其他形式转让捕捞许可证的，应（　　）。

    A. 没收违法所得

    B. 吊销捕捞许可证

    C. 没收违法所得，吊销捕捞许可证，可以并处一万元以下罚款

    D. 没收违法所得，吊销捕捞许可证，可以并处五万元以下罚款

30. 未依法取得捕捞许可证擅自进行捕捞的，将受到（　　）的处罚。

    A. 没收渔获物和违法所得，并处十万元以下的罚款；情节严重的，

并可以没收渔具和渔船

    B. 没收渔获物和违法所得，并处五万元以下的罚款

    C. 没收渔获物和违法所得，情节严重的，依法移送公安机关处理

    D. 刑事拘留

31. 使用全民所有的水域、滩涂从事养殖生产，无正当理由使水域、滩涂荒芜满一年的，由发放养殖证的机关责令限期开发利用；逾期未开发利用的，吊销养殖证，可以并处（　　）万元以下的罚款。

    A. 1   B. 2

    C. 5   D. 10

32. 违反捕捞许可证关于作业类型的规定捕捞的，没收渔获物和违法所得，可以并处（　　）万元以下的罚款；情节严重的，并可以没收渔具，吊销捕捞许可证。

    A. 5   B. 8

    C. 10   D. 12

33. 非法生产、进口、出口水产苗种的，没收苗种和违法所得，并处（　　）万元以下的罚款。

    A. 1   B. 2

    C. 5   D. 10

34. 经营未经审定批准的水产苗种的，责令立即停止经营，没收违法所得，可以并处（　　）万元以下的罚款。

    A. 1   B. 2

    C. 5   D. 10

35. 外国人、外国渔船违反本法规定，擅自进入中华人民共和国管辖水域从事渔业生产和渔业资源调查活动的，责令其离开或者将其驱逐，可以没收渔获物、渔具，并处（　　）万元以下的罚款；情节严重的，可以没收渔船；构成犯罪的，依法追究刑事责任。

    A. 10   B. 20

    C. 50   D. 100

36. 偷捕、抢夺他人养殖的水产品的，或者破坏他人养殖水体、养殖设施的，责令改正，可以处（　　）万元以下的罚款；造成他人损失的，依法承担赔偿责任；构成犯罪的，依法追究刑事责任。

    A. 1   B. 2

    C. 5   D. 10

37. 可以单独使用专项（特许）渔业捕捞许可证的情形是（　　）。

    A. 因教学、科研需要   B. 因养殖需要

C. 因开展休闲渔业活动需要　　　　D. 因捕捞辅助活动需要

38. 关于渔业捕捞许可证核定的作业类型，以下表述错误的是（　　）。

A. 核定的作业类型不超过 2 种

B. 拖网、刺网不得互换且不得与其他作业类型兼作

C. 捕捞辅助船不得从事捕捞生产作业

D. 作业类型共 12 种

39. 国内海洋小型渔船捕捞许可证的作业场所应当核定在以下哪类渔区？（　　）

A. A 类

B. B 类

C. C 类

D. 因传统作业习惯需要，海洋小型渔船捕捞许可证的作业场所也可核定在海洋 B、C 类渔区

40. 在检查时不能提供渔业捕捞许可证原件，但能提供渔业捕捞许可证复印件的，（　　）。

A. 视为无证捕捞　　　　　　　　B. 视为合法捕捞

C. 应当事后提供原件核验　　　　D. 应当免于处罚

三、多项选择题（47 题）

1. 国家对渔业的监督管理，实行（　　）。

A. 统一领导　　　　　　　　　　B. 谁投资谁受益

C. 分级管理　　　　　　　　　　D. 统一规划

2. 国家鼓励充分利用适于养殖的水域、滩涂，发展养殖业的对象是（　　）。

A. 全民所有制单位　　　　　　　B. 集体所有制单位

C. 合伙　　　　　　　　　　　　D. 个人

3. 按照《中华人民共和国渔业法》的规定，发放捕捞许可证的基本条件是（　　）。

A. 具有渔业船舶检验证书

B. 具有渔业船舶登记证书

C. 符合国务院渔业行政主管部门规定的其他条件

D. 具有卫星导航

4. 根据《中华人民共和国渔业法》的规定，从事捕捞作业的单位和个人，必须按照捕捞许可证关于（　　）的规定进行作业。

A. 作业类型、场所、时限　　　　B. 捕捞品种

C. 渔具数量　　　　　　　　　　D. 捕捞限额

5. 下列情形中不得发放捕捞许可证的是(　　)。

A. 使用破坏渔业资源、被明令禁止使用的渔具或者捕捞方法的

B. 未按国家规定办理批准手续，制造、更新改造、购置或者进口捕捞渔船的

C. 未按国家规定领取渔业船舶证书、航行签证簿、职务船员证书、船舶户口簿、渔民证等证件的

D. 使用可能破坏渔业水域环境的渔具或者捕捞方式的

6. 具备下列哪些条件的，方可发给捕捞许可证(　　)。

A. 有渔业船舶检验证书　　　　　B. 有渔业船舶登记证书

C. 未按国家规定办理批准手续，制造、更新改造、购置或者进口捕捞渔船的

D. 符合国务院渔业行政主管部门规定的其他条件

7. 渔业水域生态环境的监督管理和渔业污染事故的调查处理，依照(　　)和(　　)的有关规定执行。

A.《中华人民共和国海洋环境保护法》

B.《中华人民共和国水污染防治法》

C.《中华人民共和国环境保护法》

D.《中华人民共和国水法》

8.《中华人民共和国渔业法》规定，下列违反资源增殖和保护规定应当受到行政处罚的行为是(　　)。

A. 违反关于禁渔区的规定进行捕捞的

B. 违反关于禁渔期的规定进行捕捞的

C. 使用禁用的渔具进行捕捞的

D. 使用小型渔船在外海捕捞

9.《中华人民共和国渔业法》规定，下列违反资源增殖和保护规定应当受到行政处罚的行为是(　　)。

A. 违反关于禁渔区的规定进行捕捞的

B. 电捕鱼

C. 使用小于最小网目尺寸的网具进行捕捞的

D. 违反关于禁渔期的规定进行捕捞的

10.《中华人民共和国渔业法》规定，下列违反资源增殖和保护规定应当受到行政处罚的行为是(　　)。

A. 违反关于禁渔区的规定进行捕捞的

B. 违反关于禁渔期的规定进行捕捞的

C. 捕捞的渔获物中幼鱼超过规定比例的

D. 未携带捕捞许可证

11. 违反捕捞许可证关于作业场所规定进行捕捞的，以下哪些行政处罚决定符合《中华人民共和国渔业法》的规定（　　）。

A. 没收渔获物，并处三万元罚款

B. 没收渔获物和违法所得，并处十万元罚款

C. 没收渔获物和渔具，并处三万元罚款

D. 没收渔具并吊销捕捞许可证

12. 按照《中华人民共和国渔业法》，下列行为应当受到行政处罚的是（　　）。

A. 违反捕捞许可证关于作业类型的规定进行捕捞的

B. 未取得捕捞许可证从事捕捞的

C. 违反捕捞许可证关于渔具数量的规定进行捕捞的

D. 使用两种合法渔具

13.《中华人民共和国渔业法》规定，渔业行政主管部门和其所属的渔政监督管理机构及其工作人员有哪些行为应依法予以行政处分，构成犯罪的，需依法追究刑事责任（　　）。

A. 违规核发许可证

B. 违规分配捕捞限额

C. 从事渔业生产经营活动

D. 有其他玩忽职守不履行法定义务、滥用职权、徇私舞弊的行为

14. 外国人、外国渔船违反《中华人民共和国渔业法》规定，擅自进入中华人民共和国管辖水域从事渔业生产和渔业资源调查活动的（　　）；情节严重的，可以没收渔船；构成犯罪的，依法追究刑事责任。

A. 责令其离开或者将其驱逐　　　　B. 可以没收其违法所得

C. 可以没收渔获物、渔具　　　　　D. 并处五十万元以下的罚款

15. 在海上执法时，对（　　），事实清楚、证据充分，但是当场不能按照法定程序作出和执行行政处罚决定的，可以先暂时扣押捕捞许可证、渔具或者渔船，回港后依法作出和执行行政处罚决定。

A. 违反捕捞许可证关于作业类型、场所、时限和渔具数量的规定进行捕捞的

B. 渔获物中幼鱼超过规定比例的

C. 违反禁渔区、禁渔期的规定或者使用禁用的渔具、捕捞方法进行捕捞

D. 未取得捕捞许可证进行捕捞的

16.《中华人民共和国渔业法》规定，下列违反捕捞业管理规定应当受到行政处罚的违法行为是（　　）。

　　A. 未取得捕捞许可证从事捕捞的

　　B. 违反捕捞许可证关于作业类型的规定进行捕捞的

　　C. 使用补发的捕捞许可证

　　D. 买卖、出租或以其他形式非法转让捕捞许可证的

17. 买卖、出租或以其他形式非法转让以及涂改捕捞许可证的，主管部门可对其进行（　　）处罚。

　　A. 没收违法所得　　　　　　　　B. 吊销捕捞许可证

　　C. 处以 1 万元以下罚款　　　　　D. 刑事拘留

18. 下列违法行为中，处 1 万元以下罚款的有（　　）。

　　A. 制造、销售禁用的渔具的

　　B. 偷捕、抢夺他人养殖的水产品的，或者破坏他人养殖水体、养殖设施的

　　C. 未依法取得养殖证或者超越养殖证许可范围在全民所有的水域从事养殖生产，妨碍航运、行洪的

　　D. 未依法取得捕捞许可证擅自进行捕捞的

19. 以下哪些选项属于我国渔业捕捞许可证的法定种类？（　　）

　　A. 公海渔业捕捞许可证　　　　　B. 海洋渔业捕捞许可证

　　C. 休闲渔业捕捞许可证　　　　　D. 捕捞辅助船许可证

20. 在海上执法时，对违反禁渔区、禁渔期的规定或者使用禁用的渔具、捕捞方法进行捕捞，以及未取得捕捞许可证进行捕捞的，事实清楚、证据充分，但是当场不能按照法定程序作出和执行行政处罚决定的，可以先暂时扣押（　　）或者（　　），回港后依法作出和执行行政处罚决定。

　　A. 捕捞许可证　　　　　　　　　B. 渔具

　　C. 渔船　　　　　　　　　　　　D. 捕捞所得

21. 使用炸鱼、毒鱼、电鱼等破坏渔业资源方法进行捕捞的，违反关于禁渔区、禁渔期的规定进行捕捞的，或者使用禁用的渔具、捕捞方法和小于最小网目尺寸的网具进行捕捞或者渔获物中幼鱼超过规定比例的，主管部门可对其进行（　　）处罚。

　　A. 没收渔获物和违法所得，处五万元以下的罚款

　　B. 情节严重的，没收渔具，吊销捕捞许可证

　　C. 情节特别严重的，可以没收渔船

　　D. 构成犯罪的，依法追究刑事责任

22. 制造、销售禁用的渔具的，主管部门可对其进行（　　）处罚。

A. 没收非法制造、销售的渔具　　　B. 没收违法所得

C. 处一万元以下的罚款　　　　　　D. 追究刑事责任

23. 未依法取得捕捞许可证擅自进行捕捞的，主管部门可对其进行（　　）处罚。

A. 没收渔获物和违法所得

B. 处十万元以下的罚款

C. 情节严重的，并可以没收渔具和渔船

D. 情节特别严重的，追究刑事责任

24. 下列违法行为中，处 1 万元以下罚款的有（　　）。

A. 偷捕、抢夺他人养殖的水产品的，或者破坏他人养殖水体、养殖设施的

B. 涂改、买卖、出租或者以其他形式转让捕捞许可证的

C. 未经批准在水产种质资源保护区内从事捕捞活动的

D. 外国人、外国渔船违反本法规定，擅自进入中华人民共和国管辖水域从事渔业生产和渔业资源调查活动的

25. 《中华人民共和国渔业法》规定，下列违反资源增殖和保护规定应当受到行政处罚的行为是（　　）。

A. 违反关于禁渔期的规定进行捕捞的

B. 使用禁用的渔具进行捕捞的

C. 捕捞有重要经济价值的水生动物

D. 使用两种渔具

26. 对于（　　）的情形，主管机关应没收渔获物和违法所得，处五万元以下的罚款；情节严重的，没收渔具，吊销捕捞许可证；情节特别严重的，可以没收渔船；构成犯罪的，依法追究刑事责任。

A. 违反关于禁渔区、禁渔期的规定进行捕捞的

B. 使用禁用的渔具、捕捞方法和小于最小网目尺寸的网具进行捕捞或者渔获物中幼鱼超过规定比例的

C. 使用炸鱼、毒鱼、电鱼等破坏渔业资源方法进行捕捞的

D. 偷捕、抢夺他人养殖的水产品的，或者破坏他人养殖水体、养殖设施的

27. 《中华人民共和国渔业法》规定，下列违反捕捞业管理规定应当受到行政处罚的违法行为是（　　）。

A. 未取得捕捞许可证从事捕捞的

B. 违反捕捞许可证关于作业类型的规定进行捕捞的

C. 违反捕捞许可证关于作业场所的规定进行捕捞的

D. 使用两种渔具

28. 下列关于海洋渔船的分类标准正确的是（　　）。

  A. 海洋大型渔船：船长大于或者等于 24 米

  B. 海洋大型渔船：船长大于或者等于 36 米

  C. 海洋小型渔船：船长小于 12 米

  D. 海洋小型渔船：船长小于 18 米

29. 未依法取得养殖证或者超越养殖证许可范围在全民所有的水域从事养殖生产，妨碍航运、行洪的，应处以（　　）。

  A. 责令限期拆除养殖设施   B. 可以并处一万元以下的罚款

  C. 警告   D. 查封

30. 使用全民所有的水域、滩涂从事养殖生产，无正当理由使水域、滩涂荒芜满一年的，由发放养殖证的机关责令限期开发利用；逾期未开发利用的，应处以（　　）。

  A. 吊销养殖证   B. 可以并处一万元以下的罚款

  C. 警告   D. 查封

31. 《中华人民共和国渔业法》规定，下列哪几种行为应受到行政处罚（　　）。

  A. 获准使用全民所有水域、滩涂从事养殖生产，无正当理由使水域、滩涂荒芜满一年的

  B. 在全民所有水域从事养殖生产未依法取得养殖证的

  C. 承包集体所有的水面从事养殖生产，又没有取得养殖证的

  D. 在全民所有滩涂从事养殖生产未取得养殖证的

32. 偷捕、抢夺他人养殖的水产品的，或者破坏他人养殖水体、养殖设施的，应处以（　　）。

  A. 责令改正

  B. 可以处二万元以下的罚款

  C. 造成他人损失的，依法承担赔偿责任

  D. 构成犯罪的，依法追究刑事责任

33. 渔业行政主管部门和其所属的渔政监督管理机构及其工作人员有（　　）行为的，应依法给予行政处分；构成犯罪的，依法追究刑事责任。

  A. 违反渔业法规定核发许可证

  B. 违反渔业法规定分配捕捞限额

  C. 从事渔业生产经营活动

  D. 有其他玩忽职守不履行法定义务、滥用职权、徇私舞弊的行为

34. 外国人、外国渔船违反本法规定，擅自进入中华人民共和国管辖水域

从事渔业生产和渔业资源调查活动的，应处以（　　）。

    A. 责令其离开或者将其驱逐　　　　B. 可以没收渔获物、渔具

    C. 并处十万元以下的罚款　　　　　D. 警告

35. 凡污染造成（　　）损失的，按污染对渔业资源的损失及渔业生产的损害程度，由渔业主管机构责令赔偿渔业资源损失。

    A. 人工增殖渔业资源　　　　　　　B. 天然渔业资源

    C. 只有天然渔业资源　　　　　　　D. 渔业产量

36. 水产苗种的（　　）必须实施检疫，防止病害传入境内和传出境外，具体检疫工作按照有关动植物进出境检疫法律、行政法规的规定执行。引进转基因水产苗种必须进行安全性评价，具体管理工作按照国务院有关规定执行。

    A. 进口　　　　　　　　　　　　　B. 出口

    C. 繁殖　　　　　　　　　　　　　D. 生产

37. 中华人民共和国（　　）的捕捞限额总量由国务院渔业行政主管部门确定，报国务院批准后逐级分解下达；国家确定的重要江河、湖泊的捕捞限额总量由有关省、自治区、直辖市人民政府确定或者协商确定，逐级分解下达。

    A. 内海　　　　　　　　　　　　　B. 领海

    C. 专属经济区　　　　　　　　　　D. 其他管辖海域

38. 国家保护水产种质资源及其生存环境，并在具有（　　）的水产种质资源的主要生长繁育区域建立水产种质资源保护区。

    A. 较高经济价值　　　　　　　　　B. 较高研究价值

    C. 生物利用价值　　　　　　　　　D. 遗传育种价值

39. 《水产种质资源保护区管理暂行办法》规定，禁止在水产种质资源保护区内从事（　　）工程。

    A. 围湖造田　　　　　　　　　　　B. 围海造地

    C. 围填海　　　　　　　　　　　　D. 围填湖

40. 国家对白鳍豚等珍贵、濒危水生野生动物实行重点保护，防止其灭绝。禁止捕杀、伤害国家重点保护的水生野生动物。但因（　　），需要捕捞国家重点保护的水生野生动物的，依照《中华人民共和国野生动物保护法》的规定执行。

    A. 驯养繁殖　　　　　　　　　　　B. 科学研究

    C. 展览　　　　　　　　　　　　　D. 其他特殊情况

41. 关于海洋捕捞渔船作业场所的核定，以下表述正确的是（　　）。

    A. 国内海洋大中型渔船捕捞许可证的作业场所应当核定在海洋 B 类、C 类渔区

    B. 国内海洋小型渔船捕捞许可证的作业场所应当核定在海洋 A 类渔

区。因传统作业习惯需要，经作业水域所在地审批机关批准，海洋大中型渔船捕捞许可证的作业场所可核定在海洋 A 类渔区

C. 作业场所核定在 B 类、C 类渔区的渔船，不得跨海区界限作业，但我国与有关国家缔结的协定确定的共同管理渔区跨越海区界限的除外

D. 作业场所核定在 A 类渔区或内陆水域的渔船，不得跨县界作业

42. 关于渔业捕捞许可证的使用，以下表述正确的是（　　）。

A. 禁止在禁渔区、禁渔期、自然保护区从事渔业捕捞活动

B. 渔业捕捞许可证应当随船携带

C. 徒手作业的应当随身携带

D. 在 B、C 类渔区捕捞作业的，应当持有专项（特许）渔业捕捞许可证

43. 应当重新申请渔业捕捞许可证的情形包括（　　）。

A. 渔船作业场所变更的

B. 渔船主机、主尺度、总吨位变更的

C. 因购置渔船发生所有人变更的

D. 国内现有捕捞渔船经审批转为远洋捕捞作业的

44. 关于渔业捕捞许可证年审，以下表述正确的是（　　）。

A. 使用期一年以上的渔业捕捞许可证实行年审制度，每年审验一次

B. 年审不合格的，由渔业主管部门责令船舶所有人限期改正，可以再审验一次

C. 渔业捕捞许可证的年审工作由发证机关负责，不得委托

D. 未按规定履行行政处罚决定的，年审不合格

45. 无效渔业捕捞许可证包括（　　）。

A. 逾期未年审或年审不合格

B. 证书载明的渔船主机功率与实际功率不符

C. 证书是以欺骗等非法方式取得的

D. 证书被撤销、注销的

46. 依法被列入失信被执行人的，县级以上渔业主管部门应当（　　）。

A. 对其渔业船网工具指标、捕捞许可证的申请按规定予以限制

B. 将被执行人及其渔船在全国渔船动态管理系统中的所有数据进行删除

C. 冻结失信被执行人及其渔船在全国渔船动态管理系统中的相关数据

D. 将其列入远洋渔业黑名单

47. 海洋大中型渔船的渔捞日志的内容应当记载（　　）

A. 渔船捕捞作业情况　　　　　　B. 进港卸载渔获物情况

C. 水上收购渔获物情况　　　　　D. 水上转运渔获物情况

四、简答题（20 题）

1. 如何理解我国的渔业监督管理原则？

2. 如何理解《中华人民共和国渔业法》适用的效力？

3. 如何理解《中华人民共和国渔业法》第十条规定的养殖业发展政策？

4. 请根据《中华人民共和国渔业法》的规定，简述申请办理《渔业捕捞许可证》需要具备的基本条件。

5. 从事渔业捕捞活动的，应按照捕捞许可证中核定的哪些内容作业？

6. 我国渔业捕捞许可申请的审查主要有哪些内容？

7. 从渔业捕捞许可制度的基本原理来分析这一制度的管理作用。

8. 简述渔业许可证制度的概念。

9. 简述我国捕捞限额制度的基本制度规定。

10.《中华人民共和国渔业法》中如何设定渔业刑事责任？

11. 简述捕捞许可证制度中不得发放捕捞许可证的情形。

12. 简述禁止捕捞作业和限制捕捞作业的区别。

13. 简述《中华人民共和国渔业法》中规定的渔业水域生态环境监督管理和渔业污染事故调查处理的依据。

14. 简述使用炸鱼、毒鱼、电鱼等破坏渔业资源方法进行捕捞应如何处罚。

15. 简述渔业捕捞许可证的分类。

16. 简述国家对于渔业监督管理部门的监管职责是如何划分的。

17. 简述对于未依法取得捕捞许可证或者违反规定到涉外共同管理的渔区或者公海的捕捞渔船应如何处理。

18. 简述水产种质资源保护区内是否可以从事捕捞活动及其理由。

19. 简述捕捞许可证的许可内容及获得条件。

20. 渔业监督管理机构工作人员在工作中应行使什么职责？哪些行为是被禁止的？

五、案例分析题（30 题）

1. 2015 年 7 月 25 日，某中国渔政船在海上巡查时，发现一捕捞作业船舶雨中正在起网捕捞海蜇，渔政船遂向该船靠拢，并准备登船检查。当渔政船靠近该船时，船上部分船员手持棍棒与渔政船对峙抗拒执法人员检查，后执法人员成功登临该船。经查，该船未依法取得捕捞许可证。

请问：

（1）该渔船违反了哪些法律规定？

（2）渔业行政执法机构对该渔船应如何进行处罚？

2. 2016 年 4 月 22 日，某市渔业执法支队渔政执法人员在某海域巡逻时，发现一艘船舶正在利用电鱼方式进行捕捞。当执法船艇靠近作业渔船时，该船主急忙停止作业，准备逃离现场，执法人员用摄像机对电捕现场进行了拍摄取证，后船主配合执法人员开展调查。经查，该区域不属于禁渔区域，当事人作业时间也不属禁渔期间，所电的渔获物为 2 千克。

请问：

（1）船主违反了哪些法律规定？

（2）该案件适用何种行政处罚程序及其主要步骤？

3. 2002 年 10 月 19 日，X 省中国渔政××××号船查获一艘 Y 省籍渔船××××号在 X 省所辖海域帆张网作业。经查明，该渔船于 2002 年 10 月 2 日左右来到 X 省近海作业，所持渔业捕捞许可证为 68HP，作业类型为刺网，核定作业场所为 Y 省 A 类渔区及 C1 渔区。

问题：

（1）该渔船违反了哪些法律规定？

（2）渔业行政执法人员对该渔船应如何进行处罚？

4. 2005 年，某市某电子公司在互联网上张贴销售电捕鱼机广告。接到举报后，有关部门高度重视，市渔政支队通过暗访，发现这两家公司不仅非法制造电捕鱼机，且大量售往四川、浙江、辽宁、吉林等地。市渔政支队对该公司进行了突击检查，查获了一批电鱼机销售广告单和邮寄电鱼机的回单和两台电捕鱼机。

问题：

（1）该公司违反了哪些法律规定？

（2）渔业行政执法人员对该公司应如何进行处罚？

5. 某县公民甲经过审批购买了渔船，并办理了捕捞许可证，甲、乙因为纠纷私下达成协议，甲把渔船和捕捞许可证转让乙，抵消他们之间的债务。

问题：

（1）他们之间的行为合法吗？

（2）违反了哪些规定？

（3）应如何处理？

6. 2003 年 10 月 1 日 7 时 10 分左右，某县程某用一辆微型工具车运输他偷捕的渔获物（鲢）273.5 千克，在返回途经一轮渡码头时，被县农业局渔政站的渔政人员现场查获。渔政站登记保存了车子和鲢。此后，渔政部门对程某偷捕鲢这一违法事实作出没收鲢273.5千克和罚款4 000元的行政处罚。

问题：

（1）程某的行为违反哪些法律规定？

（2）渔政站登记保存车子是否有法律依据？

7. 2005年1月27日上午12点30分，中国渔政××××号船观察到××××号渔船在海上进行张网作业，经2名渔业行政执法人员登船检查，发现该渔船证书齐全。经电脑数据库核对，发现该船捕捞许可证证书编号不存在。通过对船主查问后，得知该捕捞许可证是他与渔政人员刘某的私下交易。事实清楚，证据确凿。

问题：

（1）该渔船的捕捞许可证是否有效？

（2）渔业行政执法人员对该渔船应如何进行处罚？

8. 2014年9月3日，某渔民在湖里承包使用的养殖网箱被交通船损坏，大量的养殖鱼类逃失，造成经济损失数万元，为此该渔民将交通船的船主告上了法庭，要求船主对他造成的经济损失进行赔偿。法庭经过调查，发现该渔民持有的养殖证的养殖范围已经扩展到了规定船舶航行的航道上，严重超越了规定范围，同时逃失的鱼类中有未经批准的外国引进的鱼种，经过法庭审理，最后判决：交通船的船主在航道上正常航行，不承担赔偿责任，该渔民违反《中华人民共和国渔业法》的规定，由当地渔业行政监督管理部门负责处理。

问题：

（1）该渔民的违法行为有哪些？

（2）渔业行政监督管理部门应如何进行处罚？

9. 近日，某韩国渔船携带3 000多个蟹笼进入中国专属经济区生产，在明知入渔许可证允许的作业场所不在我国台湾浅滩渔场的情况下，擅自进入该渔场作业生产，每天生产1至2次网次。目前，该外国渔船被我国某地级市渔政船查获，证据确凿，违法事实清楚，当事人也供认不讳。

问题：

（1）该渔船违反了哪些法律规定？

（2）渔业行政执法人员对该渔船应如何进行处罚？

10. 我国某渔船在公海进行渔业生产时被外国海岸警备队发现有违法行为。经调查发现，该渔船为已经报废且被注销的渔船，且在未取得任何渔业证件的情况下，到公海渔场从事大型流网生产，共捕捞鱿鱼77.5吨，杂鱼5.7吨。经中国相关部门与对方多次交涉之后，对方同意将该船移交中方处理。

问题：

（1）该渔船违反了哪些法律规定？

（2）渔业行政执法人员对该渔船应如何进行处罚？

11. 某年禁渔期期间，中国渔政××××号船观察到××××号渔船在海上进行生产，渔政船派 2 名渔业行政执法人员登船检查，发现渔船的捕捞许可证证书载明的渔船主机功率与实际功率不符，在船舱中还发现没有使用过的电鱼设备，事实清楚，证据确凿。

问题：

（1）该渔船违反了哪些法律规定？捕捞许可证是否有效？

（2）渔业行政执法人员对该渔船及电鱼设备应如何进行处罚？

12. 2013 年 6 月 24 日上午 9 点 30 分，××××号渔船在长江口禁渔区线内拖网生产，被中国渔政××××号船查获，经过渔业行政执法人员上船检查，该渔船的捕捞许可证已经过期，属无效证件，此外检查渔获物发现带鱼的幼鱼超过规定比例 30%。

问题：

（1）该渔船违反了哪些法律规定？

（2）渔业行政执法人员对该渔船应如何进行处罚？

13. 2015 年 8 月 29 日，某渔政支队在沿海进行执法巡查，发现一渔船正在进行作业，渔政执法人员当场登船检查并完成了案件的调查。经调查，该渔船在禁渔区线内进行双底作业事实清楚，证据确凿。

问题：

（1）该渔船违反了哪些法律规定？

（2）渔业行政执法人员对该渔船应如何进行处罚？

14. 陈某在担任某县渔政渔港监督管理站站长期间，多次接受尹某的钱财共计 3 000 元和宴请。所以，陈某知尹某长期违法生产、销售电捕鱼器，而不闻不问，不履行查禁职责，致使尹某得以长期、持续制造、销售电捕鱼器，尹某等人生产、销售电捕鱼器共计 400 余台，获取销售金额人民币 54 万余元，导致 2 人触电死亡，在当地造成了严重的社会影响和危害。

问题：

（1）陈某的行为违反了哪些法律规定？

（2）尹某等人的行为违反了哪些法律规定？

15. 甲某与乙某同是某村的农民，两家长期相处不和。甲某承包了村里的鱼塘，取得了很好的效益，收入越来越多，乙某对此极为忌妒。一日，乙某趁甲某的鱼塘无人看管时，将剧毒农药投入鱼塘里，毒死 50 千克鱼。对于乙某的行为，县公安局根据《中华人民共和国治安管理处罚法》第二十五条规定，给予拘留 10 日的处罚；县渔政管理部门根据《中华人民共和国渔业法》第三十八条与《中华人民共和国渔业法实施细则》第二十九条的规定，给予 1 000 元的罚款。乙某对两个行政机关的处罚决定均不服。

问题：

（1）乙某应承担什么性质的责任？

（2）两个行政机关都作处罚是否合法？

16. 2018 年 9 月 2 日，执法人员对 2 艘电拖网渔船进行调查。某市海洋综合行政执法支队经过周密部署，在某海域拦截查扣了 2 艘电拖网渔船，查获非法渔获 550 千克。根据调查，这两艘渔船新造下水才两个月左右，每艘渔船有 4 名船员，船主无法提供合法的船舶及渔业捕捞许可文件。

问题：

（1）该渔船违反了哪些法律规定？

（2）渔业行政执法机构对该渔船应如何进行处罚？

17. 2017 年 4 月，A 县水产渔政局在开展打击渔业违法行为专项行动中发现，A 县某村村民胡某在流经村庄的某段河流未经许可擅自搭建网箱养鱼，导致该处的航运不畅。执法人员对胡某的养殖网箱进行了勘查，通过对胡某的询问和调查，证实了胡某没有申请养殖许可证，擅自搭建网箱养鱼的行为。

问题：

（1）胡某有没有违反法律规定？如果有，违反了什么法律规定？

（2）渔业行政执法人员对胡某应如何进行处罚？

18. S 县人民政府于 × 年 × 月 × 日发出《S 县人民政府关于依法处置 Y 电站库区养殖网箱的通告》，要求所有渔业养殖网箱和未经相关部门批准擅自设置的抬网等捕捞设施，必须在 × 年 × 月 × 日前自行拆除，逾期不拆除的，将依法强制拆除。随后 S 县农业局在检查过程中，认为李某超越规划区域擅自搭建养殖网箱，但李某辩解称，搭建网箱未超过规划区域，双方对此产生冲突，农业局强制拆除了李某的养殖网箱。事后查明，李某确实没有超过规划区域养殖。

问题：

（1）农业局违反了渔业法的什么规定？

（2）对 S 县农业局及其执法人员应如何进行处罚？

19. H 县渔民张某通过伪造渔业船舶检验证书，取得了捕捞许可证。同县刘某因没有取得捕捞许可证无法捕鱼，于是和张某商量，希望从张某处购买该捕捞许可证，张某同意。随后，刘某在一次执法人员检查过程中被查处。

问题：

（1）本案有哪些违法行为？

（2）渔业行政执法人员应如何进行处罚？

20. D 村渔民郑某在一湖泊内私自从事水产养殖，并投放大量含有抗生素的饵料。邻村村民赵某在该湖泊钓鱼时发现，郑某在湖泊内有许多养殖的网箱，内有大量中华鲟等鱼类，于是，赵某趁周围无人时，游到网箱处剪开渔网，用携带的鱼护装鱼后离开。

问题：

（1）郑某的行为违反了哪些法律规定？

（2）渔业行政执法人员应如何对赵某进行处罚？

21. 甲市渔业局副局长吴某准备在乙市某海域发展渔业养殖，因此向乙市渔业行政主管部门申请渔业养殖许可证，而乙市的养殖证尚且无法满足当地的渔业生产者的需要，但由于甲乙两市渔业局长期的工作合作很好，乙市渔业局为吴某优先办理了渔业养殖许可证。

问题：

（1）乙市渔业局的做法合法吗？为什么？

（2）吴某的做法是否合法？为什么？

22. 丙市龙头渔业养殖企业 A 公司为了培育生产新的鱼类品种，未经渔业行政主管机关批准，从日本购买了新的鱼类苗种，经过检疫合格以后，A 公司开始培育新的鱼类苗种，成功之后便生产这种苗种并对外销售。

问题：

（1）A 公司的行为违反了哪些法律规定？

（2）对 A 公司应如何处罚？

23. 丁省某县渔业局为了增殖渔业资源，向受益的单位和个人征收渔业资源增殖保护费。执法部门在执法中发现戊省一艘渔船多次在丁省海域捕捞渔业资源，但从未缴纳任何费用，于是，对其按照渔业资源增殖保护费征收使用办法的两倍标准进行征收。事后查明，该渔船未获得捕捞许可证并且未获得相关渔业行政主管部门的批准，擅自跨海区捕捞。

问题：

（1）丁省渔业局的征收行为是否合法？为什么？

（2）对戊省渔船应如何进行处罚？

24. L 市渔民持有捕捞许可证，但未经任何批准在水产种质资源保护区内使用禁用渔具，捕捞具有较高经济价值和遗传育种价值的水产种质资源，造成海域生态环境损害。

问题：

（1）该渔民的行为违反了哪些法律规定？

（2）渔业行政主管部门对该渔民应当如何处罚？

25. S 市某养殖户在引水时发现所在水域是石斑鱼等苗种的重点产区，因此，为了非法占用这些苗种，未经有关机关的批准，在非指定的区域和时间内，大量捕捞石斑鱼等苗种。

问题：

（1）该养殖户的行为违反了哪些法律规定？

（2）行政机关应当如何处罚该养殖户？

26. 2007 年 9 月 30 日 14 时左右，云阳县渔政渔港监督管理站渔政执法人员在长江云阳境内复兴段张家沟水域执法检查时当场发现熊某驾驶渔船电捕鱼，并在渔船上查获一台江海牌特功能高效逆变器、一台财富牌电器 CD－1 型电子波逆稳器、一块万里牌 6－QA－180 型蓄电瓶，在鱼舱中查获渔获物共计 2.5 千克（翘嘴鲌 1.5 千克、草鱼 1 千克）。

问题：

（1）对熊某应当如何处罚？

（2）依据是什么？

27. 2016 年 4 月 22 日，我国某市渔业执法支队渔政执法人员在某海域检查过程中，发现 W 国渔民托尼在我国某海域附近正在进行渔业生产活动，执法局当即对其进行了抓获。经查，渔民托尼未经允许擅自进入我国境内进行捕捞活动的情况属实。

问题：

（1）W 国托尼的行为违法吗？违反了什么法律规定？

（2）渔业行政执法人员应如何对其进行处罚？

28. 2016 年 3 月，W 县渔民张某获得了伪造的养殖证。2016 年 4 月，因张某妻子罹患重病，张某外出务工，2017 年 6 月，在渔政人员进行执法检查的时候发现张某的养殖生产已经搁置满一年，于是渔政人员迅速对其进行询问，在调查并审问张某的过程中，张某承认其已经使用全民所有的水域从事养殖生产，且无正当理由使水域荒芜满一年的事实。

问题：

（1）本案张某违反了什么法律规定？

（2）渔业行政执法人员应如何对张某进行处罚？

29. 甲与乙是同村村民，甲依法持有捕捞许可证，乙向甲借用其捕捞许可证，甲说："借用不怎么合适，租给你我还可以考虑。"乙同意了，于是乙向甲支付了 1 000 元作为租用甲捕捞许可证的报酬。某日，在禁渔期内，乙使用炸鱼的方法在某湖泊内进行捕捞，被渔业行政执法机关抓获。

问题：

（1）渔业行政执法机关应当对甲进行什么处罚？

（2）渔业行政执法人员应如何对乙进行处罚？

30. 2016 年 7 月 4 日，S 县渔业执法局在检查过程中，发现 S 县的村民宋某在某湖泊旁边违法销售禁用的渔具，执法局立刻对其进行了抓获，宋某顽强抵抗，与 S 县执法局的渔业执法人员发生激烈的冲突，宋某在与执法人员打斗过程中把渔获物抛入湖中，最终，执法局将宋某制服并对其依法作出处罚。

问题：

（1）宋某有哪些违法行为？

（2）渔业行政执法人员应如何进行处罚？处罚应依照哪部法律？

第二节 渔业资源保护相关法规规章习题

一、判断题（5 题）

1. 水生动物的可捕标准，应当以达到性成熟为原则。（   ）

2. 捕捞时应当保留足够数量的亲体，使资源能够稳定增长。（   ）

3. 对各种捕捞对象应当规定具体的可捕标准（长度或重量）和渔获物中大于可捕标准部分的最大比重。（   ）

4. 可以将渤海生物资源的重要产卵场、索饵场、越冬场和洄游通道划为养殖区。（   ）

5. 新建、扩建和改建养殖场的，可以不进行环境影响评价。（   ）

二、单项选择题（5 题）

1. 对各种捕捞对象应当规定具体的可捕标准和渔获物中小于可捕标准部分的（   ）。

    A. 一般比重   B. 最小比重

    C. 最大比重   D. 平均比重

2. （   ）是指在一定的时间段内，对某些重要鱼虾贝类产卵场、越冬场、幼体索饵场，分不同情况，禁止全部作业，或限制作业的种类和某些作业的渔具数量。

    A. 海洋伏季休渔区   B. 禁渔期

    C. 禁钓区   D. 禁钓期

3. 水生动物的可捕标准，应当以（   ）为原则。

    A. 达到性成熟   B. 达到生长期

    C. 一定的体长   D. 一定的体重

4. 《水产资源繁殖保护条例》规定，捕捞时应当保留足够数量的（   ），使资源能够稳定增长。

        A. 母本   B. 父本
        C. 苗种   D. 亲体

5. 污染事故损害渤海天然生物资源的，沿岸（   ）地方人民政府渔业行政主管部门依法处理，并可以代表国家对责任者提出损害赔偿要求。

        A. 县级以上   B. 市级以上
        C. 省级以上   D. 镇级以上

三、多项选择题（5题）

1.《水产资源繁殖保护条例》规定，各种经济藻类和淡水食用水生植物，应当待其长成后方得采收，并注意（   ）。

        A. 留种、留株   B. 合理施药
        C. 合理轮采   D. 合理种植

2. 禁止将渤海生物资源的重要（   ）划为养殖区。

        A. 产卵场   B. 索饵场
        C. 越冬场   D. 洄游通道

3. 各地应当因地制宜采取各种措施，如（   ）、营救幼鱼、移植驯化、消除敌害、引种栽植等，增殖水产资源。

        A. 改良水域条件   B. 人工投放苗种
        C. 投放鱼巢   D. 灌江纳苗

4.《水产资源繁殖保护条例》规定，对某些重要鱼虾贝类产卵场、越冬场和幼体索饵场，应当合理规定禁渔区、禁渔期，分不同情况，（   ）。

        A. 禁止全部作业   B. 允许使用各种渔具
        C. 限制某些作业的渔具数量   D. 限制作业的种类

5.《渤海生物资源养护规定》第十三条规定，在渤海从事捕捞活动，应当依法申领捕捞许可证，按照捕捞许可证确定的（   ）等内容开展捕捞活动，并遵守国家有关资源保护规定。

        A. 作业场所   B. 时限
        C. 渔获物数量   D. 作业类型

第三节　野生动物保护相关法律法规习题

一、判断题（10题）

1.“珍贵、濒危野生动物”是指列入《国家重点保护野生动物名录》、列入《濒危野生动植物种国际贸易公约》的野生动物以及驯养繁殖的物种。（   ）

2. 任何单位和个人发现已经死亡的水生野生动物，可自行妥善处理。（　　）

3. 捕捞作业时误捕濒危水生野生动物的，应当立即无条件放生。（　　）

4. 野生动物资源属于国家所有。（　　）

5.《中华人民共和国野生动物保护法》所称人工繁育子代，是指人工控制条件下繁殖出生的子代个体，其亲本在野外条件下出生。（　　）

6. 任何组织和个人都有保护野生动物及其栖息地的义务。（　　）

7. 从境外引进野生动物物种的，可以自行将其放归野外环境。（　　）

8.《中华人民共和国野生动物保护法》规定的野生动物及其制品，是指野生动物的整体（含卵、蛋）、部分及其衍生物。（　　）

9. 国家或地方重点保护野生动物受到自然灾害、重大环境污染事故等突发事件威胁时，当地人民政府应当及时采取应急救助措施。（　　）

10. 海龟科所有种按照国家二级保护野生动物管理。（　　）

二、单项选择题（10题）

1. 国家对野生动物实行保护优先、（　　）、严格监管的原则，鼓励开展野生动物科学研究，培育公民保护野生动物的意识，促进人与自然和谐发展。

  A. 规范利用   B. 合理利用

  C. 适度利用   D. 鼓励利用

2. 未经批准、未取得或者未按照规定使用专用标识，或者未持有、未附有人工繁育许可证、批准文件的副本或者专用标识出售、购买、利用、运输、携带、寄递国家重点保护野生动物及其制品，由县级以上人民政府野生动物保护主管部门或者工商行政管理部门按照职责分工没收野生动物及其制品和违法所得，并处野生动物及其制品价值（　　）的罚款。

  A. 一倍以上十倍以下   B. 一倍以上五倍以下

  C. 二倍以上十倍以下   D. 二倍以上五倍以下

3. 根据《中华人民共和国野生动物保护法》有关规定，农业农村部发布的第一批《人工繁育国家重点保护水生野生动物名录》包含（　　）个物种。

  A. 四   B. 五

  C. 六   D. 七

4. （　　）以上人民政府应当制定野生动物及其栖息地相关保护规划和措施，并将野生动物保护经费纳入预算。

  A. 乡级   B. 县级

  C. 市级   D. 省级

5. 未取得人工繁育许可证繁育国家重点保护野生动物，由县级以上人民政府野生动物保护主管部门没收野生动物及其制品，并处野生动物及其制品价值（　　）的罚款。

  A. 一倍以上十倍以下   B. 一倍以上五倍以下

  C. 二倍以上十倍以下   D. 二倍以上五倍以下

 6. 以下说法错误的一项是（　　）

  A. 任何组织和个人都有权向有关部门和机关举报或者控告违反《中华人民共和国野生动物保护法》的行为。

  B. 县级以上地方人民政府渔业主管部门主管本行政区域内水生野生动物保护工作。

  C. 地方重点保护野生动物名录，由省、自治区、直辖市人民政府野生动物保护主管部门组织科学评估后制定、调整并公布。

  D. 县级以上人民政府野生动物保护主管部门，应当定期组织或者委托有关科学研究机构对野生动物及其栖息地状况进行调查、监测和评估，建立健全野生动物及其栖息地档案。

 7. 对人工繁育技术成熟稳定的国家重点保护野生动物，经科学论证，纳入（　　）野生动物保护主管部门制定的人工繁育国家重点保护野生动物名录。

  A. 县级   B. 市级

  C. 省级   D. 国务院

 8. 下列物种未列入《国家重点保护野生动物名录》的是（　　）。

  A. 蟒龟   B. 鳜

  C. 大凉疣螈   D. 地龟

 9. 从境外引进野生动物物种的，应当经国务院野生动物保护主管部门批准。从国外引进列入《濒危野生动植物种国际贸易公约》附录的野生动物，还应当依法取得（　　）。

  A. 经营利用许可证   B. 运输证

  C. 专用标识   D. 允许进出口证明书

 10. 国家对野生动物实行（　　）保护。

  A. 全部   B. 分类分级

  C. 同等   D. 特别

三、多项选择题（10 题）

 1. 《中华人民共和国野生动物保护法》规定保护的野生动物，是指（　　）的陆生、水生野生动物和有重要生态、科学、社会价值的陆生野生动物。

  A. 稀少   B. 珍贵

  C. 昂贵   D. 濒危

2. 因（   ）或者其他特殊情况，需要猎捕国家一级保护野生动物的，应当向国务院野生动物主管部门申请特许猎捕证。

    A. 科学研究   B. 种群调控

    C. 食用   D. 疫源疫病监测

3. 关于水生野生动物保护，下列说法正确的是（   ）。

    A. 长江江豚的人工繁育和出售、购买、利用其活体及制品活动的批准机关为农业农村部。

    B. 《濒危野生动植物种国际贸易公约》附录中的水生动物物种，尚未列入国家重点保护野生动物名录，仅野外种群被核准为国家重点保护野生动物的，其人工繁育种群不再视为国家重点保护野生动物。

    C. 李某未经批准从中药店购买海马干，用于煲汤，该中药店出售海马经过野生动物主管部门批准，李某的行为不违法。

    D. 外国人在我国对国家重点保护野生动物进行野外考察或者野外拍摄电影、录像，应当经省、自治区、直辖市人民政府野生动物保护主管部门或者其授权的单位批准，并遵守有关法律法规规定。

4. 县级以上人民政府野生动物保护主管部门应当对（   ）等利用野生动物及其制品的活动进行监督管理。

    A. 运输、寄递   B. 科学研究

    C. 人工繁育   D. 公众展示展演

5. 因（   ）或者其他特殊情况，需要出售、购买、利用国家重点保护野生动物及其制品的，应当经省、自治区、直辖市人民政府野生动物保护主管部门批准，并按照规定取得和使用专用标识，保证可追溯，但国务院对批准机关另有规定的除外。

    A. 科学研究   B. 人工繁育

    C. 公众展示展演   D. 文物保护

6. 下列说法正确的是（   ）。

    A. 国家鼓励公民、法人和其他组织依法通过捐赠、资助、志愿服务等方式参与野生动物保护活动，支持野生动物保护公益事业。

    B. 新闻媒体应当开展野生动物保护法律法规和保护知识的宣传，对违法行为进行舆论监督。

    C. 国家支持有关科学研究机构因物种保护目的人工繁育国家重点保护野生动物。

    D. 教育行政部门、学校应当对学生进行野生动物保护知识教育。

7. 下列说法正确的是（   ）。

    A. 儒艮是国家二级保护水生野生动物

    B. 太平洋丽龟是国家一级保护水生野生动物

    C. 新疆大头鱼是国家一级保护水生野生动物

    D. 秦岭细鳞鲑是国家二级保护水生野生动物

8. 下列物种属于国家重点保护水生野生动物的是（　　　　）。

    A. 云南闭壳龟　　　　　　　　　B. 河豚

    C. 大珠母贝　　　　　　　　　　D. 黄唇鱼

9. 下列哪些行为违反我国水生野生动物保护相关管理规定？（　　　　）。

    A. 李某于 2018 年取得了瘦长珊瑚制品的经营利用许可证，有效期 2 年。2019 年李某从国内某展会上购买了一批瘦长珊瑚制品用于出售

    B. 张某在红海海鲜市场出售带有专用标识的大鲵。经查，张某出售的大鲵来源于兴旺养殖场，该养殖场取得了野生动物主管部门核发的《水生野生动物人工繁育许可证》，并配备了专用标识

    C. 2019 年 5 月，周某在路边出售没有合法进口来源的大鳄龟

    D. 某公司举办文物展览，展出的文物中有珊瑚和玳瑁制品，该公司取得了文物主管部门的批准文件，但没有经过野生动物主管部门批准

10. 列入《人工繁育国家重点保护水生野生动物名录（第一批）》的物种有（　　　　）。

    A. 鲟鱼　　　　　　　　　　　　B. 胭脂鱼

    C. 三线闭壳龟　　　　　　　　　D. 巴西龟

四、案例分析题

    2017 年 5 月，某市渔政部门执法人员到刘某所在的中医诊所进行检查，在诊所的冷藏柜里发现了 20 多只海马制品。正在诊所上班的药房主管刘某表示，这些海马是他一年前从一家长期合作采购药材的中药饮片公司花 1 000 元买来的，一直还未卖出。渔政执法人员当即将这些海马制品查扣，刘某这才觉得事大了。后来，刘某发现诊所的展示柜里还放着几只海马，第二天主动送到渔政部门。

    出事前，刘某在这家诊所干了两年多，药房的进货基本就是刘某一人说了算。学中医的刘某知道海马自古就是一味药材，所以备货时看见了就一次性买了 200 克，准备做展示、泡酒和做膏方，向患者出售。刘某也给海马定了价，准备按每克 10 元售出。但他表示自己并不太清楚海马属于国家保护的野生动物。

    经鉴定，刘某采购的共计 34 只海马制品中，有 17 只为克氏海马，属于国家二级保护动物；另有 16 只棘海马和 1 只三斑海马，是《濒危野生动植物种

国际贸易公约》附录Ⅱ中的物种，按国家二级保护野生动物管理。

经查，该公司出售海马的行为未经过野生动物保护主管部门批准。刘某采购药品的中药饮片公司具有野生动物主管部门颁发的《水生野生动物经营利用许可证》。

渔政执法部门认为：刘某在未经野生动物主管部门批准的情况下，采购并准备销售海马制品的行为，构成了犯罪。

公诉机关指控：刘某犯非法收购，出售珍贵、濒危野生动物制品罪的事实清楚，证据确实、充分，指控罪名成立，向人民法院依法提起了公诉。

法院组成合议庭审理此案过程中，三位法官的观点如下：

法官 1：由于刘某所在的诊所没有买卖野生动物制品的许可证，刘某擅自采购并打算出售海马的行为，犯非法收购，出售珍贵、濒危野生动物制品罪，渔政部门移送正确。

法官 2：刘某不违法。渔政部门凭什么到中医门诊去检查？门诊负责人完全可以拒绝其检查，海马本身是从合法的医药公司采购的；如果海马有包装和标签并标明 GMP 标志，根据《中华人民共和国药品管理法》的规定，海马就是经过国家食品药品监督管理局合法认证生产的中药饮片，不知药房主管何罪之有？就算是有罪；根据《中华人民共和国药品管理法》的规定，第一责任人应该是整个中医门诊的法人，单单追究药房主管的责任也是不对的。渔政部门超越职权。

法官 3：刘某确实违法了，但远远够不上犯罪。第一，他是从有经营资格的"平台"正常购买，因此根本称不上非法收购——没有法律规定海马要凭证购买。第二，刘某出售海马，也是着眼于海马的药用价值。第三，刘某出售海马的价格合法。第四，刘某还没有卖出海马，没造成不利后果。第五，刘某出售海马，他不知道这是违法的，更不知道是"犯罪"——所谓"不知者不罪"！主观上没故意，不构成犯罪，渔政部门移送错误。

请你结合《中华人民共和国野生动物保护法》相关法条进行法条分析，法院应当认同哪一位法官的观点，并结合自己的观点进行阐述。

要求：

1. 无自己观点论述和理由分析，照抄材料者不得分；

2. 要有法条依据，要从情理、法理结合论述，观点明确；

3. 不少于 400 字。

第四节　水产品质量安全相关法律法规习题

一、判断题（5 题）

1. 诺氟沙星休药期为 300 度·日。（　　　）

2. 兽用处方药和非处方药分类管理的办法和具体实施步骤，由县级以上人民政府相关主管部门负责。（　　）

3. 水产养殖可以使用孔雀石绿防治水霉病。（　　）

4. 水产养殖中使用禁止使用的药品和其他化合物的，责令其立即改正，并对饲喂了违禁药物及其他化合物的动物及其产品进行无害化处理；对违法单位处 1 万元以上 5 万元以下罚款；给他人造成损失的，依法承担赔偿责任。（　　）

5. 有休药期规定的兽药用于食用动物时，饲养者应当向购买者或者屠宰者提供准确、真实的用药记录；购买者或者屠宰者应当确保动物及其产品在用药期、休药期内不被用于食品消费。（　　）

二、单项选择题（5 题）

1. 水产养殖禁止使用的药品和其他化合物不包括（　　）。
  A. 呋喃唑酮　　　　　　　　　　B. 孔雀石绿
  C. 氯霉素　　　　　　　　　　　D. 生石灰

2. 下列药物中，存在休药期的药物是（　　）。
  A. 生石灰　　　　　　　　　　　B. 诺氟沙星
  C. 孔雀石绿　　　　　　　　　　D. 甲基睾丸酮

3. 农产品生产记录应当保存（　　）年。
  A. 2　　　　　　　　　　　　　　B. 3
  C. 4　　　　　　　　　　　　　　D. 5

4. 兽用处方药和非处方药分类管理的办法和具体实施步骤由（　　）规定。
  A. 国务院兽医行政管理部门
  B. 国务院渔业行政管理部门
  C. 县级以上地方人民政府兽医行政管理部门
  D. 县级以上人民政府渔业主管部门及其所属的渔政监督管理机构

5. 有休药期规定的兽药用于食用动物时，饲养者应当向购买者或者屠宰者提供准确、真实的 （　　），以确保动物及其产品在用药期、休药期内不被用于食品消费。
  A. 检疫报告　　　　　　　　　　B. 生产记录
  C. 用药记录　　　　　　　　　　D. 产地标识

三、多项选择题（5 题）

1. 兽药管理条例规定，国家实行（　　）的兽药分类管理制度。
  A. 处方药　　　　　　　　　　　B. 禁用药

C. 非处方药   D. 非禁用药

2. 有休药期规定的兽药用于食用动物时，饲养者应当向购买者或者屠宰者提供（   ）的用药记录

A. 简单   B. 真实

C. 粗略   D. 准确

3. 水产养殖禁止使用的各种汞制剂药物主要包括（   ）。

A. 克仑特罗   B. 双甲脒

C. 硝酸亚汞   D. 氯化亚汞

4. 有休药期规定的兽药用于食用动物时应确保动物及其产品在（   ）不被用于食品消费。

A. 用药期内   B. 休药期外

C. 用药期外   D. 休药期内

5. 下列农产品，禁止销售的是（   ）。

A. 含有国家禁止使用的农药的

B. 含有重金属，不符合农产品质量安全标准的

C. 使用的保鲜剂不符合农产品质量安全标准的

D. 使用的防腐剂不符合农产品质量安全标准的

第五节　渔港管理相关法律法规习题

单项选择题（5题）

1. 对于渔业港航违法行为，以下不适用"谁查获谁处理"原则的情况是（   ）。

A. 违法行为发生在共管区、叠区

B. 违法行为发生在管辖权不明或有争议的区域

C. 违法行为地与查获地不一致

D. 违法船舶或违法行为人相关信息无法查明

2. 关于渔港进出口报告制度，以下表述不正确的是（   ）。

A. 渔船实施进出口报告后可免予接受安全检查

B. 船长是渔船进出港报告第一责任人

C. 对未报告、系统校验不合格进出港的渔船，各级渔业行政主管部门及其渔政渔港监督管理机构应实行重点监控检查

D. 渔船因天气或应急等特殊原因不能按照规定程序报告的，应当在进出港后 24 小时内补办报告手续

3. 渔政渔港监督管理机关有权禁止渔港内船舶、设施离港或者令其停航、

改航、停止作业的情形不包括以下哪项？（　　　）

    A. 处于不适航或者不适拖状态的

    B. 渔业船员之间发生民事纠纷的

    C. 发生交通事故，手续未清的

    D. 未向渔政渔港监督管理机关或者有关部门交付应当承担的费用，也未提供担保的

  4. 对于未依法实施进出港报告的渔业船舶所实施的处罚，以下哪项是不正确的？（　　　）

    A. 扣留或吊销船长职务证书　　　　B. 处以警告

    C. 处以罚款　　　　　　　　　　　D. 扣留或吊销渔业捕捞许可证

  5. 以下哪项不是渔业船舶之间发生交通事故后的处理方式？（　　　）

    A. 向渔政渔港监督管理机关申请行政复议

    B. 由渔政渔港监督管理机关查明原因，判明责任，作出处理决定

    C. 由渔政渔港监督管理机关调解处理因事故引发的民事纠纷

    D. 向法院起诉

第六节　渔业船舶、船员管理相关法规规章习题

单项选择题（6 题）

  1. 以下哪项不是渔业船舶从事渔业生产必须满足的前提条件？（　　　）

    A. 进行船舶登记并取得合法有效的船名　B. 取得有效的船舶技术证书

    C. 无违法违规记录　　　　　　　　　　D. 按规定配备职务船员

  2. 渔业船舶未经检验、未取得渔业船舶检验证书擅自下水作业的处罚是（　　　）。

    A. 没收该渔业船舶　　　　　　　　B. 处五万元以下的罚款

    C. 吊销渔业捕捞许可证　　　　　　D. 处船价两倍以下的罚款

  3. 对于正在作业的渔业船舶，使用未经检验合格的有关航行、作业和人身财产安全以及防止污染环境的重要设备、部件和材料，制造、改造、维修渔业船舶的执法措施不包括以下哪项？（　　　）

    A. 处 2 000 元以上 2 万元以下的罚款

    B. 没收渔业船舶检验证书

    C. 暂扣渔业船舶检验证书

    D. 强制拆除非法使用的重要设备、部件和材料

  4. 渔业船舶的船名及船名牌应当符合的要求不包括以下哪项？（　　　）

    A. 只能有一个船名

    B. 经渔船动态管理系统查询无重名、同音

    C. 渔业船舶应当在船尾两侧悬挂船名牌

    D. 属于同一船主的多条渔业船舶不得共用一套船名牌

5. 所有渔业船员都应当接受的任职培训是（　　　）。

    A. 基本安全培训　　　　　　　　B. 职务船员培训

    C. 远洋渔业专项培训　　　　　　D. 法律知识培训

6. 关于渔业船员证书，以下表述正确的是（　　　）。

    A. 有效期不超过 5 年

    B. 分为海洋渔业职务船员证书和内陆渔业职务船员证书两类

    C. 在远洋渔业船舶上工作的中国籍船员除取得渔业船员证书外，还应当取得中华人民共和国海员证

    D. 证书有效期满，持证人可申请换发证书

第七节　清理、取缔涉渔"三无"船舶及没收渔业船舶相关规定习题

一、判断题（11 题）

1. 凡未履行审批手续，非法建造、改装的船舶，由公安、渔政渔监和港监部门等港口、海上执法部门予以没收。（　　　）

2. 公安部门、海关、港监和渔政渔监等部门没收的"三无"船舶，可就地拆解，拆解费用从船舶残料变价款中支付，余款按罚没款处理。（　　　）

3. 渔业行政主管部门对未依法取得捕捞许可证擅自进行捕捞的，没收渔获物和违法所得，但是不得没收渔具和渔船。（　　　）

4. 海洋渔业，除国务院划定由国务院渔业行政主管部门及其所属的渔政监督管理机构监督管理的海域和特定渔业资源渔场外，由毗邻海域的省、自治区、直辖市人民政府渔业行政主管部门监督管理。（　　　）

5. 行政相对人未依法取得捕捞许可证擅自进行捕捞，行政机关认为该行为构成渔业法第四十一条中关于没收规定的"情节严重"情形的，人民法院仅需从其是否未依法取得渔业船舶检验证书或渔业船舶登记证书来进行认定。（　　　）

6. 凡无船名号、无船舶证书、无船籍港而从事渔业活动的船舶，可对船主处以船价两倍以下的罚款，并可予以没收。（　　　）

7. 未依法取得捕捞许可证擅自进行捕捞的，没收渔获物和违法所得，或者处以十万元以下的罚款。（　　　）

8. 对未履行审批手续擅自建造、改装船舶的造船厂，由工商行政管理机关处船价 2 倍以下的罚款，情节严重的，可依法吊销其营业执照。（　　）

9. 渔业船舶未经检验、未取得渔业船舶检验证书擅自下水作业的，应当没收该渔业船舶。（　　）

10. 未经核准登记注册非法建造、改装船舶的厂、点，由渔政渔监部门依法予以取缔，并没收销货款和非法建造、改装的船舶。（　　）

11. 对停靠在港口的"三无"船舶，港监和渔政渔监部门应禁止其离港。（　　）

二、单项选择题（13题）

1. 下列哪一情况不属于实际执法中对"三无"船舶的界定？（　　）
　　A. 无船名船号　　　　　　　　B. 无船舶证书
　　C. 无船籍港　　　　　　　　　D. 无驾驶人员

2. 对于海上航行、停泊的"三无"船舶，应当（　　）。
　　A. 一律没收，并可对船主处船价 2 倍以下罚款
　　B. 对船主处 1 倍以下的船价罚款
　　C. 当场扣押船舶
　　D. 对船主进行询问，同时扣押船舶

3. 渔政渔监部门有权对没收的"三无"船舶进行就地拆解，下列有关拆解费的表述正确的是（　　）。
　　A. 由船主另行支付
　　B. 从船舶残料变价款中支付，余款按罚没款处理
　　C. 由负责拆解的机关支付
　　D. 先由拆解机关垫付，再由国家支付

4. 下列哪一项不属于行政部门整治"三无"船舶案件的立案条件？（　　）
　　A. 违法主体
　　B. 违法事实
　　C. 违法所得应当超过 2 万元
　　D. 未过诉讼时效，且在管辖范围内

5. 在海上执法时，对当场不能按照法定程序作出和执行行政处罚决定的违法行为，可暂扣相关涉案设施、物品，除了下列哪一项？（　　）
　　A. 涉案船舶
　　B. 公民个人及其扶养家属生活必需品
　　C. 未经许可所捕捞的水产品

D. 法律禁用的电鱼、捕鱼工具

6. 对未履行审批手续擅自建造、改装船舶的造船厂，由下列（　　）部门处以罚款？（　　）

  A. 公安部门   B. 工商行政管理机关

  C. 港监和渔政渔监部门 D. 海关

7.《中华人民共和国渔业法》第四十一条规定：未依法取得捕捞许可证擅自进行捕捞的，没收渔获物和违法所得，并处（　　）元罚款。

  A. 十万元以下   B. 十万元以上

  C. 五万元以上   D. 五万元以下

8.《最高人民法院关于审理发生在我国管辖海域相关案件若干问题的规定（二）》第十条规定，行政相对人未依法取得捕捞许可证擅自进行捕捞，行政机关认为该行为构成渔业法第四十一条规定的"情节严重"情形的，下列哪一项不是人民法院认定"情节严重"的标准？（　　）

  A. 是否未依法取得渔业船舶检验证书或渔业船舶登记证书

  B. 是否标写伪造、变造的渔业船舶船名、船籍港，或者使用伪造、变造的渔业船舶证书

  C. 是否标写其他合法渔业船舶的船名、船籍港或者使用其他渔业船舶证书

  D. 驾驶人员是否具备船舶适任证书

9. 对于"三无"船舶实施强制措施，不正确的是（　　）。

  A. 由两名以上行政执法人员实施，紧急情况可一人实施

  B. 出示执法身份证件

  C. 通知当事人到场

  D. 听取当事人陈述、申辩

10. 对停靠在港口的"三无"船舶，港监和渔政渔监部门可有多种处罚手段，除了下列哪一项？（　　）

  A. 禁止其离港   B. 予以没收

  C. 对船主处以船价2倍以下的罚款 D. 对船主处1倍以下的船价罚款

11. 对于未经核准登记注册非法建造、改装船舶的厂、点，应由哪一行政管理机关依法予以取缔，并没收销货款和非法建造、改装的船舶？（　　）

  A. 工商行政管理机关   B. 渔政渔监部门

  C. 海上执法部门   D. 公安部门

12.《渔业行政处罚规定》第十九条规定，渔业行政主管部门对未履行审批手续非法建造、改装的渔船一律应予以（　　）处罚。

  A. 禁止其离港   B. 予以没收

C. 对船主处以船价 2 倍以下的罚款 D. 没收渔获物和违法所得

13. 2018 年 4 月 18 日，根据《深化党和国家机构改革方案》，将《中华人民共和国渔业船舶检验条例》第三十二条第一款中的"违反本条例规定，渔业船舶未经检验、未取得渔业船舶检验证书擅自下水作业的，没收该渔业船舶"职能调整至哪一部门？（　　）

  A. 交通运输部   B. 渔政渔监部门
  C. 海上执法部门   D. 公安部门

三、多项选择题（11 题）

1. 下列哪些属于"三无"船舶？（　　）
  A. "套牌"船舶   B. 无船舶登记证书的船舶
  C. 无船舶检验证书的船舶 D. 自行涂刷船名船号的船舶

2. 对于停靠在港口的"三无"船舶，港监和渔政渔监部门应（　　）。
  A. 禁止其离港
  B. 予以警告
  C. 予以没收
  D. 可对船主处以船价 2 倍以下的罚款

3. 可以对海上航行、停泊的"三无"船舶进行处罚的主体有（　　）。
  A. 海关   B. 公安部门
  C. 渔政渔监和港监部门 D. 农业农村部管理部门

4. 根据《中华人民共和国渔业法》的规定，未依法取得捕捞许可证擅自进行捕捞的，可给予下列哪些处罚？（　　）
  A. 没收渔获物和违法所得，并处十五万元以下的罚款
  B. 没收渔获物和违法所得，并处十万元以下的罚款
  C. 情节严重的，并可以没收所获捕捞物
  D. 情节严重的，并可以没收渔具和渔船

5. 对于在海上航行、停泊的"三无"船舶，相关部门应当如何处罚？（　　）
  A. 予以没收
  B. 并可对船主处船价 1 倍以下的罚款
  C. 并可对船主处船价 2 倍以下的罚款
  D. 并可对船主处船价 2 000 元以下的罚款

6. 处理涉渔"三无"船舶的行政强制措施有（　　）。
  A. 禁止其离港
  B. 指定地点停放

    C. 扣押船舶

    D. 暂时扣押捕捞许可证、渔具或者渔船

7. 渔业行政主管部门对于下列涉渔"三无"船舶的哪些违法行为可以作出没收，并可对船主处以船价 2 倍以下的罚款处罚？（　　）

    A. 停靠在港口的"三无"船舶

    B. 海上航行、停泊的"三无"船舶

    C. 从事渔业活动的"三无"船舶

    D. 未履行审批手续，非法建造、改装船舶

8. 公安、海关、港监和渔政渔监等部门没收的"三无"船舶，可以如何处理？（　　）

    A. 可就地拆解，拆解费用从船舶残料变价款中支付，余款按罚没款处理

    B. 可经审批并办理必要的手续后，作为执法用船

    C. 可进行拍卖

    D. 可进行变卖

9. 渔业船舶证书，包括（　　）。

    A. 船舶检验证书　　　　　　　　B. 船员适任证书

    C. 船舶登记证书　　　　　　　　D. 渔业捕捞许可证

10. 对违反禁渔区、禁渔期的规定或者使用禁用的渔具、捕捞方法进行捕捞，以及未取得捕捞许可证进行捕捞的行为，行政机关可以扣押的有（　　）。

    A. 捕捞许可证　　　　　　　　　B. 渔获物

    C. 渔具　　　　　　　　　　　　D. 渔船

11. 行政机关对停靠在港口的"三无"船舶，采取禁止离港、指定地点停放等措施的性质，下列说法错误的是（　　）。

    A. 属于行政处罚　　　　　　　　B. 属于行政许可

    C. 属于行政强制措施　　　　　　D. 属于行政强制执行

四、简答题（5题）

1. 简述涉渔"三无"船舶的基本概念。

2. 简述可以对涉渔"三无"船舶予以没收的违法行为。

3. 简述对停靠在港口的涉渔"三无"船舶的处理方式。

4. 简述涉渔"三无"船舶的没收处理方式。

5. 简述未依法取得捕捞许可证擅自进行捕捞的，认定为"情节严重"的情形。

五、案例分析题（10题）

1.2019年5月3日，Q市李某购买了一艘无渔业船舶检验证、渔业船舶登记证和渔业捕捞许可证的机动渔船进行海上作业。2019年5月8日，渔业执法人员在海上执勤时发现了李某的船舶停靠在港口。执法人员对李某的渔船予以没收，并禁止其离港。经调查，李某未依法取得捕捞许可证。

问题：

（1）李某违反了哪些法律规定？

（2）渔政渔监部门对停靠在港口的"三无"船舶应当如何处理？

2.2017年12月5日，A市管理局渔政管理总站发现该市王某在西湖水域从事网箱养殖、水产品销售，其所有的船舶未经检验，无有效船舶登记证书、检验证书。经登船检查，船边有养殖网箱，船上有水产品销售冰柜。A市管理局渔政管理总站作出渔业行政处罚决定书，决定没收王某的渔业船舶。

问题：

（1）王某的渔船是否属于"三无"船舶？根据是什么？

（2）A市管理局渔政管理总站的做法是否正确？为什么？

3.2016年11月27日，S市渔政支队在巡查过程中发现，归叶某所有的"1667号"船未申办任何审批手续，非法加装36个大型螺旋机及其他辅助采矿设备。致使该船用途及类型发生明显变化，与证书中所载的船舶类型不符。S市渔政支队依照法定程序，办理了立案审批手续，进行了调查取证，向当事人告知了行政处罚的事实、理由和依据及其依法享有的陈述、申辩和要求听证等权利，并根据《国务院对清理、取缔"三无"船舶通告的批复》作出行政处罚决定，没收了叶某所有的"1667号"船。2016年12月5日，叶某向法院提起行政诉讼。

问题：

（1）原告的行为是否违法？为什么？

（2）S市渔政支队是否具有行政处罚权？法律依据是什么？

4.2016年10月，L市渔政执法人员张某在巡查时发现一艘无船名船号的船舶停靠在港口，并在船上发现大量渔获物。执法人员张某通知该船主到场，要求出示捕捞许可证和船舶证书，经询问该船为"三无"船舶且无证捕捞渔获物。执法人员决定对该涉案船舶予以扣押并制作了《扣押决定书》。船主对执法人员作出的扣押船舶的决定有异议，向张某解释未及时办理证件的原因，却始终拒绝在《扣押决定书》上签字。最终张某在决定书上注明船舶主人未签名盖章的原因后依法没收渔获物并把船舶拖走，将该案件交由公安机关调查。经调查涉案船舶为违法的"三无"改装船舶。

问题：

（1）本案中张某的做法是否妥当？为什么？

（2）船主可以受到的行政处罚有哪些？

5. 2018 年 8 月 12 日，G 省 M 市渔政三支队接到群众举报，在 M 市 B 港发现某造船厂非法建造、改装"三无"船舶。渔政三支队受理此案后，立即展开调查工作，在经过检查、询问当事人、核实相关证书证件的情况下，认定举报的造船厂未履行审批手续、未经核准登记注册非法建造船舶，且在船厂内发现大量未销售的"三无"船舶。

问题：

（1）渔政三支队是否有权对发现的大量"三无"船舶进行没收？若有权，没收后应当如何处理？

（2）对于该造船厂，应当由哪一主体对其作出行政处罚？应当作出哪些行政处罚？

6. 2019 年 4 月，L 省海洋局在执法中发现一艘正在捕捞渔获物的渔船。执法人员依法上船进行调查，遭到船上的黄某阻拦。经过调查，该船是黄某在杨某经营的一家没有履行审批手续非法建造、改装船舶的船厂处购买，此后冒用其他船舶有效的渔船证书进行作业，且船上作业的渔具小于《中华人民共和国渔业法》规定的最小网目尺寸，并认定该船无船名船号、无船舶证书、无船籍港，属于"三无"船舶。海洋执法局对黄某作出《行政处罚决定》。

问题：

（1）该案件中黄某和杨某分别有哪些违法行为？

（2）行政执法机关应对黄某和杨某依法作出哪些行政处罚？

7. 2019 年 5 月 4 日，A 市港航口岸和渔业管理局执法大队在某海域查获一艘木质小型涉渔"三无"船舶，船上有部分抱卵梭子蟹和银鲳、龙头鱼等渔获物。据郑某交代，从 2019 年 2 月开始，利用这艘"三无"船只从事海上无证捕捞。5 月 1 日 12 时，东海进入全面休渔期。在明知休渔期政策的情况下，郑某于 5 月 4 日驾驶上述"三无"船只在某海域从事流刺网作业。经现场测量，船上流刺网最小网目尺寸为 100 毫米，小于农业农村部捕捞鲳鱼类刺网的最小网目尺寸。经现场笔录，当天下午，该案件移交给当地公安机关。

问题：

（1）该案件中郑某有哪些违法行为？

（2）认定上述违法行为的法律依据是？

8. 2019 年 3 月 5 日，渔业行政执法人员在海上执法的过程中发现张某正驾驶一艘渔船在进行海上捕捞活动，经查：张某所驾驶的渔船属于"三无"船舶，且是未经批准非法改装的渔船。经过执法人员的询问，张某交代该渔船是委托"平安造船厂"（该厂已核准注册登记）进行改装的，为此还花费了1万元。

问题：

（1）"三无"船舶的概念是什么？对本案中的涉案船舶应如何处理？

（2）对张某应如何处罚？

（3）对"平安造船厂"应如何处罚？

9. 2018年4月，A县在清理、取缔"三无"船舶，严厉打击走私犯罪的专项行动中，查获一艘停泊在B港口的"三无"船舶。经调查，该"三无"船舶的主人是A县某村村民胡某。经过询问和调查，该县的渔政管理机关决定没收该"三无"船舶，但是胡某拒绝该没收决定并且进行了阻挠。

问题：

（1）A县的渔政管理机关作出的没收决定是否合法？说明理由。

（2）对胡某的阻挠行为应如何处罚？

10. 某市渔政执法人员在巡视过程中，发现李某的"三无"船舶停靠在港口，遂没收该"三无"船舶并对李某作出罚款决定。经执法人员的询问和调查，李某的"三无"船舶系在朋友孙某的"船舶建造厂"购得，为此还花费了4万元人民币。事后查明，孙某的"船舶建造厂"并未经过任何的核准，也未在工商管理部门登记注册。

问题：

（1）没收后的船舶应如何处理？

（2）对孙某应如何处罚？

第八节　渔业生态保护与污染防控相关法律法规习题

一、判断题（10题）

1. 建设单位在某湖泊改建排污口，直接影响该湖泊渔业水域渔业资源，环境保护主管部门可以直接审批环境影响评价报告，无需征求渔业主管部门意见。（　　）

2. 重要渔业水域可以新建排污口。（　　）

3.《中华人民共和国海洋环境保护法》规定，当事人活动造成海洋水产资源破坏的，由依照本法规定行使海洋环境监督管理权的部门进行处罚。此处，不包括渔业主管部门。（　　）

4. 对于适用不符合标准的船舶用燃油的渔船，渔业主管部门可以按照职责处一万元以上十万元以下的罚款。（　　）

5. 在选划临时性海洋倾倒区前，不用征求国家海事、渔业主管部门的意见。（　　）

6. 养殖者可以在饮用水水源一级保护区内从事网箱养殖。（　　）

7. 养殖者可以依法在饮用水水源二级保护区内从事网箱养殖。（　　）

8. 根据《中华人民共和国水污染防治法》，以拖延、围堵、滞留执法人员等方式拒绝、阻挠本法规定行使监督管理权的部门进行监督检查，由该行使监督管理权的部门责令改正，处二万元以上二十万元以下的罚款。此处，行使监督管理权的部门不包括渔业主管部门。（　　）

9. 对破坏海洋生态、海洋水产资源、海洋保护区，给国家造成重大损失的，国家渔业主管部门可以在其职权范围内代表国家对责任者提出损害赔偿要求。（　　）

10. 某油轮与渔船在近海碰撞，造成海面一定程度污染，渔业主管部门应当参与该事故的调查处理。（　　）

二、单项选择题（2题）

1. 下述哪一类渔业污染事故构成重大渔业污染事故？（　　）
   A. 事故造成直接经济损失额在一亿元以上
   B. 事故造成直接经济损失额在千万元以上
   C. 事故造成直接经济损失在百万元以上千万元以下
   D. 事故造成直接经济损失在百万元以下

2. 下面哪个单位可以依法提起民事公益诉讼？（　　）
   A. 公安机关　　　　　　　　　B. 检察机关
   C. 边防部队　　　　　　　　　D. 海警

三、多项选择题（3题）

1. 根据《中华人民共和国海洋环境保护法》的规定，船舶不得违反法律规定（　　）。
   A. 向海洋排放残油、废油　　　B. 向海洋排放未经处理的压载水
   C. 向海洋排放船舶垃圾　　　　D. 向海洋排放危险废物

2. 《中华人民共和国渔业法》规定禁止下述哪种行为？（　　）
   A. 围湖造田
   B. 在养殖水域滩涂规划划定的区域进行养殖
   C. 围垦沿海滩涂

D. 围垦重要的苗种基地

3. 养殖生产应当保护水域生态环境，（　　　）。

A. 合理投饵 　　　　　　　　　　B. 科学确定养殖密度

C. 应当采用网箱养殖 　　　　　　D. 合理使用药物

第八章
渔业行政执法相关规范习题

第一节　农业行政处罚程序相关规定习题

一、判断题（65题）

1. 违法行为发生地与查获地不一致的，适用"谁查获谁处理"的原则。（　　）

2. 法律、法规授权的渔业管理机构在法定授权范围内实施行政处罚，并对该行为的后果承担法律责任。（　　）

3. 农业行政处罚案件自立案之日起，应当在六个月内作出处理决定。（　　）

4. 渔业行政处罚由违法行为发生地或涉嫌违法行为人户籍所在地的渔业行政处罚机关管辖。（　　）

5. 设区的市、自治州的渔业行政处罚机关和省级渔业行政处罚机关管辖本行政区域内重大、复杂的行政违法案件。（　　）

6. 渔业行政处罚机关管辖本辖区范围内发生的和上级部门指定管辖的渔业违法案件。（　　）

7. 对当事人的同一违法行为，两个以上渔业行政处罚机关都有管辖权的，应当由先查获的渔业行政处罚机关管辖。（　　）

8. 下级渔业行政处罚机关认为行政处罚案件重大复杂的，应当报请上一级渔业行政处罚机关管辖。（　　）

9. 渔业行政处罚机关对管辖发生争议的，应当报请共同上一级渔业行政处罚机关指定管辖。（　　）

10. 特殊情况下渔业行政处罚案件自立案之日起三个月内不能作出处理的，报经上一级农业行政处罚机关批准可以延长至六个月。（　　）

11. 听证由拟作出行政处罚的农业行政处罚机关组织。具体实施工作由其法制工作机构或者相应机构负责。（　　）

12. 渔业行政处罚机关在办理案件时，对需要其他部门作出吊销有关许可证、批准文号、营业执照等行政处罚决定的，应当将查处结果告知作出许可决定的部门并提出处理建议。（　　）

13. 违法行为涉嫌构成犯罪的，渔业行政处罚机关可以将案件移送司法机关，依法追究刑事责任。（   ）

14. 渔业行政处罚机关必须充分听取当事人的意见，不得因当事人申辩而加重处罚。（   ）

15. 违法事实确凿并有法定依据，对公民处以五十元以下、对法人或者其他组织处以两千元以下罚款或者警告的行政处罚的，可以当场作出渔业行政处罚决定。（   ）

16. 执法人员应当在作出当场处罚决定之日起、渔业执法人员应当自抵岸之日起二日内将《当场处罚决定书》报所属农业行政处罚机关备案。（   ）

17. 实施渔业行政处罚，除适用简易程序的外，应当适用一般程序。（   ）

18. 执法人员对与案件有关的物品或者场所进行现场检查或者勘验检查时，应当通知当事人到场制作《现场检查（勘验）笔录》，当事人拒不到场或拒绝签名盖章的，可以在笔录中注明，并可以请在场的其他人员见证。（   ）

19. 渔业行政处罚机关收集证据时，可以采取抽样取证的方法。（   ）

20. 渔业行政处罚机关可以依据有关法律、法规的规定，对涉案场所、设施或者财物采取查封、扣押等强制措施。（   ）

21. 农业行政处罚机关抽样送检的，应当将检测结果及时告知当事人。非从生产单位直接抽样的，农业行政处罚机关可以向产品标注生产单位发送《产品确认通知书》。（   ）

22. 渔业行政处罚机关对先行登记保存的证据，应当在十日内作出处理决定并告知当事人。（   ）

23. 案件调查人员的回避，由渔业行政处罚机关负责人决定；渔业行政处罚机关负责人的回避由上一级渔业行政处罚机关决定。（   ）

24. 案件调查人员的回避未被决定前，应当暂停对案件的调查处理。（   ）

25. 案情复杂或者有重大违法行为需要给予较重行政处罚的，应当报请上一级渔业行政处罚机关集体讨论决定。（   ）

26. 在作出行政处罚决定之前，渔业行政处罚机关应当制作《行政处罚事先告知书》送达当事人，并告知当事人可以在收到告知书之日起七日内申请听证。（   ）

27. 当事人无正当理由逾期未提出陈述、申辩或者要求听证的，视为放弃上述权利。（   ）

28. 在边远、水上和交通不便的地区按一般程序实施处罚时，执法人员可以采用通讯方式报请处罚机关负责人批准立案和对调查结果的处理意见进行审

查。（　　　）

29. 在边远、水上和交通不便的地区按一般程序实施处罚时，当事人可当场向执法人员进行陈述和申辩。不提出陈述和申辩的，视为放弃此权利。（　　　）

30. 渔业行政处罚案件自立案之日起，应当在三个月内作出处理决定；特殊情况下三个月内不能作出处理的，报经上一级渔业行政处罚机关批准可以延长一年。（　　　）

31. 渔业行政处罚机关作出责令停产停业、吊销许可证或者执照、较大数额罚款的行政处罚决定前，可以告知当事人有要求举行听证的权利。当事人要求听证的，渔业行政处罚机关应当组织听证。（　　　）

32. 听证机关应当在举行听证会的七日前送达《听证处罚听证会通知书》。（　　　）

33. 当事人要求听证的，应当在收到《行政处罚事先告知书》之日起三日内向听证机关提出。（　　　）

34. 除涉及国家秘密、商业秘密或个人隐私外，听证应当公开举行。（　　　）

35.《行政处罚决定书》应当在宣告后当场交付当事人；当事人不在场的，应当在三日内送达当事人，并由当事人在《送达回证》上签名或者盖章。（　　　）

36. 直接送达渔业行政处罚文书有困难的，可委托其他渔业行政处罚机关代为送达，也可以邮寄、公告送达。（　　　）

37. 在边远、水上、交通不便地区，渔业行政处罚机关及其执法人员依法作出罚款决定后，当事人向指定的银行缴纳罚款确有困难，经当事人提出，渔业行政处罚机关及其执法人员可以当场收缴罚款。（　　　）

38. 执法人员在水上当场收缴的罚款，应当自抵岸之日起二日内交至渔业行政处罚机关。（　　　）

39. 渔业行政处罚决定依法作出后，当事人对行政处罚决定不服申请行政复议或者提起行政诉讼的，行政处罚决定可以暂停执行。（　　　）

40. 当事人确有经济困难，需要延期或者分期缴纳罚款的，当事人应当书面申请，经作出行政处罚决定的机关批准，可以暂缓或者分期缴纳。（　　　）

41. 行政执法机关应对本单位的行政执法基本信息、结果信息按照"谁执法谁公示"的原则予以公示。（　　　）

42. 执法人员应当在作出当场处罚决定之日起、渔业执法人员应当自抵岸之日起7日内将《当场处罚决定书》报所属农业行政处罚机关备案。（　　　）

43. 根据《民事诉讼法》和《农业行政处罚程序规定》，对受送达人下落

不明，或者用其他方式无法送达的，应采取公告送达方式送达。自发出公告之日起经过六十天，即视为送达。（　　）

44. 渔业行政执法案件立卷归档后，上级领导可根据工作需要，任意增加或者抽取案卷材料，并对错误的案卷内容进行修改。（　　）

45. 渔业行政处罚机关应当在 7 日内将收缴的罚款交至指定的银行。（　　）

46. 渔业行政执法案件调查人员与本案有利害关系或者其他关系可能影响公正处理的，应当申请回避，当事人也有权向农业行政处罚机关申请要求回避。回避未被决定前，应当停止对案件的调查处理。（　　）

47. 渔业行政处罚机关收集证据时，可以采取抽样取证的方法。在证据可能灭失或者以后难以取得的情况下，执法人员可以决定先行登记保存。（　　）

48. 渔业行政处罚机关为调查案件需要，有权要求当事人或者有关人员协助调查；有权依法进行现场检查或者勘验；有权要求当事人提供相应的证据资料；对重要的书证，有权进行复制。（　　）

49. 农业行政处罚机关作出较大数额罚款的行政处罚决定前，应当告知当事人有要求举行听证的权利。其中较大数额罚款，地方农业行政处罚机关按省级人大常委会或者人民政府规定的标准执行；农业部及其所属的经法律、法规授权的农业管理机构对公民罚款超过 3 000 元、对法人或其他组织罚款超过 3 万元属较大数额罚款。（　　）

50. 当事人应当按期参加听证。当事人有正当理由要求延期的，经听证机关批准可以延期一次；当事人未按期参加听证并且未事先说明理由的，视为放弃听证权利。（　　）

51. 渔业行政执法文书应当按照规定的格式填写或打印制作，填写制作文书可以使用黑色铅笔或蓝黑色签字笔，对于填写错误的可以修改。（　　）

52. 渔业行政执法文书中"案由"填写为"违法行为定性＋案"。例如，违反禁渔期非法捕捞案。在立案和调查取证阶段文书中"案由"填写为："涉嫌＋违法行为定性＋案"。（　　）

53. 询问笔录、现场检查（勘验）笔录、查封（扣押）现场笔录、听证笔录等文书，应当场交当事人阅读或者向当事人宣读，并由当事人逐页签字盖章或捺指印确认。当事人拒绝签字盖章或拒不到场的，执法人员应当在笔录中注明，并可以邀请在场的其他人员签字。（　　）

54. 行政处罚立案审批表是指渔业执法机关在办理简易程序案件中，用以履行报批立案手续的文书。（　　）

55. 查封、扣押的期限不得超过六十日；情况复杂的，经行政机关负责人批准，可以延长，延长总期限不得超过六个月。法律、行政法规另有规定的除

外。（ ）

56. 渔业行政执法人员在询问当事人制作询问笔录时，应当有两名以上执法人员在场，并做到一个被询问人一份笔录，一问一答。询问人提出的问题，如被询问人不回答或者拒绝回答的，应当写明被询问人的态度，如"不回答"或者"沉默"等，并用括号标记。（ ）

57. 渔业执法人员在执法现场未向当事人说明其具有陈述、申辩或听证的权利，因此当事人就不具有陈述、申辩或听证的权利。（ ）

58. 对违法人当场给予二百元以下罚款的，可以适用简易程序。（ ）

59. 按照一般程序作出的渔业行政处罚决定，应当经渔业主管部门法制工作机构审核；对情节复杂或者重大违法行为给予较重的行政处罚的，还应当经渔业主管部门负责人集体讨论决定，并在案卷讨论记录和行政处罚决定书中说明理由。（ ）

60. 行政执法公示制度要求强化事前公开、规范事中公示和加强事后公开。（ ）

61. 渔业执法过程中，执法人员发现实施违法行为的人员已满 14 周岁、未满 18 周岁，因此未对其实施违法的行为给予处罚。（ ）

62. 行政执法人员在进行监督检查、调查取证、采取强制措施和强制执行、送达执法文书等执法活动时，必须主动出示执法证件，向当事人和相关人员表明身份，鼓励采取佩戴执法证件的方式，执法全程公示执法身份。（ ）

63. 行政执法机关主要负责人对本机关作出的行政执法决定负责。行政执法承办机构对执法的事实、证据、法律适用、程序的合法性负责。法制审核机构对重大执法决定的法制审核意见负责。（ ）

64. 在具体渔业执法过程中，对同时具有两个以上从轻情节、且不具有从重情节的，可以在违法行为对应的处罚幅度内按最高档次实施处罚。（ ）

65. 法律、法规、规章对行政处罚事项规定有自由裁量空间的，省级渔业主管部门可结合本地区实际制定自由裁量基准，明确处罚裁量标准和适用条件，供本地区渔业主管部门实施行政处罚时参照执行。（ ）

二、单项选择题（60 题）

1. 依法设立的（ ）机构具体承担渔业行政处罚工作。
   A. 渔政监督　　　　　　　　　　　B. 渔港监督
   C. 渔船检验　　　　　　　　　　　D. 农业行政综合执法

2. 听证机关组织听证，（ ）向当事人收取费用。
   A. 可以　　　　　　　　　　　　　B. 可以不
   C. 不得　　　　　　　　　　　　　D. 应当

3. 渔业行政处罚机关收集证据时，在证据可能灭失或者以后难以取得的情况下，经（　　　），可以先行登记保存。

　　A. 本行政处罚机关负责人集体讨论决定

　　B. 本行政处罚机关负责人批准

　　C. 上一级行政处罚机关批准

　　D. 上一级行政处罚机关集体讨论决定

4. 违法行为发生在管辖权不明确或者有争议的区域的，由（　　　）的渔业行政处罚机关管辖。

　　A. 涉嫌违法行为人户籍所在地　　　　B. 违法行为发生地

　　C. 违法行为查获地　　　　　　　　　D. 涉嫌违法行为人居住地

5. 县级渔业行政处罚机关依法收缴的罚款、没收的违法所得或者拍卖非法财物的款项，必须（　　　）。

　　A. 全部上缴本级财政　　　　　　　　B. 全部上缴省级财政

　　C. 全部上缴国库　　　　　　　　　　D. 全部上缴上一级财政

6. 违法行为发生地与查获地不一致的，由（　　　）的渔业行政处罚机关管辖。

　　A. 涉嫌违法行为人户籍所在地　　　　B. 违法行为发生地

　　C. 违法行为查获地　　　　　　　　　D. 涉嫌违法行为人居住地

7. 对当事人的同一违法行为，两个以上渔业行政处罚机关都有管辖权的，应当由（　　　）的渔业行政处罚机关管辖。

　　A. 先发现　　　　　　　　　　　　　B. 上一级渔业行政处罚机关指定

　　C. 先查获　　　　　　　　　　　　　D. 先立案

8. 渔业行政处罚机关对管辖发生争议的，应当协商解决。协商不成的，应当（　　　）。

　　A. 由先受理的渔业行政处罚机关管辖

　　B. 由先立案的渔业行政处罚机关管辖

　　C. 报请共同上一级渔业行政处罚机关指定管辖

　　D. 移交共同上一级渔业行政处罚机关管辖

9. 上级渔业行政处罚机关在收到报请管辖或指定管辖的请示后，应当在（　　　）内作出书面决定。

　　A. 三日　　　　　　　　　　　　　　B. 七日

　　C. 十日　　　　　　　　　　　　　　D. 十五日

10. 关于当场作出行政处罚决定时应当遵守的程序，下列哪一项是不正确的？（　　　）

　　A. 向当事人表明身份，出示执法证件

B. 当场查清违法事实，收集和保存必要的证据

C. 告知当事人违法事实、处罚理由和依据，并听取当事人陈述和申辩

D. 填写《行政处罚事先告知书》，当场交付当事人

11. 违法事实确凿并有法定依据，对公民处以（　　）以下罚款或者警告的行政处罚的，可以当场作出渔业行政处罚决定。

A. 二十元 　　　　　　　　　　B. 五十元

C. 一百元 　　　　　　　　　　D. 二百元

12. 渔业执法人员应当自抵岸之日起（　　）内将《当场处罚决定书》报所属渔业行政处罚机关备案。

A. 二日 　　　　　　　　　　　B. 三日

C. 五日 　　　　　　　　　　　D. 七日

13. 渔业行政处罚机关在调查案件过程中，下列说法哪个是错误的？（　　）

A. 有权要求当事人或者有关人员协助调查

B. 有权依法进行现场检查或者勘验

C. 有权要求当事人提供相应的证据资料

D. 对重要的书证，有权进行扣押

14. 渔业行政处罚机关对先行登记保存的证据，应当在（　　）内作出处理决定并告知当事人。

A. 七日 　　　　　　　　　　　B. 十日

C. 十五日 　　　　　　　　　　D. 三十日

15. 执法人员在调查结束后，认为案件事实清楚，证据充分，应当制作（　　），报渔业行政处罚机关负责人审批。

A.《案件处理意见书》 　　　　B.《行政处罚事先告知书》

C.《行政处罚决定书》 　　　　D.《责令改正通知书》

16. 在作出行政处罚决定之前，渔业行政处罚机关应当制作《行政处罚事先告知书》送达当事人，并告知当事人可以在收到告知书之日起（　　）内，进行陈述、申辩。符合听证条件的，告知当事人可以要求听证。

A. 二日 　　　　　　　　　　　B. 三日

C. 五日 　　　　　　　　　　　D. 七日

17. 除下列哪种情形外，在边远、水上和交通不便的地区按一般程序实施处罚时，执法人员可以采用通讯方式报请处罚机关负责人批准立案和对调查结果及处理意见进行审查（　　）。

A. 应当由渔业行政处罚机关负责人集体讨论决定的案件

B. 违法行为发生在管辖权不明确或者有争议区域的案件

C. 当事人拒绝陈述和申辩的案件

D. 涉嫌违法行为人对案件事实有异议的案件

18. 渔业行政处罚案件自立案之日起，应当在（　　）个月内作出处理决定；特殊情况下三个月内不能作出处理的，报经上一级渔业行政处罚机关批准可以延长至一年。

A. 一　　　　　　　　　　　　　　B. 二

C. 三　　　　　　　　　　　　　　D. 六

19. 渔业行政处罚案件自立案之日起，应当在三个月内作出处理决定；特殊情况下期限内不能作出处理的，报经上一级渔业行政处罚机关批准可以延长至（　　）。

A. 五个月　　　　　　　　　　　　B. 六个月

C. 九个月　　　　　　　　　　　　D. 一年

20. 实施农业行政处罚，对公民罚款超过（　　）、对法人或其他组织罚款超过三万元属较大数额罚款，应当告知当事人有要求举行听证的权利。

A. 五百元　　　　　　　　　　　　B. 一千元

C. 两千元　　　　　　　　　　　　D. 三千元

21. 实施农业行政处罚，对公民罚款超过三千元、对法人或其他组织罚款超过（　　）属较大数额罚款。

A. 一万元　　　　　　　　　　　　B. 两万元

C. 三万元　　　　　　　　　　　　D. 五万元

22. 当事人要求听证的，应当在收到《行政处罚事先告知书》之日起（　　）内向听证机关提出。

A. 二日　　　　　　　　　　　　　B. 三日

C. 五日　　　　　　　　　　　　　D. 七日

23. 听证机关应当在举行听证会的（　　）前送达《行政处罚听证会通知书》，告知当事人举行听证的时间、地点、听证主持人名单及可以申请回避和可以委托代理人等事项。

A. 二日　　　　　　　　　　　　　B. 三日

C. 五日　　　　　　　　　　　　　D. 七日

24. 当事人应当按期参加听证。当事人有正当理由要求延期的，经听证机关批准可以延期（　　）；当事人未按期参加听证并且未事先说明理由的，视为放弃听证权利。

A. 一次　　　　　　　　　　　　　B. 二次

C. 三次　　　　　　　　　　　　　D. 四次

25. 作出下列哪一项行政处罚决定前，渔业行政处罚机关不需要告知当事人有要求举行听证的权利？（　　）

    A. 责令停产停业　　　　　　　　B. 1 000 元罚款

    C. 吊销许可证或者执照　　　　　D. 50 000 元罚款

26. 下列哪一项不属于当事人在听证中的权利和义务？（　　）

    A. 对案件涉及的事实、适用法律及有关情况进行陈述和申辩

    B. 对案件调查人员进行举报

    C. 如实回答主持人的提问

    D. 遵守听证会场纪律，服从听证主持人指挥

27. 《行政处罚决定书》应当在宣告后当场交付当事人；当事人不在场的，应当在（　　）内送达当事人，并由当事人在《送达回证》上签名或者盖章。

    A. 二日　　　　　　　　　　　　B. 三日

    C. 五日　　　　　　　　　　　　D. 七日

28. 送达《行政处罚决定书》，当事人不在的，可以交给（　　）代收，并在《送达回证》上签名或者盖章。

    A. 其成年家属　　　　　　　　　B. 其邻居

    C. 其所在居委会　　　　　　　　D. 其所在集体经济组织

29. 当事人或者代收人拒绝接收、签名、盖章的，送达人可以邀请（　　）到场，说明情况，把《行政处罚决定书》留在其住处或者单位，并在送达回证上记明拒绝的事由、送达的日期，由送达人、见证人签名或者盖章，即视为送达。

    A. 其成年家属　　　　　　　　　B. 其邻居

    C. 其所在单位有关人员　　　　　D. 其亲属

30. 直接送达渔业行政处罚文书确有困难的，不可以采取下列哪一种方式送达？（　　）

    A. 委托当事人所在县级渔业行政主管部门

    B. 委托当事人所在村（居）委会

    C. 邮寄

    D. 公告

31. 邮寄送达的，挂号回执上注明的收件日期为送达日期；公告送达的，自发出公告之日起经过（　　）天，即视为送达。

    A. 二十　　　　　　　　　　　　B. 三十

    C. 四十五　　　　　　　　　　　D. 六十

32. 当场作出渔业行政处罚决定，依法给予（　　）元以下罚款的执法人员可以当场收缴罚款。

A. 二十　　　　　　　　　　B. 三十

C. 一百　　　　　　　　　　D. 二百

33. 执法人员在水上当场收缴的罚款，应当自抵岸之日起（　　）日内交至渔业行政处罚机关。

A. 二　　　　　　　　　　　B. 三

C. 五　　　　　　　　　　　D. 七

34. 渔业行政处罚决定依法作出后，当事人对行政处罚决定不服申请行政复议或者提起行政诉讼的，除法律另有规定外，行政处罚决定（　　）执行。

A. 暂时停止　　　　　　　　B. 可以暂时停止

C. 不停止　　　　　　　　　D. 一般不得停止

35. 对处以罚款的渔业行政处罚决定，当事人到期不缴纳罚款的，作出处罚决定的渔业行政处罚机关依法可以每日按罚款数额的百分之（　　）加处罚款。

A. 二　　　　　　　　　　　B. 三

C. 四　　　　　　　　　　　D. 五

36. 对生效的渔业行政处罚决定，当事人拒不履行的，作出渔业行政处罚决定的渔业行政处罚机关依法不可以采取哪项措施？（　　）

A. 到期不缴纳罚款的，每日按罚款数额的百分之五加处罚款

B. 根据法律规定，将查封的财物拍卖抵缴罚款

C. 申请人民法院强制执行

D. 根据法律规定，将查封的财物拍卖抵缴罚款

37. 以下哪一个不是渔业行政处罚适用简易程序的必备条件？（　　）

A. 违法事实确凿

B. 有法定依据

C. 对公民处以 50 元以下、对法人或者其他组织处以 1 000 元以下罚款或者警告的行政处罚的

D. 当事人对当场行政处罚无异议

38. 罚款、没收的违法所得或者拍卖非法财物的款项，必须全部上缴（　　），农业行政处罚机关或者个人不得以任何形式截留、私分或者变相私分。

A. 政府　　　　　　　　　　B. 农业行政处罚机关

C. 税务部门　　　　　　　　D. 国库

39. 下列哪一项不是渔业行政处罚机关将案件材料立卷归档的要求？（　　）

A. 一案一卷　　　　　　　　B. 文书齐全，手续完备

C. 案卷应当按顺序装订   D. 经批准适当调整案卷内容

40. 执法人员应当在作出当场处罚决定之日起、渔业执法人员应当自抵岸之日起（   ）内将《当场处罚决定书》报所属农业行政处罚机关备案。

    A. 一周   B. 五日

    C. 三日   D. 两日

41. 执法人员在调查结束后，认为案情复杂或者有重大违法行为需要给予较重行政处罚的，应当（   ）。

    A. 由执法人员负责人决定

    B. 由执法人员集体讨论决定

    C. 由农业行政处罚机关负责人决定

    D. 由农业行政处罚机关负责人集体讨论决定

42. 查处农业行政处罚案件，必须填写现场笔录，现场笔录应当有在场检查的（   ）渔业执法人员的签名，并记载时间。

    A. 一人以上   B. 两名以上

    C. 三名以上   D. 无限制

43. 《行政处罚决定书》应当直接送达被处罚人，但不能直接送交被处罚人的，应当采取以下哪些措施？（   ）

    A. 可交与其同住的成年家属签收

    B. 直接送达有困难的，也可邮寄送达

    C. 被处罚人已向主管机构指定代收人的，由指定代收人签收

    D. 以上选项都对

44. 农业行政处罚机关实施查封、扣押等强制措施的，还应当遵守（   ）的有关规定。

    A. 《行政诉讼法》

    B. 《中华人民共和国行政许可法》

    C. 《中华人民共和国行政强制法》

    D. 《中华人民共和国治安管理处罚法》

45. 在证据可能灭失或者以后难以取得的情况下，经行政机关负责人批准，可以（   ）。

    A. 审批保存处理   B. 审批登记保存

    C. 先行保存处理   D. 先行登记保存

46. 渔业行政执法文书中的编号、时间、价格、数量等应当使用（   ）

    A. 阿拉伯数字   B. 大写中文数字

    C. 不限定数字   D. 大小写混合数字

47. 现场检查（勘验）笔录是指执法人员对与涉嫌违法行为有关的物品、

场所等进行( )的文字图形记载和描述。

    A. 监督或调查   B. 执法或检查

    C. 检查或勘验   D. 调查或询问

48. 农业农村部可以根据统一和规范全国农业行政执法裁量尺度的需要，针对( )的农业行政处罚事项制定自由裁量基准。

    A. 指定   B. 特定

    C. 专有   D. 特殊

49. 渔业行政处罚中，罚款为一定幅度的数额，并同时规定了最低罚款数额和最高罚款数额的，从轻处罚应低于最高罚款数额与最低罚款数额的( )，从重处罚应高于( )。

    A. 中间值　中间值   B. 平均差　平均差

    C. 最高额　最低额   D. 中间值　最低值

50. 渔业行政处罚中，如果处罚额度只规定了最高罚款数额未规定最低罚款数额的，从轻处罚一般按最高罚款数额的百分之三十以下确定，从重处罚应高于最高罚款数额的百分之( )。

    A. 八十   B. 五十

    C. 七十   D. 六十

51. 渔业行政处罚中，如果处罚额度只规定最高罚款倍数未规定最低罚款倍数的，一般处罚按最高罚款倍数的百分之三十以上百分之( )以下确定。

    A. 八十   B. 五十

    C. 六十   D. 七十

52. 《规范农业行政处罚自由裁量权办法》规定，具有下列哪种情形的，农业农村主管部门可依法不予处罚？( )

    A. 年满 14 周岁的公民实施违法行为的

    B. 精神病人在可以辨认或者控制自己行为时实施违法行为的

    C. 违法事实清楚，证据确凿的

    D. 违法行为轻微并及时纠正，未造成危害后果的

53. 《规范农业行政处罚自由裁量权办法》第十四条规定，具有下列哪种情形的，农业农村主管部门可依法从轻或减轻处罚？( )

    A. 未满 14 周岁的公民实施违法行为的

    B. 主动消除或减轻违法行为危害后果的

    C. 指使或胁迫他人实施违法行为的

    D. 在共同违法行为中起主要作用的

54. 根据《规范农业行政处罚自由裁量权办法》的有关要求，按照( )程序作出的渔业行政处罚决定，应当经渔业主管部门法制工作机构审核。

  A. 一般   B. 复杂

  C. 听证   D. 特殊

55.《规范农业行政处罚自由裁量权办法》规定，具有下列哪种情形的，农业农村主管部门可依法从重处罚？（   ）

  A. 胁迫、诱骗或教唆未成年人实施违法行为的

  B. 违法情节轻微并及时纠正，未造成危害后果的

  C. 责令改正均已改正，或者一年内实施一次违法行为的

  D. 积极配合执法人员依法调查、处理其违法行为的

56. 行政执法机关要在执法决定作出之日起（   ）个工作日内，向社会公布执法机关、执法对象、执法类别、执法结论等信息，接受社会监督，行政许可、行政处罚的执法决定信息要在执法决定作出之日起 7 个工作日内公开，但法律、行政法规另有规定的除外。

  A. 20   B. 7

  C. 15   D. 10

57. 渔业行政处罚法制审核，原则上各级渔业行政执法机关的法制审核人员不少于本单位执法人员总数的（   ）。

  A. 3%   B. 6%

  C. 5%   D. 2%

58. 适用听证程序的行政处罚，行政机关及其执法人员（   ）当场收缴罚款。

  A. 可以   B. 不可以

  C. 根据现场情况   D. 应当

59.《规范农业行政处罚自由裁量权办法》规定，对情节复杂或者重大违法行为给予较重的行政处罚的，应当经农业农村主管部门（   ），并在案卷讨论记录和行政处罚决定书中说明理由。

  A. 认真调查后作出决定

  B. 申请上级部门审核后作出决定

  C. 采取从重处罚措施的决定

  D. 负责人集体讨论决定

60. 具体渔业执法过程中，发现当事人的违法行为轻微并及时纠正，未造成危害后果的，应当依法（   ）处罚。

  A. 从重   B. 减轻

  C. 不予   D. 从轻

三、多项选择题（59题）

1. 当场作出行政处罚决定时应当遵守下列程序（　　）。

    A. 向当事人表明身份，出示执法证件

    B. 当场查清违法事实，收集和保存必要的证据

    C. 告知当事人违法事实、处罚理由和依据，并听取当事人陈述和申辩

    D. 填写《当场处罚决定书》，当场交付当事人，并应当告知当事人，如不服行政处罚决定，可以依法申请行政复议或者提起行政诉讼

2. 渔业行政处罚机关管辖（　　）案件。

    A. 本辖区范围内发生的渔业违法　　B. 本辖区范围外发生的渔业违法

    C. 本辖区渔业从业人员发生的治安　　D. 上级部门指定管辖的渔业违法

3. 渔业行政处罚适用"谁查获谁处理"原则的情况有（　　）。

    A. 违法行为发生在管辖权不明确区域的

    B. 违法行为发生在共管区、叠区的

    C. 违法行为发生在管辖权有争议的区域的

    D. 违法行为发生地与查获地不一致的

4. 下级渔业行政处罚机关认为行政处罚案件（　　），可以报请上一级渔业行政处罚机关管辖。

    A. 重大复杂的　　　　　　　　　　B. 涉嫌违法犯罪的

    C. 本地不宜管辖的　　　　　　　　D. 涉及其他部门管理事项的

5. 执法人员调查收集证据时不得少于二人，证据包括（　　）。

    A. 书证　　　　　　　　　　　　　B. 视听资料

    C. 当事人陈述　　　　　　　　　　D. 鉴定意见

6. 渔业行政处罚机关在办理案件时，对需要其他部门作出（　　）等行政处罚决定的，应当将查处结果告知作出许可决定的部门并提出处理建议。

    A. 吊销生产许可证　　　　　　　　B. 吊销有关批准文号

    C. 吊销有关营业执照　　　　　　　D. 吊销身份证明

7. 渔业行政处罚机关在作出渔业行政处罚决定前，应当告知当事人的事项有（　　）。

    A. 作出行政处罚的事实　　　　　　B. 当事人依法应承担的义务

    C. 作出行政处罚的理由及依据　　　D. 当事人依法享有的权利

8. 违法事实确凿并有法定依据，下列哪几种行政处罚可以当场作出渔业行政处罚决定（　　）。

    A. 对公民处以五十元以下罚款

    B. 对公民处以二百元以下罚款

C. 对法人或者其他组织处以一千元以下罚款

D. 对法人或者其他组织处以二千元以下罚款

9. 当场作出行政处罚决定后，执法人员可以当场收缴罚款的情形包括（　　）。

A. 依法给予五十元以下的罚款的

B. 依法给予二十元以下的罚款的

C. 被处罚人同意当场缴纳罚款的

D. 不当场收缴事后难以执行的

10. 符合下列（　　）条件的，渔业行政处罚机关应当予以立案，并填写行政处罚立案审批表：

A. 有涉嫌违反渔业法律、法规和规章的行为

B. 属于本机关管辖

C. 涉嫌犯罪，依法应当移送司法机关给予行政处罚

D. 违法行为发生之日起至被发现之日止未超过二年的

11. 渔业行政执法人员收集的证据种类包括（　　）。

A. 书证　　　　　　　　　B. 物证

C. 现场笔录　　　　　　　D. 视听资料

12. 渔业行政处罚机关在收集证据时，有权（　　）。

A. 依照法律、法规的规定，可以进行检查

B. 抽样取证

C. 对当事人进行询问

D. 依照程序先行登记保存

13. 渔业行政处罚机关为调查案件需要，可以（　　）。

A. 有权要求当事人或者有关人员协助调查

B. 有权依法进行现场检查或者勘验

C. 有权要求当事人提供相应的证据资料

D. 对重要的书证，有权进行扣押

14. 执法人员对与案件有关的物品或者场所进行现场检查或者勘验检查时，应当（　　）。

A. 通知当事人到场

B. 制作《现场检查（勘验）笔录》

C. 有权要求当事人提供相应的证据资料

D. 当事人拒不到场或拒绝签名盖章的，应当在笔录中注明，并可以请在场的其他人员见证

15. 渔业行政处罚机关可以依据有关法律、法规的规定，对涉案（　　）采取查封、扣押等强制措施。

A. 场所　　　　　　　　　　　B. 设施

C. 人员　　　　　　　　　　　D. 财物

16. 渔业行政处罚机关对证据进行抽样取证、登记保存或者采取查封、扣押等强制措施，应当（　　　）。

A. 通知当事人到场

B. 当事人不到场的，应当邀请其他人员到场见证并签名或盖章

C. 当事人拒绝签名或盖章的，应当予以注明

D. 遵守《中华人民共和国行政许可法》的有关规定

17. 对抽样取证、登记保存、查封扣押的物品，渔业行政处罚机关应当制作（　　　）。

A.《抽样取证凭证》　　　　　　B.《证据登记保存清单》

C.《查封（扣押）决定书》　　　D.《查封（扣押）清单》

18. 就地保存物品时，有下列哪种情形的可以异地保存？（　　　）

A. 可能妨害公共秩序的　　　　　B. 可能妨害公共安全的

C. 保存物品比较贵重的　　　　　D. 存在其他不适宜就地保存情况的

19. 渔业行政处罚机关对先行登记保存的证据，应当在七日内作出下列哪些处理决定并告知当事人？（　　　）

A. 需要进行技术检验或者鉴定的，送交有关部门检验或者鉴定

B. 对依法应予没收的物品，依照法定程序处理

C. 对依法应当由有关部门处理的，移交有关部门

D. 为防止损害公共利益，需要销毁或者无害化处理的，依法进行处理

20. 关于案件调查人员的回避，下列说法正确的是（　　　）。

A. 案件调查人员与本案有利害关系或者其他关系可能影响公正处理的，应当申请回避

B. 当事人有权向渔业行政处罚机关申请要求有关案件调查人员回避

C. 案件调查人员的回避，由渔业行政处罚机关负责人决定

D. 案件调查人员的回避，由渔业行政处罚机关负责人集体讨论决定

21. 关于案件调查人员的回避，下列说法不正确的是（　　　）。

A. 当事人有权向渔业行政处罚机关申请，要求特定案件调查人员回避

B. 回避未被决定前，不得停止对案件的调查处理

C. 案件调查人员的回避，由渔业行政处罚机关负责人集体讨论决定

D. 渔业行政处罚机关负责人的回避由上一级渔业行政处罚机关负责人集体讨论决定

22. 在作出行政处罚决定之前，渔业行政处罚机关应当制作《行政处罚事先告知书》（听证），送达当事人，告知（　　　）。

　　A. 拟给予行政处罚的内容

　　B. 拟给予行政处罚的理由和依据

　　C. 告知当事人可以在收到告知书之日起七日内进行陈述、申辩

　　D. 符合听证条件的，告知当事人可以要求听证

23. 直接送达渔业行政处罚文书有困难的，可（　　　）。

　　A. 委托其他渔业行政处罚机关代为送达

　　B. 邮寄送达

　　C. 电子邮件送达

　　D. 公告送达

24. 关于送达，下列说法正确的是（　　　）。

　　A. 邮寄送达的，挂号回执上注明的收件日期为送达日期

　　B. 公告送达的，自发出公告之日起经过六十天，即视为送达

　　C.《行政处罚决定书》应当在宣告后当场交付当事人；当事人不在场的，应当在三日内送达当事人

　　D. 直接送达渔业行政处罚文书有困难的，可委托其他渔业行政处罚机关代为送达，也可以邮寄、公告送达。

25. 关于渔业行政处罚案件的办理时限，下列说法错误的有（　　　）。

　　A. 渔业行政处罚案件自立案之日起，应当在六个月内作出处理决定

　　B. 渔业行政处罚案件自立案之日起，应当在两个月内作出处理决定

　　C. 特殊情况下不能按期办结的，报经上一级渔业行政处罚机关批准可以延长六个月

　　D. 特殊情况下不能按期办结的，经本级渔业行政处罚机关负责人批准可以延长至一年

26. 渔业行政处罚机关作出（　　　）行政处罚决定前，应当告知当事人有要求举行听证的权利。当事人要求听证的，渔业行政处罚机关应当组织听证。

　　A. 责令停产停业　　　　　　　　B. 吊销许可证或者执照

　　C. 扣押渔业船舶　　　　　　　　D. 较大数额罚款的

27. 关于罚款收缴，下列说法正确的是（　　　）。

　　A. 渔业行政处罚机关不得自行收缴罚款

　　B. 决定罚款的渔业行政处罚机关应当书面告知当事人向指定的银行缴纳罚款

　　C. 依法当场作出给予二十元以下罚款渔业行政处罚决定的，执法人员可以当场收缴罚款

D. 当场作出渔业行政处罚决定，不当场收缴事后难以执行的，执法人员可以当场收缴罚款

28. 当场作出渔业行政处罚决定，（　　）执法人员可以当场收缴罚款。

A. 依法给予二十元以下罚款

B. 依法给予五十元以下罚款

C. 不当场收缴事后难以执行

D. 经当事人提出，在边远、水上、交通不便地区，当事人向指定的银行缴纳罚款确有困难的

29. 关于当场收缴罚款，下列说法正确的有（　　）。

A. 应当向当事人出具省级财政部门统一制发的罚款收据

B. 不出具财政部门统一制发的罚款收据的，当事人有权拒绝缴纳罚款

C. 执法人员当场收缴的罚款，应当自返回行政处罚机关所在地之日起三日内，交至渔业行政处罚机关

D. 在水上当场收缴的罚款，应当自抵岸之日起五日内交至渔业行政处罚机关

30. 对生效的渔业行政处罚决定，当事人拒不履行的，作出处罚决定的渔业行政处罚机关依法可以采取下列措施（　　）。

A. 到期不缴纳罚款的，每日按罚款数额的百分之五加处罚款

B. 根据法律规定，将查封的财物拍卖抵缴罚款

C. 根据法律规定，将扣押的财物拍卖抵缴罚款

D. 申请人民法院强制执行

31. 可以暂缓或者分期缴纳罚款的条件有（　　）。

A. 当事人确有经济困难

B. 当事人应当书面申请

C. 当事人书面申请确有困难的，可以口头提出申请

D. 经作出行政处罚决定的机关批准

32. 除依法应当予以销毁的物品外，依法没收的非法财物必须按照国家有关规定处理，下列说法正确的有（　　）。

A. 罚款、没收的违法所得，必须全部上缴国库

B. 拍卖非法财物的款项，必须全部上缴国库

C. 拍卖非法财物的款项必须由作出行政处罚决定的机关负责人集体讨论决定使用用途

D. 拍卖非法财物的款项必须由作出行政处罚决定的机关负责人决定使用用途

33. 《农业行政处罚程序规定》对渔业行政处罚的管辖分为（　　）和（　　）。

    A. 一般性管辖   B. 直接管辖

    C. 特殊性管辖   D. 间接管辖

34. 农业行政处罚机关为调查案件需要，有权（　　）。

    A. 要求有关人员协助调查

    B. 依法进行现场检查或者勘验

    C. 要求当事人提供相应的证据资料

    D. 对重要的书证，进行复制

35. 有关回避制度，执法人员与当事人有直接利害关系或者其他关系指的是（　　）。

    A. 是本案的当事人或者当事人近亲属的

    B. 本人或者其近亲属与本案有利害关系的

    C. 与本案当事人有其他关系，可能影响案件公正处理的

    D. 以上都不是

36. 行政处罚适用简易程序必须（　　）。

    A. 向当事人出示执法身份证件

    B. 告知当事人违法事实、处罚的理由及依据和享有的权利

    C. 填写当场处罚决定书并当场交付当事人

    D. 报所属行政机关备案

37. 农业行政强制措施种类包括（　　）。

    A. 查封设施   B. 扣押财物

    C. 没收财物   D. 暂扣执照

38. 除涉及（　　）外，行政处罚听证公开举行。

    A. 国家秘密   B. 商业秘密

    C. 个人隐私   D. 巨额财产

39. 当场处罚的行政处罚决定书应当载明（　　），并由执法人员签名或者盖章。

    A. 当事人的违法行为   B. 行政处罚依据

    C. 罚款数额、时间和地点   D. 行政机关名称

40. 当事人逾期无正当理由不履行行政处罚决定的，作出行政处罚决定的行政机关可以采取下列措施（　　）。

    A. 由作出处罚的行政机关强制执行

    B. 到期不缴纳罚款的，每日按罚款数额的百分之三加处罚款

    C. 根据法律规定，将查封、扣押的财物拍卖或者将冻结的存款划拨

抵缴罚款

D. 申请人民法院强制执行

41. 公民、法人或者其他组织对行政机关所给予的行政处罚，享有（   ）等权利。

    A. 陈述权   B. 申辩权

    C. 申请行政复议或提起行政诉讼权   D. 要求行政赔偿权

42. 渔业行政处罚文书种类主要有（   ）等种类。

    A. 立案类   B. 调查取证类

    C. 告知类   D. 决定类

43. 渔业行政处罚案件的来源主要有（   ）。

    A. 在渔业执法检查过程中发现的   B. 群众举报或受害人对违法控告的

    C. 上级机关交办的   D. 其他行政机关或组织移送的

44. 作出下列哪一项行政处罚决定前，渔业行政处罚机关需要告知当事人有要求举行听证的权利？（   ）

    A. 责令停产停业   B. 限制人身自由

    C. 吊销许可证或者执照   D. 较大数额罚款

45. 行政执法公示制度的三项要求是（   ）。

    A. 强化事前公开   B. 加强事后公开

    C. 规范事中公示   D. 实行两随机一公开

46. 行政执法机关要按照"谁执法谁公示"的原则，明确公示内容的采集、传递、审核、发布职责，规范信息公示内容的标准、格式。涉及（   ）等不宜公开的信息，不予公开。依法确需公开的，要作适当处理后公开。发现公开的行政执法信息不准确的，要及时予以更正。

    A. 国家秘密   B. 敏感信息

    C. 商业秘密   D. 个人隐私

47. 关于全面推行行政执法公示制度执法全过程记录制度重大执法决定法制审核制度的指导意见中，其基本原则是（   ）。

    A. 坚持依法规范   B. 坚持执法为民

    C. 坚持务实高效   D. 坚持改革创新

    E. 坚持统筹协调

48. 行政执法过程中，对（   ）等直接涉及人身自由、生命健康、重大财产权益的现场执法活动和执法办案场所，要推行全程音像记录。

    A. 没收许可证件   B. 查封扣押财产

    C. 强制拆除   D. 法院强制执行

49. 《规范农业行政处罚自由裁量权办法》规定，农业行政处罚自由裁量权，是指农业农村主管部门在实施农业行政处罚时，根据法律、法规、规章的规定，综合考虑违法行为的（　　　　）等因素，决定行政处罚种类及处罚幅度的权限。

  A. 事实   B. 性质

  C. 情节   D. 社会危害程度

50.《规范农业行政处罚自由裁量权办法》规定，有下列哪些情形之一的，农业农村主管部门依法从重处罚？（　　　）

  A. 违法情节恶劣，造成严重危害后果的

  B. 责令改正拒不改正，或者一年内实施两次以上同种违法行为的

  C. 妨碍、阻挠或者抗拒执法人员依法调查、处理其违法行为的

  D. 故意转移、隐匿、毁坏或伪造证据，或者对举报投诉人、证人打击报复的

51. 在重大执法决定法制审核时，应明确审核（　　　　）。

  A. 机构   B. 权限

  C. 范围   D. 内容

  E. 责任

52.《规范农业行政处罚自由裁量权办法》规定，有下列哪些情形之一的，农业农村主管部门依法从轻或减轻处罚？（　　　　）

  A. 已满 14 周岁不满 18 周岁的公民实施违法行为的

  B. 主动消除或减轻违法行为危害后果的

  C. 受他人胁迫实施违法行为的

  D. 在共同违法行为中起次要或者辅助作用的

  E. 主动中止违法行为的

  F. 配合行政机关查处违法行为有立功表现的

  G. 主动投案向行政机关如实交代违法行为的

53. 各级渔业主管部门应当建立健全规范渔业行政处罚自由裁量权的监督制度，通过以下哪些方式加强对本行政区域内渔业主管部门行使自由裁量权情况的监督：（　　　）

  A. 进行行政处罚决定法制审核   B. 落实行政执法公示制度

  C. 开展行政执法评议考核   D. 开展行政处罚案卷评查

  E. 受理行政执法投诉举报   F. 执行执法全过程记录制度

54. 渔业执法过程中，对（　　　　）等容易引发争议的行政执法过程，要根据实际情况进行音像记录。

  A. 现场执法   B. 调查取证

  C. 举行听证   D. 留置送达

E. 公告送达

55. 2018 年 12 月 5 日，国务院办公厅印发关于推行行政执法三项重要制度的文件，其中三项重要制度包括（　　　）。

    A. 行政执法公示　　　　　　　　B. 行政执法监督

    C. 行政执法全过程记录　　　　　D. 重大执法决定法制审核

56. 下列执法文书中，属于调查取证类的是（　　　）。

    A. 现场笔录　　　　　　　　　　B. 询问笔录

    C. 先行登记保存证据通知书　　　D. 查封（扣押）决定书

    E. 当场处罚决定书

57. 渔业主管部门行使行政处罚自由裁量权不得有下列情形：（　　　）

    A. 违法行为的事实、性质、情节以及社会危害程度与受到的行政处罚相比，畸轻或者畸重的

    B. 在同一时期同类案件中，不同当事人的违法行为相同或者相近，所受行政处罚差别较大的

    C. 依法应当不予行政处罚或者应当从轻、减轻行政处罚的，给予处罚或未从轻、减轻行政处罚的

    D. 其他滥用行政处罚自由裁量权情形的

58. 下列渔业行政执法文书中，属于外部文书的是（　　　）。

    A. 案件处理意见书　　　　　　　B. 询问笔录

    C. 行政处罚决定书　　　　　　　D. 解除查封（扣押）决定书

    E. 行政处罚决定审批表

59. 《规范农业行政处罚自由裁量权办法》规定，法律、法规、规章设定的罚款数额有一定幅度的，在相应的幅度范围内分为（　　　）。

    A. 从严处罚　　　　　　　　　　B. 从重处罚

    C. 一般处罚　　　　　　　　　　D. 从轻处罚

四、简答题（29 题）

1. 简述我国关于农业行政处罚案件层级管辖权的主要规定。

2. 简述渔业行政处罚案件材料立案归档的有关规定。

3. 简述我国渔业行政处罚案件关于事先告知和听取意见的有关规定。

4. 简述渔业行政处罚案件当场作出渔业行政处罚决定的条件。

5. 简述渔业行政处罚案件当场作出渔业行政处罚决定的程序。

6. 简述渔业行政处罚案件关于证据收集的有关规定。

7. 简述渔业行政处罚案件关于现场检查（勘验检查）的有关规定。

8. 简述关于渔业行政处罚案件调查人员回避的有关规定。

9. 简述关于渔业行政处罚案件送达方式的有关规定。

10. 简述当事人拒不履行生效的渔业行政处罚决定，渔业行政处罚机关可以采取的措施有哪些。

11. 简述渔业行政处罚案件中应当回避的人员包括哪些。

12. 简述我国关于农业行政处罚案件管辖的特殊规定。

13. 简述渔业行政执法强制措施的相关要求。

14. 简述渔业行政处罚决定的时限要求。

15. 简述适用简易程序的情形、程序和报备要求。

16. 简述对先行保存物品的管理与处置。

17. 简述渔业行政机关向法院申请强制执行应当满足的条件和催告义务。

18. 简述当事人不履行生效的渔业行政处罚决定的，渔业行政处罚机关可以采取哪些措施。

19. 简述执法人员可以当场收缴罚款的适用情形和程序要求。

20. 简要论述渔业主管部门依法可以从轻或减轻处罚的几种情形。

21. 简要论述渔业主管部门行使行政处罚自由裁量权时，不得有哪些情形。

22. 2018 年年底，国家要求行政执法机关推行哪三项行政执法制度？

23. 简要论述渔业主管部门依法不予处罚的几种情形。

24. 简要论述渔业主管部门依法从重处罚的几种情形。

25. 简要论述行使农业行政处罚裁量权的原则。

26. 简要阐述行政执法全过程音像记录有哪些要求。

27. 简要回答推行行政执法三项重要制度的基本原则。

28. 制定渔业行政处罚自由裁量基准，应当遵守哪些规定？

29. 《规范农业行政处罚自由裁量权办法》对行政处罚额度的自由裁量标准是怎样规定的？

五、案例分析题（29 题）

1. 2016 年 8 月 6 日 15 时，某市渔业行政执法人员张某、王某在渔港内巡视检查时，发现一艘小型渔船未悬挂（刷写）船名号牌，在未出示执法证件的前提下，按照简易程序，依据《农业行政处罚程序规定》第十八条规定，对该船处以罚款 300 元的处罚，同时觉得罚款额度较小，并未开具《当场处罚决定书》。

问题：

（1）该执法人员作出的处罚存在哪些问题？

（2）按照简易程序处罚应满足什么条件？

2. 2016 年 7 月 26 日，某市渔业行政执法机构组织开展海上执法检查，由于人员不够，只指派了一名执法人员随船检查。在检查某违规渔船时，该执法人员指定执法船上一名船员同其一起执法，当事人拒绝在《询问笔录》《现场检查（勘验）笔录》上签字，执法人员依据有关法律法规当场作出了罚款 50 元的行政处罚。

问题：

（1）该行政处罚是否有效？

（2）该行政处罚行为存在哪些错误？

3. 2016 年 8 月 6 日，某市渔业行政执法人员李某、陈某在海上巡视执法时，发现一艘渔船违反禁渔期规定进行捕捞作业，李某是该违规渔船船主的侄子，两名执法人员未制作相应行政执法文书即对该船作出了行政处罚。

问题：

该执法人员作出的行政处罚是否合法？存在哪些问题？

4. 2016 年 8 月 2 日，某市渔业行政执法人员孙某、赵某在执法时查获一艘违反禁渔期规定进行捕捞作业的渔船。该渔业行政执法机构负责人在外出差，执法人员未请示负责人同意即将案件立案，经现场检查勘验和询问当事人，确认该船违规事实后，未制作《案件处理意见书》，即对该船船主下达了《行政处罚事先告知书》。

问题：

（1）该执法人员的行政处罚程序存在哪些不规范的地方？

（2）该案适用何种执法程序？需制作哪些行政执法文书？

5. 2016 年 5 月 7 日，A 市渔业行政执法人员在其管辖海域进行执法检查时，抓获 B 市一艘违规渔船。该渔船船主认为 A 市渔业行政执法机构和人员无权管辖，并申辩自己未违规。A 市执法人员认为其故意不配合和接受检查，采取加重处罚的方式处置。

问题：

（1）A 市渔业行政执法机构是否有权管辖？并说明理由。

（2）渔业行政执法人员加重处罚是否合法？并说明理由。

6. 2016 年 7 月 8 日，某市渔业行政执法人员张某、李某在海上登临某船执行检查任务时，发现该船网具上挂有新鲜渔获的痕迹，经拖至港口现场勘验检查和询问，当事人承认违规出海捕捞生产。执法人员报经所在渔业行政执法机构负责人签批同意后予以立案，将渔船扣押在港，对该船作出了罚款 5 万元的行政处罚。该船船主以渔业行政执法机构未开具《查封（扣押）决定书》和未告知可以有举行听证的权利为由提出行政复议。

问题：

（1）该执法人员执法程序有哪些不当之处？

（2）该渔船船主提出的理由是否合理？并说明理由。

7. 2016年8月29日，某市渔政执法船在某近海海域巡查时，发现一捕捞作业渔船正在起网，渔政船遂向其靠拢检查，经检查发现该船在海洋伏季休渔期间违规出海捕捞，渔业行政执法人员按照有关法律法规对其下达了《行政处罚事先告知书》，拟对其罚款4万元，该船船主要求举行听证。

问题：

（1）如该当事人提出听证，在听证中具有哪些权利和义务？

（2）《行政处罚听证会通知书》的主要内容有哪些？

8. 2016年11月26日，A省中国渔政执法船在其管辖海域巡航检查时，发现一艘无任何标识的渔船正在海上从事捕捞生产。该船自称为B省籍渔船，由于B省渔业资源不好，因此进入A省管辖海域作业。在询问其渔船证书证件等资料时，该渔船以未携带为理由称愿意接受处罚。渔业行政执法人员以该渔船未依法取得捕捞许可证的理由对其作出了行政处罚，于海上放行。渔政船到港后向渔业行政执法机构负责人进行了口头汇报。

问题：

该渔业行政执法机构的处罚是否正确？并说明理由。

9. 2016年3月5日，某渔业行政执法机构人员张某、赵某对某渔船船主李某的违法行为作出了行政处罚。《行政处罚决定书》制作好后送到李某家中，李某外出，其妻子以文化水平低为由拒绝在《送达回证》上签字。执法人员遂邀请当事人所在居委会主任到场见证，将该《行政处罚决定书》交给其妻子，并在《送达回证》上记明拒绝的理由、送达日期，由执法人员和当事人所在居委会主任签名。

问题：

这种方式是否属于已送达？如果是已送达，该送达在何时生效？理由是什么？

10. 2016年7月31日，某市渔业行政执法机构组织海蜇专项执法检查，发现王某的渔船违法违规捕捞海蜇资源。王某主动承认其非法捕捞行为，渔业行政执法人员制作了《询问笔录》，但未对现场检查（勘验），未制作《现场检查（勘验）笔录》和《案件处理意见书》，当场作出了罚款3万元的行政处罚。

问题：

（1）该执法行为适用简易程序还是一般程序？是否达到听证标准？理由是什么？

（2）执法人员在执法过程中执法程序存在什么问题？

11. 2016年2月17日，某县渔业行政执法人员孙某、陈某在湖内巡查时，发现某渔船在禁渔区内进行违法捕捞。经检查，船上有违规捕捞渔获物 170 千克，执法人员遂将渔获物扣押，未办理扣押及登记保存手续，对渔船船主进行了行政处罚。船主觉得其违法所得的渔获物也应被收缴，因此未提出异议，就在相应处罚决定书上进行了签字确认。

问题：

（1）该执法人员对渔获物的处置是否恰当？

（2）《农业行政处罚决定规定》对先行登记保存的证据处置是怎样的？

12. 2016 年 6 月 25 日，某市渔业行政执法人员执行海上巡查任务时，发现一艘渔船正在违规捕捞。登船检查发现该船作业网具为不符合网目尺寸标准，违法捕捞渔获物数量较多。执法人员按规定对其进行了行政处罚，罚款额度超过了听证要求。该船船主提出要举行听证程序，执法人员认为是船主提出听证，因此要求船主来组织听证。

问题：

（1）该执法人员提出船主组织听证的要求是否合理？

（2）根据《农业行政处罚程序规定》，举行听证的程序是怎样的？

13. 2016 年 1 月 23 日，某市渔业行政执法人员查处了海上某船违规捕捞行为。该船使用的作业网具吸蛤泵属禁用渔具，违法捕捞渔获物达近 450 千克。经现场询问当事人和检查勘验，认为其违反了渔业法有关规定，随后按照有关执法程序，对其作出了没收渔获物、渔具并罚款的行政处罚，于 1 月 29 日将《行政处罚事先告知书》送达了当事人，告知其拥有的权利和义务。但由于临近春节忙碌，当事人在春节后的 2 月 26 日才提出要进行陈述和申辩，并要求进行听证，执法人员告知其已超过有效期限未予答应。

问题：

（1）执法人员的答复是否合理？

（2）《农业行政处罚程序规定》对当事人使用陈述、申辩或听证的权利是如何规定的？

14. 2016 年 5 月 17 日，某市渔业行政执法人员张某、孙某在执行海上执法任务时，发现某船主李某的渔船涉嫌违法。经检查，其渔业安全设施不全，卫星导航设备存在私自拆卸行为，且作业网具的网目尺寸严重不合格，遂对李某作出了行政处罚。考虑到海上风浪大、书写处罚单据不方便，执法人员就使用了普通的收据代替罚款单据，回港后由于忙于出差培训学习，在回港后第 7 天才将有关罚款交到单位。

问题：

（1）该执法人员在收缴罚款方面有几处错误？请指出来。

（2）《农业行政处罚程序规定》对执法人员当场收缴罚款及开具罚款收据

有何规定？

15. 2016 年 11 月 7 日，某省渔政执法船艇参加了中国海警局组织的海上渔业执法活动，在临近外国管辖海域附近发现一艘未悬挂船名号牌、未刷写船籍港的大型渔船，在警告其停船接受检查后，其仍全速逃离，遂组织周边执法船进行堵截，经全力围堵终于将可疑渔船抓获并扣押在港。在经过周密勘验和询问调查后，认为其存在涉外违规的可能性，且该船船主无法提供与该船相一致的船舶证书证件，鉴于该案案情，行政执法机构经集体讨论决定对其进行严厉处罚，该船主提出了听证的要求。

问题：

（1）何种情况下需对案件采取集体讨论方式作出决定？

（2）举行听证的人员由哪些人组成？有什么要求？

16. 2015 年禁渔期期间，某市渔业行政执法人员金某、卢某在执法过程中，发现有一艘渔船正捕鱼归来，在未出示执法证件的情况下，仅口头告知船长自己的身份，便开始登船检查。看到船上有渔网和渔获物，二人不听船长辩解，认定该船违反了《中华人民共和国渔业法》第三十条关于禁止在禁渔区、禁渔期进行捕捞的规定。按照简易程序，没收了渔具和渔获物并对该船处以500 元的罚款，但未开具《当场处罚决定书》。

问题：

（1）该执法人员作出的处罚存在哪些问题？

（2）按照简易程序处罚应满足什么条件？

17. 2019 年 4 月，甲市渔业行政执法人员杨某在进行执法检查时，抓获一艘乙市违规渔船。经过调查，该渔船涉嫌的案件较为复杂，不宜当场作出行政处罚，杨某遂收集证据，制作《询问笔录》和《现场检查（勘验）笔录》。但由于忘记让违法行为人签字，后杨某自己代为签字。在送达《行政处罚决定书》时，该船船长拒绝接收，杨某告知船长《处罚决定书》放在其家门口了，视为已经送达。

问题：

（1）甲市渔业行政执法机构是否有权管辖？并说明理由。

（2）渔业行政执法人员的行为是否合法？并说明理由。

18. 2017 年 5 月，某市渔业行政执法人员王某、周某在海上开展执法行动时，发现一艘渔船在禁渔区内使用电拖网捕鱼，同时王某发现这艘渔船的船长是自己的仇人。王某在未填写《行政处罚立案审批表》，以及未报本行政处罚机关负责人批准立案的情况下，直接依据《中华人民共和国渔业法》第三十八条的规定，对该船作出了罚款 4 万元，没收渔船、渔具，吊销捕捞许可证的行政处罚。

问题：

（1）该执法人员作出的行政处罚是否妥当？

（2）该行政处罚存在哪些问题？

19. 2016 年 8 月，某市渔业行政执法机构组织开展"亮剑 2016"海上执法行动，由于人员配备不足，因此只有每艘小艇只有一名驾驶员和一名执法人员执行检查任务。在登临检查某渔船时，执法人员要求小艇驾驶员陪同自己一起执法，增加威慑力，后检查发现该船船员证书持证人与证书所载内容不符，遂依据《渔业港航监督行政处罚规定》第二十八条规定，作出了收缴该船员所持的证书，处 100 元罚款的处罚决定并当场送达《行政处罚决定书》。由于案情不大，该执法人员认为没有必要制作现场笔录，仅对执法过程做了录音录像。

问题：

（1）该行政处罚是否有效？

（2）该行政处罚行为存在哪些错误？

20. 2018 年 7 月，某市渔业行政执法人员徐某、单某执法时检查发现某养殖户存在未取得养殖许可证非法养殖的行为。由于事实清楚，证据充分，因此徐某和单某当场作出了罚款 5 000 元、责令限期拆除养殖设施的行政处罚决定。同时，未告知养殖户其应当享有的权利。

问题：

（1）该执法人员的行政处罚程序存在哪些不规范？

（2）需制作哪些行政执法文书？

21. 某市渔业行政执法机构对渔船进行专项执法检查，发现渔民王某的渔船违法违规捕捞渔业资源，由于王某主动承认其非法捕捞行为，执法人员未对现场进行勘验就制作了《现场检查（勘验）笔录》，但并未制作《案件处理意见书》，当场作出了罚款 4 万元的行政处罚。

问题：

（1）该执法行为适用简易还是一般程序？原因是什么？是否达到听证标准？理由是什么？

（2）执法人员在执法过程中执法程序存在什么问题？

22. 某市渔业行政执法机构组织海上执法检查，由于人员分布不均，因此仅有一名执法人员随船检查。在检查某违规渔船时，当事人拒绝在《询问笔录》《现场检查（勘验）笔录》上签字或盖章，执法人员依据有关法律法规对其作出了行政处罚。

问题：

（1）该行政处罚是否有效？

（2）该行政处罚行为存在哪些错误？

23. 某县渔业行政执法人员孙某、陈某在巡查时，发现某渔船在禁渔区内进行违法捕捞。经检查，船上有违规捕捞渔获物170千克，执法人员遂将渔获物擅自处理，并未进行登记。十五天后，对船主进行了行政处罚。船主觉得其违法所得的渔获物也应被收缴，因此未提出异议，于是在相应处罚决定书上进行了签字确认。

问题：

（1）该执法人员对渔获物的处置是否恰当？应该怎么做？

（2）上述案件中作出的处罚程序有何不妥？

24. 某市渔业行政执法人员执行海上巡查任务时，发现一艘渔船违法停靠，遂对渔船采取扣押的强制措施，但并未通知船主。事后船主发觉，要求执法人员返还其渔船，执法人员对其作出4 000元的行政处罚决定，同时未告知当事人有听证权利，当事人拒绝缴纳罚款。

问题：

（1）执法人员扣押渔船的措施是否合理？

（2）对于当事人拒交罚款的应当如何处理？

25. 某市渔业行政执法机构人员，对某渔船船主王某违法行为作出了行政处罚。《行政处罚决定书》制作好后被送到王某家中，但当事人王某有事外出，其妻以不知情为由，拒绝在《送达回证》上签字。执法人员于是邀请当事人的邻居作为见证，将该《行政处罚决定书》交给其妻子，并在《送达回证》上证明拒绝的理由、送达日期，由执法人员和邻居签名。

问题：

（1）上述案件中的送达方式有何欠缺？

（2）对于行政机关直接送达困难的情况应当如何处理？

26. 2015年8月，某市渔政执法人员王某、张某在海上执法时，发现某渔船未按照许可证规定的类型作业。王某、张某依照《农业行政处罚程序规定》第二十二条、第三十九条的规定作出罚款决定，罚款1 500元。王某认为当时正在海上，遂对渔船船长说："现在就把罚款交了吧，我给你开个罚款收据。"船长照办，王、张二人当场收缴罚款后，向船长出具了省级财政部门统一制发的罚款收据，随后王、张二人离开。

问题：

（1）该执法人员作出的罚款1 500元的决定是否妥当？

（2）执法人员当场收缴罚款的行为有哪些问题？

（3）执法人员当场收到罚款后应如何处置？

27. 当事人袁某为涉案船船长，经查实2017年5月12日，袁某驾船为未注册船舶转载渔获物 150 吨，违反了不得向未经注册的运输船进行海上转载的规定。某市渔政部门于 2017 年 8 月 10 日对其作出罚款 1 万元的处罚决定。《行政处罚决定书》于 2017 年 8 月 20 日送达袁某，袁某以《行政处罚决定书》未按时送达为由拒绝履行处罚决定。

问题：

（1）该市渔政部门的《行政处罚决定书》应于何时送达当事人？

（2）袁某拒不履行行政处罚决定，该市渔政部门可以采取哪些措施？

28. 某市渔政主管部门执法时，发现王某未按照许可证规定内容进行养殖，且情节严重。决定对王某处以吊销生产许可证并且罚款 1 万元的行政处罚，并告知王某有要求举行听证的权利。王某认为该部门对自己的行政处罚过重，并且在收到《行政处罚事先告知书》之日起三日内向该渔政主管部门提出要举行听证的要求。

问题：

（1）对王某的处罚是否符合举行听证的条件？

（2）王某在听证会当中有哪些权利和义务？

29. 2016 年 3 月，某市渔业行政执法人员赵某在进行执法检查时，发现周某正驾驶无证渔船从事渔业活动，赵某决定扣押渔船，立案调查。经过 4 个月，该行政机关直接对周某作出没收渔船并罚款的处罚决定，并将《处罚决定书》送达周某。

问题：

（1）行政机关直接将《处罚决定书》送达周某的行为是否妥当？如有不妥，应当如何做？

（2）本案中作出行政处罚决定的时限是否超过？对于行政处罚决定的时限有哪些要求？

第二节　渔政执法与治安处罚及刑事法律的衔接习题

一、判断题（13 题）

1. 行政执法机关正职负责人或者主持工作的负责人决定批准移送的涉嫌犯罪案件的书面报告应当在 3 日内向同级公安机关移送。（　　）

2.《行政执法机关移送涉嫌犯罪案件的规定》的立法目的在于保证行政执法机关向公安机关及时移送涉嫌犯罪案件，依法惩罚破坏社会主义市场经济秩序罪、妨害社会管理秩序罪及其他犯罪，保障社会主义建设事业顺利进行。（　　）

3. 行政执法机关在依法查处违法行为过程中，发现违法事实涉及的金额、违法事实的情节、违法事实造成的后果，涉嫌构成犯罪，依法需要追究刑事责任的，必须依照《行政执法机关移送涉嫌犯罪案件的规定》向公安机关移送。（　　）

4. 行政执法机关根据《行政执法机关移送涉嫌犯罪案件的规定》，在查处违法行为过程中，必须妥善保存所收集的与违法行为有关的证据。（　　）

5. 行政执法机关接到公安机关不予立案的通知书后，认为依法应当由公安机关决定立案的，可以自接到不予立案通知书之日起 24 小时内，提请作出不予立案决定的公安机关复议，也可以建议人民检察院依法进行立案监督。（　　）

6. 行政执法机关向公安机关移送涉嫌犯罪案件前已经作出的警告，责令停产停业，暂扣或者吊销许可证、暂扣或者吊销执照的行政处罚决定，应当立即停止执行。（　　）

7. 行政执法机关向公安机关移送涉嫌犯罪案件前，已经依法对当事人处以罚款的，人民法院判处罚金时，依法折抵相应罚金。（　　）

8. 《行政执法机关移送涉嫌犯罪案件的规定》适用的对象为移送案件的行政执法机关和接受案件的机关。（　　）

9. 非法捕捞水产品罪是指违反保护水产资源法规，在禁渔区、禁渔期或者使用禁用的工具、方法捕捞水产品，情节严重的行为。（　　）

10. 非法收购、运输、出售珍贵、濒危（水生）野生动物及珍贵、濒危（水生）野生动物制品罪，该罪是指违反海关法规，逃避海关监管，非法携带、运输、邮寄珍贵动物、珍贵动物制品进出国（边）境的行为。（　　）

11. 非法收购、运输、出售珍贵、濒危（水生）野生动物及珍贵、濒危（水生）野生动物制品罪，该罪所侵犯的客体是国家珍贵、濒危（水生）野生动物保护制度。（　　）

12. 生产、销售有毒、有害食品罪，本罪是选择性罪名，不仅指行为方式（生产、销售）的选择，也包括犯罪对象（有毒、有害食品）的选择。（　　）

13. 违反国家规定，非法采伐、毁坏珍贵树木或者国家重点保护的其他植物的，或者非法收购、运输、加工、出售珍贵树木或者国家重点保护的其他植物及其制品的，构成非法采伐、毁坏国家重点保护（水生）植物罪。（　　）

二、单项选择题 （15 题）

1. 行政执法机关正职负责人或者主持工作的负责人应当自接到移送涉嫌犯罪案件的书面报告之日起（　　）内作出批准移送或者不批准移送的决定。

A. 3 日　　　　　　　　　　　　　　B. 5 日

C. 7 日　　　　　　　　　　　　　D. 24 小时

2. 行政执法机关在查处违法行为过程中，必须妥善保存所收集的与违法行为有关的证据。行政执法机关对查获的涉案物品，应当如实填写（　　　），并按照国家有关规定予以处理。

　　A. 涉案物品清单　　　　　　　　B. 查获物品清单
　　C. 扣押物品清单　　　　　　　　D. 查封物品清单

3. 行政执法机关对应当向公安机关移送的涉嫌犯罪案件，应当立即指定（　　　）名或者以上行政执法人员组成专案组专门负责，核实情况后提出移送涉嫌犯罪案件的书面报告。

　　A. 1　　　　　　　　　　　　　　B. 2
　　C. 3　　　　　　　　　　　　　　D. 4

4. 根据《行政执法机关移送涉嫌犯罪案件的规定》，下列关于行政执法机关查处行政违法案件过程中移送涉嫌犯罪案件问题的做法，正确的是（　　　）。

　　A. 对涉嫌犯罪案件，提请上一级行政执法机关案件审理委员会作出批准移送或者不批准移送的决定

　　B. 对公安机关违反规定不接受移送的涉嫌犯罪案件的，依法提请上一级公安机关对其正职负责人给予记过以上的行政处分

　　C. 对公安机关立案后经审查认为没有犯罪事实而退回的案件，向上一级公安机关申请复议或者提请人民检察院进行立案监督

　　D. 对公安机关决定不予立案不服的，可以自接到不予立案通知书之日起3日内提请作出不予立案决定的公安机关复议

5. 根据《行政执法机关移送涉嫌犯罪案件的规定》，关于行政执法机关在查处违法行为过程中收集到的证据，下列说法错误的是（　　　）。

　　A. 行政执法机关在查处违法行为过程中，必须妥善保存所收集的与违法行为有关的证据

　　B. 行政执法机关对查获的涉案物品，应当如实填写涉案物品清单，并按照国家有关规定予以处理

　　C. 对易腐烂、变质等不宜或者不易保管的涉案物品，行政机关应当采取必要措施，留取证据

　　D. 对需要进行检验、鉴定的涉案物品，如涉嫌犯罪的，只能提交司法机关进行检验、鉴定，并出具检验报告或者鉴定结论

6. 根据《行政执法机关移送涉嫌犯罪案件的规定》，关于移送涉嫌犯罪案件的处理，下列说法错误的是（　　　）。

　　A. 行政执法机关对应当向公安机关移送的涉嫌犯罪案件，不得以行政处罚代替移送

B. 行政执法机关向公安机关移送涉嫌犯罪案件前已经作出的责令停产、停业的行政处罚决定，不停止执行

C. 行政执法机关向公安机关移送涉嫌犯罪案件前，已经依法给予当事人罚款的，不能折抵人民法院判处的罚金

D. 行政执法机关向公安机关移送涉嫌犯罪案件前已经作出的吊销许可证的行政处罚决定，不停止执行

7. 行政执法机关违反《行政执法机关移送涉嫌犯罪案件的规定》，对应当向公安机关移送的案件不移送，或者以行政处罚代替移送的，拒不改正的人员，对其负责人给予（　　）以上的行政处分。

　　A. 记过　　　　　　　　　　　　B. 降级

　　C. 警告　　　　　　　　　　　　D. 记大过

8. 任何单位和个人对应当向公安机关移送涉嫌犯罪案件而不移送的行政执法机关，有权向人民检察院、监察机关或者上级行政执法机关（　　）。

　　A. 举报　　　　　　　　　　　　B. 控告

　　C. 报案　　　　　　　　　　　　D. 检举

9. 移送案件的行政执法机关对公安机关不予立案的复议决定仍有异议的，应当自收到复议决定通知书之日起3日内建议（　　）依法进行立案监督。

　　A. 人民检察院　　　　　　　　　B. 监察委员会

　　C. 监察机关　　　　　　　　　　D. 上级行政执法机关

10. 行政执法机关违反本规定，隐匿、私分、销毁涉案物品，对其负责人根据情节轻重，给予（　　）以上的行政处分。

　　A. 记过　　　　　　　　　　　　B. 降级

　　C. 警告　　　　　　　　　　　　D. 记大过

11. 下列说法错误的是（　　）。

　　A. 犯罪是危害社会的行为，具有严重的社会危害性

　　B. 犯罪是触犯刑律的行为，具有刑事违法性

　　C. 犯罪是应受刑法处罚的行为，具有应受刑法惩罚性

　　D. 惩戒犯罪是为了保障政府权威性，具有形式权威性

12. 以下哪些行为不属于非法捕捞水产品的行为（　　）。

　　A. 在禁渔期违法捕捞　　　　　　B. 使用违规网具进行捕捞

　　C. "三无"船舶以捕捞为名暗地走私　　D. 在禁渔区域进行捕捞

13. 关于运送他人偷越国（边）境罪，下列说法错误的是（　　）。

　　A. 该罪的主体是一般主体，包括自然人主体和单位主体

　　B. 该罪侵害的客体是我国出入国（边）境管理秩序

　　C. 该罪的主观方面可以是故意，也可以是过失

D. 该罪的客观方面表现为偷越国（边）境，情节严重的行为

14. 王某从国外旅游回国，为留作纪念，将国外珍贵鱼类标本放进皮箱内入境，被海关发现并扣留，经查明鱼类标本价格为九万元。以下关于本案的说法错误的是（　　）。

  A. 如果金额超过十万元，则王某就构成"情节严重"

  B. 王某的行为可免除刑罚或不认为是犯罪

  C. 本案涉及的罪名是走私珍贵（水生）动物、珍贵（水生）动物制品罪

  D. 如果走私珍贵动物制品数额在一百万元以上的则构成"情节特别严重"

15. 实施破坏海洋资源犯罪行为，同时构成非法捕捞罪，非法猎捕、杀害珍贵、濒危野生动物罪，组织他人偷越国（边）境罪及偷越国（边）境罪等犯罪的，依照（　　）的规定定罪处罚。

  A. 数罪并罚   B. 处罚较轻

  C. 处罚较重   D. 数罪并罚或者处罚较重

三、多项选择题（13 题）

1. 《行政执法机关移送涉嫌犯罪案件的规定》所规定的行政执法机关，是指依照（　　）的规定，对破坏社会主义市场经济秩序、妨害社会管理秩序及其他违法行为具有行政处罚权的行政机关，以及法律、法规授权的具有管理公共事务职能、在法定授权范围内实施行政处罚的组织。

  A. 法律   B. 法规

  C. 部门规章   D. 地方政府规章

2. 根据《行政执法机关移送涉嫌犯罪案件的规定》，行政执法机关向公安机关移送涉嫌犯罪案件，应当附有下列哪些材料（　　）。

  A. 涉案物品清单   B. 涉嫌犯罪案件情况的调查报告

  C. 涉嫌犯罪案件移送书   D. 有关检验报告或者鉴定结论

3. 任何单位和个人对行政执法机关违反《行政执法机关移送涉嫌犯罪案件的规定》，应当向公安机关移送涉嫌犯罪案件而不移送的，有权向（　　）举报。

  A. 公安机关   B. 人民检察院

  C. 监察机关   D. 上级行政执法机关

4. 行政执法机关违反本规定，隐匿、私分、销毁涉案物品的，由（　　）对其正职负责人根据情节轻重，给予降级以上的行政处分。

  A. 本级人民政府   B. 上级人民政府

  C. 实行垂直管理的上级行政执法机关   D. 上一级行政执法机关

5. 下列各项符合《行政执法机关移送涉嫌犯罪案件的规定》的是（　　）。

A. 公安机关对行政执法机关移送的涉嫌犯罪案件，不属于本机关管辖的，应当在 24 小时内转送到有管辖权的机关

B. 公安机关应当自接受行政执法机关移送的涉嫌犯罪案件之日起 3 日内，对移送的案件进行审查

C. 行政执法机关对应当向公安机关移送的涉嫌犯罪案件，由专案组报经本机关正职负责人或主持工作的负责人审批

D. 行政执法机关接到公安机关不予立案的通知之后，认为依法应当由公安机关决定立案的，可以提请作出不予立案决定的公安机关上一级机关复议

6. 根据《行政执法机关移送涉嫌犯罪案件的规定》，下列选项说法正确的有(　　)。

A. 行政执法机关对公安机关不予立案通知书不服的，可以建议检察机关依法进行立案监督

B. 行政执法机关对公安机关不予立案通知书不服的，可提请该公安机关的上一级机关复议

C. 行政执法机关对应当向公安机关移送的涉嫌犯罪案件，经专案组核实情况后提出移送涉嫌犯罪案件的书面报告，应当报上级机关正职负责人审批

D. 行政机关相关负责人决定批准移送的，应当在 24 小时内向同级公安机关移送

7. 依据《行政执法机关移送涉嫌犯罪案件的规定》的规定，下列关于依法及时移送的时间要求和移送材料的强制性规定的说法中正确的是(　　)。

A. 行政执法机关正职负责人或者主持工作的负责人应当自接到报告之日起 3 日内作出批准移送或者不批准移送的决定

B. 公安机关对行政执法机关移送的涉嫌犯罪案件，不属于本机关管辖的，应当在 12 小时内转送有管辖权的机关

C. 行政执法机关向公安机关移送涉嫌犯罪案件，应当附有以下材料：涉嫌犯罪案件情况的调查报告；涉案物品清单；有关检验报告或者鉴定结论；其他有关涉嫌犯罪的材料

D. 专案组应当核实情况后提出移送涉嫌犯罪案件的书面报告，由 2 名或 2 名以上行政执法人员组成

8. 行政执法机关向公安机关移送涉嫌犯罪案件前已经作出的、不停止执行的行政处罚决定有(　　)。

A. 警告　　　　　　　　　　　　B. 责令停产停业

C. 暂扣或者吊销许可证　　　　　D. 暂扣或者吊销执照

9. 行政执法机关对应当向公安机关移送的涉嫌犯罪案件，经核实情况后提出移送涉嫌犯罪案件的书面报告，需报经(　　)审批。

　　A. 本机关正职负责人　　　　　　　B. 本机关的主管人员

　　C. 主持工作的负责人　　　　　　　D. 本机关副职负责人

10. 根据《行政执法机关移送涉嫌犯罪案件的规定》，执法机关将涉嫌犯罪案件移送公安机关，下列说法正确的有(　　)。

　　　A. 执法机关应当立即指定 2 名执法人员组成专案组专门负责，核实情况后提出移送涉嫌犯罪案件的书面报告，报移送公安机关审批

　　　B. 执法机关正职负责人在接到涉嫌移送犯罪案件的书面报告后，应当在 3 日内作出是否批准的决定

　　　C. 公安机关对税务机关移送的涉嫌犯罪的案件，应当在涉嫌犯罪案件移送书的回执上签字，如果案件不属于本机关管辖的，应当在 24 小时内退回执法机关

　　　D. 如果执法机关违反规定，逾期不将案件移送公安机关的，由上级主管机关责令其限期移送

11. 下列哪些物质应当被认定为"有毒、有害的非食品原料"？(　　)

　　A. 法律、法规、规章禁止在食品生产经营活动中添加、使用的物质

　　B. 国务院有关部门公布的《食品中可能违法添加的非食用物质名单》上的物质

　　C. 国务院有关部门公布的《保健食品中可能非法添加的物质名单》上的物质

　　D. 国务院有关部门公告禁止使用的农药、兽药及其他有毒、有害物质

12. 下列属于非法捕捞水产品罪"情节严重"的是(　　)。

　　A. 海上非法捕捞水产品一万千克以上或者价值十万元以上的

　　B. 海上非法捕捞有重要经济价值的水生动物苗种、怀卵亲体二千千克以上或者价值二万元以上的

　　C. 在涉海水产种质资源保护区内捕捞水产品二千千克以上或者价值二万元以上的

　　D. 在公海使用禁用渔具从事捕捞作业，造成严重影响的

13. 生产、销售不符合食品安全标准的食品，具有下列 (　　) 情形的，应当认定为"对人体健康造成严重危害"。

　　A. 造成轻伤以上伤害的

　　B. 造成轻度残疾或者中度残疾的

　　C. 造成器官组织损伤导致一般功能障碍或者严重功能障碍的

    D. 造成 10 人以上严重食物中毒或者其他严重食源性疾病的

四、简答题（9 题）

1. 简述行政执法机关向公安机关移送涉嫌犯罪案件，应当附有哪些材料。

2. 简述行政执法机关在哪些情况下应当将案件向公安机关移送。

3. 简述行政执法机关在收集与违法行为有关的证据时有哪些注意事项。

4. 简述对应当向公安机关移送的涉嫌犯罪案件，行政执法机关的办案流程。

5. 简述行政执法机关对应当向公安机关移送的涉嫌犯罪的案件与行政处罚的关系。

6. 简述行政执法机关对于公安机关决定不予立案的案件不服的应当如何处理。

7. 简述《行政执法机关移送涉嫌犯罪案件的规定》的立法目的。

8. 简述《行政执法机关移送涉嫌犯罪案件的规定》对应当移送的案件而不移送的行为或者以行政处罚代替移送的行为规定的法律责任。

9. 简述行政执法机关在移送涉嫌犯罪案件过程中应当履行的职责和义务。

五、案例分析题（10 题）

1. 2018 年 T 市，经举报，渔政监督大队先后抓获王某、秦某等收购销售人员及丁某、张某、董某等鳗鱼苗非法捕捞人员，涉案人员共计 69 人，涉案金额近千万元。

问题：

（1）该行政执法机关是否应该将该案件向公安机关移送？请说明理由。

（2）渔政监督大队向公安机关移送涉嫌犯罪案件，应当附有哪些材料？

2. 2016 年 4 月，S 市渔业行政执法机构组织开展海上执法检查发现，王某非法采捕珊瑚、砗磲等珍贵、濒危水生野生动物，造成海域生态环境严重破坏。S 市渔业行政执法机构对王某展开调查。

问题：

（1）王某违反了哪些法律规定？

（2）渔业行政执法机构在收集证据时应注意哪些问题？

3. 2018 年 11 月，T 县水产局渔政管理站、W 市渔政管理站联合 T 县公安局 Y 派出所在湘阴、益阳交界柳潭河，查获以陈某为首的电鱼群体，收缴违法渔获物 1 750 千克，查获电鱼船 7 艘，抓获 13 人，另有 2 人正在网上通缉。该案已移送公安机关进行调查。

问题：

试分析该案中行政执法机关的办案流程。

4. 2015 年 9 月，J 市渔业行政执法支队联合 Y 区水警大队、特巡警大队 20 名执法人员在 T 港水域附近查获以夏某为首的电鱼团伙，抓获电鱼人员 8 人、鱼贩 4 人，查获电鱼船 4 艘、渔获物 1 511 千克。该案由于行政执法人员的疏忽而未及时移送公安机关。

问题：

（1）J 市渔业行政执法支队应负哪些法律责任？

（2）如 J 市渔业行政执法支队及时作出移送决定，在移送涉嫌犯罪案件过程中应当履行哪些职责和义务？

5. 2018 年 5 月，Q 省 R 县渔政管理局执法人员查获孙某某等 4 人在冰面上非法捕捞重点保护水生野生动物湟鱼，计 454 千克。根据《行政执法机关移送涉嫌犯罪案件的规定》将该案移送公安机关。

问题：

（1）孙某违反了哪些法律规定？

（2）简要说明《行政执法机关移送涉嫌犯罪案件的规定》的立法目的。

6. 2017 年 12 月，M 市渔业检查监督人员在执法过程中发现该市李某在其海域附近违法走私野骆驼的毛皮制品，查获相关动物制品 300 余件，涉案金额近千万元。

问题：

（1）本案是否需要移送？为什么？

（2）若本案需要移送，移送过程中对于毛皮制品如何处理？

7. 2018 年 7 月 12 日，W 市渔业执法机构在海域附近进行执法检查，发现宋某等人在某海域进行非法捕捞鳗鱼 1 万余千克并采捕珊瑚等珍稀水生植物 12 株，经调查，宋某等人违法行为涉案金额近千万元。

问题：

（1）宋某等人违反了哪些法律规定？

（2）如果本案移送至公安机关，公安机关决定不予立案，并作出不予立案通知书，渔业执法机关有什么救济途径？

8. 2018 年 3 月，Q 市渔业执法人员辛某、韩某在其执法过程中发现该市人员孙某、李某在某海域非法捕捞中华鲟等珍稀水生生物，涉案中华鲟达 30 多尾，辛某、韩某将案件移送给公安机关进行处理。

问题：

（1）公安机关应当如何处理？

（2）若辛某、韩某在执法过程中对涉案物品进行隐匿私分，二人应当承担什么法律责任？

9. 2018 年 3 月 31 日，J 省 I 市渔业行政执法支队联合濂溪区水警大队、特巡警大队 20 名执法人员在鄱阳湖某水域附近查获以夏某为首的电鱼团伙，抓获电鱼人员 8 人、鱼贩 4 人，查获电鱼船 4 艘、渔获物 1 511 千克。渔业行政执法支队执法人员对涉案人员进行一定数额行政处罚，之后并未将该案件移送至公安机关。

问题：

（1）行政执法机关是否可以以行政处罚代替移送？行政执法机关将受到哪些处罚？

（2）移送前作出的处罚决定与移送后经审判判决的刑事处罚之间是否冲突？为什么？

10. 2018 年 5 月 11 日，S 省 L 市海洋与渔业监督监察大队联合三山岛公安边防大队开展执法行动，一次性查获 "辽某渔 23037" "冀某渔 03927" "鲁某渔 68208" 等 19 艘渔船违反海洋伏季休渔规定出海捕捞。执法人员对涉案渔船罚款 40.5 万元、没收违法网具地笼网 1 000 个。该案已移送公安机关。

问题：

（1）执法人员对涉案物品应该如何处置？

（2）对于行政机关将案件送至公安机关，公安机关不作为应当承担什么法律责任？

第三节　渔业行政执法行为其他规范习题

一、判断题（6 题）

1. 违法行为构成犯罪，应当依法追究刑事责任，不得以行政处罚代替刑事处罚。（　　）

2. 在渔业行政执法过程中，对违法行为人的处罚决定不仅要合法，还应适当、适度，自由裁量应严格按照法律、法律、规章规定的范围实施。（　　）

3. 查获非本船籍港违法渔船，已作出行政处罚，需要通报违法渔船船籍港所在地协办单位的，主办单位不得向协办单位提出协作办案要求。（　　）

4. 渔业行政执法人员可以参与和从事渔业生产经营活动。（　　）

5. 《渔业行政执法协作办案工作制度》规定，对一般性渔业违法案件，协办单位应在收到协查通报函后 5 个工作日内函复协查结果。（　　）

6. 《渔业行政执法协作办案工作制度》规定，协助查证船舶相关证书或资料的，协办单位可跨区域进行查找，并将调查核实结果及时反馈主办单位。（　　）

二、单项选择题（7 题）

1. 渔业行政执法机构工作人员要把严不严格遵守（　　）作为检验各级渔政机构工作深不深入、作风扎实不扎实的一项重要内容。

　　A. 六条禁令

　　B. "五统一"

　　C. 中央八项规定

　　D. 渔业行政执法协作办案工作制度

2. 下列说法不正确的是（　　）。

　　A. 限制人身自由的行政处罚，只能由法律设定

　　B. 行政法规可以设定除限制人身自由以外的行政处罚

　　C. 地方性法规可以设定限制人身自由、吊销企业营业执照的行政处罚

　　D. 国务院部、委员会制定的规章可以在法律、行政法规规定的给予行政处罚的行为、种类和幅度的范围内作出具体规定

3. 珍贵、濒危水生野生动物或者其制品的价值，依照国务院渔业行政主管部门的规定核定。核定价值低于实际交易价格的，以（　　）认定。

　　A. 平均价值

　　B. 核定价值

　　C. 实际交易价格

　　D. 国务院渔业行政主管部门认定的价值

4. 限制人身自由的行政处罚，应由（　　）行使。

　　A. 行政机关　　　　　　　　　　B. 审判机关

　　C. 监察机关　　　　　　　　　　D. 公安机关

5. 非法收购、运输、出售珊瑚、砗磲或者其他珍贵、濒危水生野生动物及其制品，具有下列（　　）情形的，不应当认定为《中华人民共和国刑法》第三百四十一条第一款规定的"情节特别严重"。

　　A. 价值在二百万元以上的

　　B. 价值在二百五十万元以上的

　　C. 非法获利在二百万元以上的

　　D. 非法获利在二百五十万元以上的

6.《渔业行政执法协作办案工作制度》规定，协办单位与主办单位发生分歧时，由（　　）渔业行政执法机构协调。

　　A. 上级　　　　　　　　　　　　B. 国务院

　　C. 共同的上一级　　　　　　　　D. 省级

7.《渔业行政执法协作办案工作制度》规定，协办单位接到协查通报函

后，发现无法协查的，要及时向主办单位通报并说明原因，同时报上一级渔业行政执法机构（   ）。

    A. 负责督查

    B. 备案

    C. 反映

    D. 指定协查

三、多项选择题（5 题）

1. 渔业行政执法协作办案工作实行（   ）原则。

    A. 综合协调

    B. 统一领导

    C. 分类管理

    D. 分级管理

2. 属于哪些情形的渔业违法案件，主办单位可向协办单位提出协作办案要求？（   ）

    A. 已查获涉嫌渔业违法的渔船，并取得涉嫌违法行为的部分证据，需要涉案渔船船籍港所在地或当事人居住地、户籍所在地的协办单位协助查证涉案船舶相关证书或资料、查找当事人补充调查取证的

    B. 查获公开通缉的涉嫌违法渔船后，需要发布通缉信息的渔业行政执法机构作为协办单位移交证据材料的

    C. 按照《农业行政处罚程序规定》第五十二条规定，直接送达《行政处罚决定书》有困难，需要委托涉案渔船船籍港、停泊港所在地或当事人居住地、户籍所在地协办单位代为送达的

    D. 依法作出的吊销捕捞许可证、职务船员证书等行政处罚决定，或提出扣减涉案渔船渔业成品油价格补助等建议，需要由协办单位协助执行的

3. 在执法过程中，渔业行政执法机构对逃逸的涉嫌违法渔船应及时取证，并公开发布涉嫌违法渔船通缉信息，通缉信息的内容包括（   ）。

    A. 涉嫌违法渔船船名号

    B. 作业类型

    C. 违法时间、地点、情节

    D. 渔船特征及照片等

4. 渔业行政执法六条禁令，除禁着渔业行政执法制服进入各类营业性娱乐场所消费和严禁索要、收受管理相对人钱物外，还有哪些禁止性规定？（   ）

    A. 严禁无法定依据或不开具有效票据处罚、收费

    B. 严禁私分罚没款和罚没物

    C. 严禁弄虚作假、滥用职权、不按规定条件和程序办理渔业管理相关证书及证件

    D. 严禁参与和从事渔业生产经营活动

5. 渔业行政执法"五统一"的主要内容是（   ）。

A. 统一渔业行政执法证管理

B. 统一渔业行政执法文书格式

C. 统一中国渔政标志和统一渔政执法装备标识

D. 统一着装标准

四、简答题（2题）

1. 《渔业行政执法协作办案工作制度》对协作办案的程序是怎样规定的？

2. 《渔业行政执法协作办案工作制度》对协作办案的时限和管辖权限是怎样规定的？

第九章

参 考 答 案

第五章 基础类习题答案

第一节 中国特色社会主义法治建设基本原理习题答案

一、判断题（10题）

1—5 √√×√×　　6—10 √√××√

二、单项选择题（10题）

1—5 A B B D B　　　6—10 C B B B C

三、多项选择题（5题）

1. ABC　　2. ACD　　3. CD　　4. ABD　　5. ABCD

第二节 法治政府建设习题答案

一、判断题（5题）

1—5 √√√×√

二、单项选择题（5题）

1—5 A D B B C

三、多项选择题（5题）

1. ABC　　2. ABCD　　3. ACD　　4. ABCD　　5. ABCD

第三节 法理学基础知识习题答案

一、判断题（5题）

1—5 √√√√×

二、单项选择题（5题）

1—5 A C A D C

三、多项选择题（5题）

1. ABC　　2. ABCD　　3. ABC　　4. ABC　　5. ABC

第四节　宪法学基础知识习题答案

一、判断题（10题）

1—5　√√×√√　　6—10×××√√

二、单项选择题（10题）

1—5　A B C B C　　6—10 A D A D A

三、多项选择题（10题）

1. ACD　　2. ABCD　　3. ABCD　　4. ABCD　　5. AC

6. ACD　　7. BCD　　8. ABCD　　9. ABD　　10. ACD

第五节　刑法学基础知识习题答案

一、判断题（5题）

1—5　√××√√

二、单项选择题（5题）

1—5　C D B A D

三、多项选择题（5题）

1. ABCD　　2. ACD　　3. ABCD　　4. ABC　　5. ABCD

第六节　民法学基础知识习题答案

一、判断题（5题）

1—5　×√√√√

二、单项选择题（5题）

1—5　C B D D C

三、多项选择题（5题）

1. BCD　　2. ABCD　　3. AC　　4. ABD　　5. ABCD

第六章　综合类习题答案

第一节　行政处罚习题答案

一、判断题（10题）

1—5　√×√×√　　　　6—10　××√√√

二、单项选择题（10题）

1—5　A C A B D　　　　6—10 D C A D C

三、多项选择题（9题）

1．AD　　2．ABD　　3．AB　　4．ABD　　5．AB

6．BCD　　7．ABCD　　8．ABCD　　9．CD

<h3 style="text-align:center">第二节　行政强制习题答案</h3>

一、判断题（10题）

1—5　×√√××　　6—10　√××××

二、单项选择题（10题）

1—5　B A D A C　　6—10　D B C C D

三、多项选择题（10题）

1．ABCD　　2．ABCD　　3．BC　　4．ABC　　5．AB

6．AB　　7．BC　　8．BCD　　9．ABD　　10．AC

<h3 style="text-align:center">第三节　行政许可习题答案</h3>

一、判断题（10题）

1—5　√√×√×　　6—10　√×√√√

二、单项选择题（10题）

1—5　C B B A A　　6—10　B A D A B

三、多项选择题（10题）

1．ACD　　2．ABC　　3．ABC　　4．BD　　5．ABCD

6．ABC　　7．AB　　8．ABD　　9．ABCD　　10．BCD

<h3 style="text-align:center">第四节　行政复议习题答案</h3>

一、判断题（5题）

1—5　×√√×√

二、单项选择题（5题）

1—5　C C B B A

三、多项选择题（5题）

1．ACD　　2．BCD　　3．ABD　　4．AC　　5．BC

<h3 style="text-align:center">第五节　行政诉讼习题答案</h3>

一、判断题（10题）

1—5　√√√√√　　6—10　××√√√

二、单项选择题（10题）

1—5 B D C D D 6—10 D B C D C

三、多项选择题（10题）

1. ABCD 2. AB 3. ABCD 4. AB 5. ABCD
6. ABD 7. ABCD 8. ACD 9. ABC 10. ABCD

第六节 国家赔偿习题答案

一、判断题（5题）

1—5 √√×√√

二、单项选择题（5题）

1—5 D C A B B

三、多项选择题（5题）

1. AB 2. BC 3. BD 4. ABC 5. ACD

第七章 专业类习题答案

第一节 渔业法习题答案

一、判断题（40题）

1—5 ×√×√× 6—10 ××√×× 11—15 ××√√√
16—20 ×√××√ 21—25 √√×√√ 26—30 √√√√√
31—35 √××××× 36—40 ×××√√

二、单项选择题（40题）

1—5 A C A A D 6—10 B A A A A 11—15 A A A D A
16—20 A D A D D 21—25 D A B A A 26—30 D A B C A
31—35 A A C C C 36—40 B A B A A

三、多项选择题（47题）

1. AC 2. ABD 3. ABC 4. ACD 5. ABCD
6. ABD 7. AB 8. ABCD 9. ABCD 10. ABCD
11. AC 12. ABC 13. ABCD 14. ACD 15. CD
16. ABD 17. ABC 18. AC 19. AB 20. ABC
21. ABCD 22. ABC 23. ABC 24. BC 25. AB
26. ABC 27. ABC 28. AC 29. AB 30. AB
31. ABD 32. ABCD 33. ABCD 34. AB 35. AB
36. AB 37. ABCD 38. AD 39. ABC 40. ABCD

41. ABC　　42. ABC　　43. BCD　　44. ABD　　45. ABCD
46. AC　　47. ABCD

四、简答题（20题）

1.【答案要点】

我国的渔业监督管理原则为"统一领导，分级管理"。

"统一领导"是指国家对渔业的监督管理进行统筹考虑，统一安排。"统一领导"是我国行政管理的民主集中制原则的基本要求。此外，渔业资源的洄游性和渔业生产的流动性决定了对渔业的监督管理特别需要统一的领导和协调，才能保证渔业监督管理工作的正确、有效开展。《中华人民共和国渔业法》第六条规定，"国务院渔业行政主管部门主管全国的渔业工作"。因此，国务院渔业行政主管部门对我国的渔业监督管理行使统一领导权。

"分级管理"是指各级人民政府对所辖水域的渔业实行监督管理，这既有利于调动各方面的积极性，也有利于各级人民政府在国家的统一领导下，根据所管辖行政区域的渔业水域自然环境条件和渔业资源状况，因地制宜地实施渔业监督管理权。《中华人民共和国渔业法》第六条规定，"县级以上地方人民政府渔业行政主管部门主管本行政区域内的渔业工作"。因此，县级以上地方人民政府渔业行政主管部门在本行政区域内实施渔业监督管理权。

2.【答案要点】

（1）适用的地域范围：中华人民共和国的内水、滩涂、领海、专属经济区及中华人民共和国管辖的一切其他海域。

（2）生效时间：1986年发布的《中华人民共和国渔业法》自1986年7月1日起生效；2000年《中华人民共和国渔业法》修改决定于2000年12月1日生效；2004年的《中华人民共和国渔业法》修改决定于2004年8月28日生效；2013年的《中华人民共和国渔业法》修改决定于2013年12月28日生效。

（3）发生效力的对象：在《中华人民共和国渔业法》发生效力的地域从事渔业活动的任何单位或个人都受到《中华人民共和国渔业法》的制约，都必须遵守《中华人民共和国渔业法》的规定。这既包括我国从事渔业活动的单位和个人，也包括在我国管辖水域从事渔业活动的外国人、外国渔业船舶。

3.【答案要点】

养殖业的这一发展方针是根据我国养殖业的实际情况而确定的。我国发展水产养殖的自然条件优越，充分利用适宜养殖的水域、滩涂发展养殖业，极大地促进了我国渔业的持续发展。同时，在当前我国的社会主义市场经济体制下，国家鼓励各种经济个体参与养殖业的发展，包括全民所有制单位、集体所有制单位和个人。

4.【答案要点】

申请渔业捕捞许可证，申请人应当向户籍所在地、法人或非法人组织登记地县级以上人民政府渔业主管部门提出申请，并提交下列资料：

（1）渔业捕捞许可证申请书。

（2）船舶所有人户口簿或者营业执照。

（3）渔业船舶检验证书、渔业船舶国籍证书和所有权登记证书，徒手作业的除外。

（4）渔具和捕捞方法符合渔具准用目录和技术标准的说明。

申请海洋渔业捕捞许可证，除提供第一款规定的资料外，还应提供：

（1）申请人所属渔业组织出具的意见。

（2）首次申请和重新申请捕捞许可证的，提供渔业船网工具指标批准书。

（3）申请换发捕捞许可证的，提供原捕捞许可证。

申请公海渔业捕捞许可证，除提供第一款规定的资料外，还需提供：

（1）农业农村部远洋渔业项目批准文件。

（2）首次申请和重新申请的，提供渔业船网工具指标批准书。

（3）非专业远洋渔船需提供海洋渔业捕捞许可证暂存的凭据。

申请专项（特许）渔业捕捞许可证，除提供第一款规定的资料外，还应提供海洋渔业捕捞许可证或内陆渔业捕捞许可证。其中，申请到 B 类渔区作业的专项（特许）渔业捕捞许可证的，还应当依据有关管理规定提供申请材料；申请在禁渔区或者禁渔期作业的，还应当提供作业事由和计划；承担教学、科研等项目租用渔船的，还应提供项目计划、租用协议。

科研、教学单位的专业科研调查船、教学实习船申请专项（特许）渔业捕捞许可证，除提供第一款规定的资料外，还应提供科研调查、教学实习任务书或项目可行性报告。

5.【答案要点】

在中华人民共和国管辖水域从事渔业捕捞活动，以及中国籍渔船在公海从事渔业捕捞活动，应当经审批机关批准并领取渔业捕捞许可证，按照渔业捕捞许可证核定的作业类型、场所、时限、渔具数量和规格、捕捞品种等作业。对已实行捕捞限额管理的品种或水域，应当按照规定的捕捞限额作业。

6.【答案要点】

对渔业捕捞许可申请的审查包括程序上的审查和实质性审查。

程序上的审查主要审查申请事项是否符合规定程序、申请手续是否俱全。

实质性审查主要审查申请者和申请事项是否符合法定条件。包括：是否向有权核发许可证的机关提出申请；是否在法定许可范围内申请；申请者是否具备相应的民事权利能力和行为能力，是否具备法定的主体资格等法定条件。

7.【答案要点】

渔业捕捞许可证制度的基本原理：

（1）通过立法，禁止未经许可的捕捞作业。凡是欲从事捕捞作业的单位和个人，必须向政府管理部门提出申请，经许可后方可按许可的条件从事捕捞作业。

（2）通过立法，设置允许申请人从事捕捞作业的条件。

（3）通过对捕捞许可证的管理，实现对捕捞业的控制。

渔业捕捞许可证制度的作用应从以下几个方面分析：

（1）控制捕捞强度、养护和合理利用渔业资源的作用。

（2）维护捕捞作业秩序的作用。

（3）调整捕捞生产作业结构的作用。

（4）保护渔业生产者合法权益的作用。

（5）保障捕捞作业安全生产的作用。

8.【答案要点】

渔业许可证制度是指从事渔业活动必须事先向渔业行政主管部门提出申请，在得到批准，获得许可证后，方可按照许可证批准的内容进行渔业活动。未经许可，任何人、任何单位不得从事渔业活动。渔业许可证制度是国家对渔业实施计划和控制的具体行政管理措施。渔业许可证制度通过渔业许可证的核发和管理实施。

9.【答案要点】

国家根据捕捞量低于渔业资源生产量的原则，确定渔业资源的总可捕量，实行捕捞限额制度。

国务院渔业行政主管部门负责组织渔业资源的调查和评估，为实行捕捞限额制度提供科学依据。我国内海、领海、专属经济区和其他管辖海域渔业资源的捕捞限额总量由国务院渔业行政主管部门确定，报国务院批准后逐级解下达；国家确定的重要江河、湖泊的捕捞限额总量由有关省、自治区、直辖市人民政府确定或协商确定，逐级分解下达。

捕捞限额总量的分配应体现公平、公正的原则，分配办法和分配结果必须向社会公开，并接受监督。国务院渔业行政主管部门和省、自治区、直辖市人民政府渔业行政主管部门应加强对捕捞限额制度实施情况的监督检查，对超过上级下达的捕捞限额指标的，应当在其次年捕捞限额指标中予以核减。

10.【答案要点】

《中华人民共和国渔业法》所规定的违法行为构成犯罪应追究刑事责任的情况主要有以下几种：

（1）使用炸鱼、毒鱼、电鱼等破坏渔业资源的方法进行捕捞，违反禁渔区、禁渔期规定进行捕捞，或者使用禁用的渔具、捕捞方法和小于最小网目尺寸的网具进行捕捞，或者渔获物中的幼鱼超过规定，构成犯罪的。

（2）偷捕、抢夺他人养殖水产品的，或者破坏他人养殖水体、养殖设施，构成犯罪的。

（3）伪造、变卖、买卖捕捞许可证，构成犯罪的。

（4）外国人、外国渔船违反《中华人民共和国渔业法》规定，擅自进入我国管辖水域从事渔业生产或渔业资源调查活动，构成犯罪的。

（5）渔业行政主管部门及其所属的渔政监督管理机构及其工作人员违反《中华人民共和国渔业法》的规定核发许可证、分配捕捞限额或者从事渔业生产经营活动，或者有其他玩忽职守、不履行法定义务、滥用职权、徇私舞弊的行为，构成犯罪的。

11.【答案要点】

（1）使用破坏渔业资源，被明令禁止使用的渔具或者捕捞方法的。

（2）未按国家规定办理批准手续，制造、更新改造、购置或者进口捕捞渔船的。

（3）未经国家规定领取渔业船舶证书、航行签证簿、职务船员证书、船舶户口簿、渔民证等证件的。

12.【答案要点】

禁止的捕捞作业指禁止使用炸鱼、毒鱼、电鱼等破坏渔业资源的方法进行捕捞；禁止制造、销售和使用禁用的渔具；禁止在禁渔区、禁渔期进行捕捞；禁止使用小于最小网目尺寸的网具进行捕捞；在禁渔区或者禁渔期内禁止销售非法捕捞的渔获物；禁止捕捞有重要经济价值的水生动物苗种；禁止捕杀、伤害国家重点保护的水生野生动物。而限制捕捞作业指的是国家对捕捞业实行捕捞许可证制度和捕捞限额制度，从源头对捕捞活动进行限制。未经国务院渔业行政主管部门批准，任何单位或者个人不得在水产种质资源保护区内从事捕捞活动。捕捞的渔获物中幼鱼不得超过规定的比例。因养殖或者其他特殊需要，捕捞有重要经济价值的苗种或者禁捕的怀卵亲体的，必须经国务院渔业行政主管部门或者省、自治区、直辖市人民政府渔业行政主管部门批准，在指定的区域和时间内，按照限额捕捞。

13.【答案要点】

（1）在鱼、虾、蟹洄游通道建闸、筑坝，对渔业资源有严重影响的，建设单位应建造过鱼设施或采取其他补救措施。

（2）禁止围湖造田。

（3）沿海滩涂未经县级以上人民政府批准，不得围垦。

（4）重要的苗种基地、养殖场不得围垦。进行水下爆破、勘探、施工作业，对渔业资源有严重影响的，作业单位应当事先同有关县级以上人民政府渔业行政主管部门协商，采取措施，防止或减少对渔业资源的损害；造成渔业资源损失的，由县级以上人民政府责令赔偿。

（5）对于用于渔业，并兼有调蓄、灌溉功能的水体，有关主管部门应确定渔业生产所需要的最低水位线。

14.【答案要点】

（1）使用炸鱼、毒鱼、电鱼等破坏渔业资源方法进行捕捞的，没收渔获物和违法所得，处五万元以下的罚款（在内陆水域处五十元至五千元罚款，在海洋处五百元至五万元罚款）。

（2）情节严重的，没收渔具，吊销捕捞许可证。

（3）情节特别严重的，可以没收渔船。

（4）构成犯罪的，依法追究刑事责任。

15.【答案要点】

渔业捕捞许可证分为下列八类：

（1）海洋渔业捕捞许可证，适用于许可中国籍渔船在我国管辖海域的捕捞作业。

（2）公海渔业捕捞许可证，适用于许可中国籍渔船在公海的捕捞作业。国际或区域渔业管理组织有特别规定的，应当同时遵守有关规定。

（3）内陆渔业捕捞许可证，适用于许可在内陆水域的捕捞作业。

（4）专项（特许）渔业捕捞许可证，适用于许可在特定水域、特定时间或对特定品种的捕捞作业，或者使用特定渔具或捕捞方法的捕捞作业。

（5）临时渔业捕捞许可证，适用于许可临时从事捕捞作业和非专业渔船临时从事捕捞作业。

（6）休闲渔业捕捞许可证，适用于许可从事休闲渔业的捕捞活动。

（7）外国渔业捕捞许可证，适用于许可外国船舶、外国人在我国管辖水域的捕捞作业。

（8）捕捞辅助船许可证，适用于许可为渔业捕捞生产提供服务的渔业捕捞辅助船，从事捕捞辅助活动。

16.【答案要点】

《中华人民共和国渔业法》第七条规定，国家对渔业的监督管理，实行统一领导、分级管理。海洋渔业，除国务院划定由国务院渔业行政主管部门及其所属的渔政监督管理机构监督管理的海域和特定渔业资源渔场外，由毗邻海域的省、自治区、直辖市人民政府渔业行政主管部门监督管理。江河、湖泊等水域的渔业，按照行政区划由有关县级以上人民政府渔业行政主管部门监督管理；跨行政区域的，由有关县级以上地方人民政府协商制定管理办法，或者由上一级人民政府渔业行政主管部门及其所属的渔政监督管理机构监督管理。

17.【答案要点】

依照《中华人民共和国渔业法》第四十一条、第四十二条的规定予以行政处罚。对我国渔船到我国认为属于我国管辖但与有关国家尚未划界或者有争议的渔区或者海域从事捕捞作业的，应适用我国《中华人民共和国渔业法》的规定。《中华人民共和国渔业法》第四十一条规定，未依法取得捕捞许可证擅自进行捕捞的，没收渔获物和违法所得，并处十万元以下的罚款；情节严重的，并可以没收渔具和渔船。《中华人民共和国渔业法》第四十二条规定，违反捕捞许可证关于作业类型、场所、时限和渔具数量的规定进行捕捞的，没收渔获物和违法所得，可以并处五万元以下的罚款；情节严重的，并可以没收渔具，吊销捕捞许可证。

18.【答案要点】

不可以。《中华人民共和国渔业法》第二十九条规定，国家保护水产种质资源及其生存环境，并在具有较高经济价值和遗传育种价值的水产种质资源的主要生长繁育区域建立水产种质资源保护区。未经国务院渔业行政主管部门批准，任何单位或者个人不得在水产种质资源保护区内从事捕捞活动。

19.【答案要点】

捕捞许可证内容及要求：捕捞许可证附有作业类型、场所、时限、渔具数量和捕捞限额的规定，持证作业者必须按照这些规定进行作业，并遵守国家有关保护渔业资源的规定。

使用大、中型渔船作业的，应当填写渔捞日志。

获得条件：

（1）具有渔业船舶检验证书。

（2）具有渔业船舶登记证书。

（3）符合国务院渔业行政主管部门规定的其他条件。

20.【答案要点】

渔政检查人员有权对各种渔业及渔业船舶的证件、渔船、渔具、渔获物和捕捞方法进行检查。渔政检查人员经国务院渔业行政主管部门或者省级人民政府渔业行政主管部门考核，合格者方可执行公务。

渔业行政主管部门及其所属的渔政监督管理机构及其工作人员不得参与和从事渔业生产经营活动；渔业行政主管部门和其所属的渔政监督管理机构及其工作人员违反《中华人民共和国渔业法》的规定核发许可证、分配捕捞限额或者从事渔业生产经营活动的，或者有其他玩忽职守、不履行法定义务、滥用职权、徇私舞弊的行为的，依法给予行政处分；构成犯罪的，依法追究刑事责任。

五、案例分析题（30 题）

1.【答案要点】

（1）该渔船违反了《中华人民共和国渔业法》第三十条关于禁止在禁渔期进行捕捞；第四十一条关于未依法取得捕捞许可证擅自捕捞；《中华人民共和国渔业法实施细则》第三十九条关于拒绝、阻碍渔政检查人员依法执行公务等相关规定。

（2）按照《中华人民共和国渔业法》第三十八条、第四十一条的规定，应对该船及相关人员没收非法渔获，并处罚款；对实施暴力抗法者应依照《中华人民共和国渔业法实施细则》第三十九条的规定，移送当地公安机关进行处理。

2.【答案要点】

（1）该船主违反了《中华人民共和国渔业法》第三十条"禁止使用炸鱼、毒鱼、电鱼等破坏渔业资源的方法进行捕捞、禁止制造、销售、使用禁用的渔具"的规定。

（2）该案件适用一般行政处罚程序。

具体步骤如下：①启动一般程序，立案；②制作现场检查（勘验）笔录（顺序可在立案之前）；③制作询问笔录（顺序可在立案之前）；④制作案件处理意见书（内部文书）；⑤向当事人送达行政处罚告知书；告知其拟作出行政处罚决定的事实、理由及依据，并告知其陈述、申辩的权利和依法组织听证的权利（外部文书）；⑥听取当事人陈述、申辩，并制作笔录；

⑦制作并向当事人送达行政处罚决定书。

3.【答案要点】

（1）该船主违反了《渔业捕捞许可管理规定》第二十条"在中华人民共和国管辖水域从事渔业捕捞活动，应当经审批机关批准并领取渔业捕捞许可证，按照渔业捕捞许可证核定的作业类型、场所、时限、渔具数量和规格、捕捞品种等作业"中对于捕捞许可管理中有关捕捞许可证作业场所、作业类型的限制规定。

（2）根据《中华人民共和国渔业法》第四十二条"违反捕捞许可证关于作业类型、场所、时限和渔具数量的规定进行捕捞的，没收渔获物和违法所得，可以并处五万元以下的罚款；情节严重的，并可以没收渔具，吊销捕捞许可证"的内容，作出相关处罚决定。

4.【答案要点】

（1）该船主违反了《中华人民共和国渔业法》第三十条"禁止使用炸鱼、毒鱼、电鱼等破坏渔业资源的方法进行捕捞、禁止制造、销售、使用禁用的渔具"之规定。

（2）根据《中华人民共和国渔业法》第三十八条"制造、销售禁用的渔具的，没收非法制造、销售的渔具和违法所得，并处一万元以下的罚款"的内容，作出相应处罚。

5.【答案要点】

（1）他们之间的行为不合法。

（2）违反了《中华人民共和国渔业船舶登记办法》第十一条"渔业船舶所有权的取得、转让和消灭，应当依照本办法进行登记；未经登记的，不得转让第三人"；《中华人民共和国渔业法》第二十三条"捕捞许可证不得买卖、出租和以其他形式转让，不得涂改、伪造、变造"的规定。

（3）渔船转让应到当地船舶登记机构进行所有权转让登记；捕捞许可证则应先由甲注销，再由乙重新申请。以非法转让捕捞许可证进行处罚。

6.【答案要点】

（1）违反了《中华人民共和国渔业法》第三十九条关于禁止偷捕、抢夺他人养殖水产品的规定。

（2）渔政站登记保存车子的行为没有法律依据。

7.【答案要点】

（1）根据《中华人民共和国渔业法》第二十三条"捕捞许可证不得买卖、出租和以其他形式转让，不得涂改、伪造、变造"的相关规定，该渔船的捕捞许可证无效。

（2）对该渔船以无证捕捞进行处罚，吊销捕捞许可证。

8.【答案要点】

（1）超越养殖许可证范围在全民所有的水域从事养殖生产，妨碍航运、行洪；未经批准引进的水产苗种。

（2）责令限期拆除养殖设施；没收苗种和违法所得；可以并处罚款。

9.【答案要点】

（1）违反了《中韩渔业协定》《中华人民共和国渔业法》《中华人民共和国管辖海域外国人、外国船舶渔业活动管理暂行规定》等相关规定。

（2）没收全部渔获物、渔具，并处不超过人民币五十万元的罚款。

10.【答案要点】

（1）违反了《联合国大会关于禁止在公海使用大型流网的决议》《农业农村部禁止我国渔船从事公海大型流刺网作业的规定》《中华人民共和国渔业法有关捕捞许可》《渔船管理规定》等相关规定。

（2）根据《中华人民共和国渔业法》第四十一条的规定，未依法取得捕捞许可证擅自进行捕捞的，没收渔获物和违法所得，并处十万元以下的罚款；情节严重的，并可以没收渔具和渔船。应当没收渔具、非法渔获物、渔船，并处罚款。

11.【答案要点】

（1）违反了禁渔期禁捕规定，涉嫌使用违规网具，存在渔船标识与捕捞许可证不符等行为。该渔船的捕捞许可证无效。

（2）对该渔船以无证捕捞、禁渔期非法捕捞进行处罚，吊销捕捞许可证，没收电鱼设备。

12.【答案要点】

（1）该渔船违反了《中华人民共和国渔业法》第三十条及相关法律法规有关禁渔区和禁渔期、捕捞许可证管理、幼鱼比例的规定；还违反了海洋伏季休渔制度的管理规定。

（2）没收渔获物和渔具，并处罚款；也可以建议吊销捕捞许可证，但应告知船长在3日内可以提出听证的权利。

13.【答案要点】

（1）该渔船违反了《中华人民共和国渔业法》第三十条关于"禁止在禁渔区进行捕捞作业的规定"，海洋伏季休渔的有关管理规定。

（2）根据《中华人民共和国渔业法》第三十八条的规定，没收非法渔获物，并处五万元以下罚款。

14.【答案要点】

(1) 违反了《中华人民共和国渔业法》第四十九条的规定，渔业行政主管部门和其所属的渔政监督管理机构及其工作人员违反本法规定核发许可证、分配捕捞限额或者从事渔业生产经营活动的，或者有其他玩忽职守不履行法定义务、滥用职权、徇私舞弊的行为的，依法给予行政处分；构成犯罪的，依法追究刑事责任。

(2) 违反了《中华人民共和国渔业法》第三十条关于禁止制造、销售禁用渔具的规定。

15.【答案要点】

(1) 行政责任和民事责任。

(2) 合法。处罚的种类和依据均不同，不违反一事不再罚原则。

16.【答案要点】

(1) 该渔船违反了《中华人民共和国渔业法》第四十一条和第三十条的规定。

(2) 处没收渔获物和违法所得，处五万元以下的罚款；情节严重的，没收渔具，吊销捕捞许可证；情节特别严重的，可以没收渔船；构成犯罪的，依法追究刑事责任。

17.【答案要点】

(1) 胡某违反了法律规定；违反了《中华人民共和国渔业法》第十一条的规定。

(2) 如何处罚：未依法取得养殖证擅自在全民所有的水域从事养殖生产的，责令改正，补办养殖证或者限期拆除养殖设施；未依法取得养殖证或者超越养殖证许可范围在全民所有的水域从事养殖生产，妨碍航运、行洪的，责令限期拆除养殖设施，可以并处一万元以下罚款。

18.【答案要点】

(1) 农业局违反了《中华人民共和国渔业法》第十三条的规定。

(2) 如何处罚：渔业行政主管部门和其所属的渔政监督管理机构及其工作人员有玩忽职守、不履行法定义务、滥用职权、徇私舞弊的行为的，依法给予行政处分；构成犯罪的，依法追究刑事责任。

19.【答案要点】

(1) 本案的违法行为：张某有伪造证件和出售捕捞许可证的违法行为；刘某有非法购买捕捞许可证和非法捕捞的行为。

(2) 如何处罚：未依法取得捕捞许可证擅自进行捕捞的，没收渔获物和违法所得，并处十万元以下的罚款；情节严重的，并可以没收渔具和渔船；涂改、买卖、出租或者以其他形式转让捕捞许可证的，没收违法所得，吊销捕捞许可证，可以并处一万元以下的罚款；伪造、变造、买卖捕捞许可证，构成犯罪的，依法追究刑事责任；买卖、出租或者以其他形式非法转让及涂改捕捞许可证的，没收违法所得，吊销捕捞许可证，可以并处一百元至一千元罚款。

20.【答案要点】

（1）郑某违反了《中华人民共和国渔业法》第十一条第一款规定，第十九条规定（从事养殖生产不得使用含有毒有害物质的饵料、饲料），第二十条规定（从事养殖生产应当保护水域生态环境，科学确定养殖密度，合理投饵、施肥、使用药物，不得造成水域的环境污染）。

（2）如何处罚：按照《中华人民共和国渔业法》第三十九条的规定，偷捕、抢夺他人养殖的水产品的，或者破坏他人养殖水体、养殖设施的，责令改正，可以处二万元以下的罚款；造成他人损失的，依法承担赔偿责任；构成犯罪的，依法追究刑事责任。

21.【答案要点】

（1）乙市渔业局的行为违法。理由：违反了《中华人民共和国渔业法》第十二条的规定。

（2）吴某的行为违法。理由：违反了《中华人民共和国渔业法》第九条的规定。

22.【答案要点】

（1）违反了《中华人民共和国渔业法》第十六条的规定。

（2）如何处罚：《中华人民共和国渔业法》第四十四条的规定，非法生产、进口、出口水产苗种的，没收苗种和违法所得，并处五万元以下的罚款。经营未经审定的水产苗种的，责令立即停止经营，没收违法所得，可以并处五万元以下的罚款。

23.【答案要点】

（1）渔业局的征收行为不合法。理由：戊省渔船与丁省的渔业局不存在行政管理关系，依据《渔业资源增殖保护费征收使用办法》的规定，无权征收该渔船的渔业资源保护费用。两倍收费没有法律依据，违反了行政法的规定。

（2）如何处罚：依据《中华人民共和国渔业法》第四十一条的规定，未依法取得捕捞许可证擅自进行捕捞的，没收渔获物和违法所得，并处十万元以下的罚款；情节严重的，并可以没收渔具和渔船。依据《中华人民共和国渔业法》第四十二条的规定，违反捕捞许可证关于作业类型、场所、时限和渔具数量的规定进行捕捞的，没收渔获物和违法所得，可以并处五万元以下的罚款；情节严重的，并可以没收渔具，吊销捕捞许可证。

24.【答案要点】

（1）渔民违反了未经国务院渔业行政主管部门批准，任何单位或者个人不得在水产种质资源保护区内从事捕捞活动，使用禁用的渔具捕捞水产品的法律规定，以及违反了保护渔业生态环境的法律规定。

（2）如何处罚：使用禁用的渔具、捕捞方法和小于最小网目尺寸的网具进行捕捞，或者渔获物中幼鱼超过规定比例的，没收渔获物和违法所得，处五万元以下的罚款；情节严重的，没收渔具，吊销捕捞许可证；情节特别严重的，可以没收渔船；构成犯罪的，依法追究刑事责任。未经批准在水产种质资源保护区内从事捕捞活动的，责令立即停止捕捞，没收渔获物和渔具，可以并处一万元以下的罚款。造成渔业水域生态环境破坏或者渔业污染事故的，依照《中华人民共和国海洋环境保护法》和《中华人民共和国水污染防治法》的规定追究法律责任。

25.【答案要点】

（1）养殖户违反了"禁止捕捞有重要经济价值的水生动物苗种；因养殖或者其他特殊需要，捕捞有重要经济价值的苗种或者禁捕的怀卵亲体的，必须经国务院渔业行政主管部门或者省、自治区、直辖市人民政府渔业行政主管部门批准，在指定的区域和时间内，按照限额捕捞；在水生动物苗种重点产区引水用水时，应当采取措施，保护苗种"的法律规定。

（2）如何处罚：《中华人民共和国渔业法》第四十五条规定，未经批准在水产种质资源保护区内从事捕捞活动的，责令立即停止捕捞，没收渔获物和渔具，可以并处一万元以下的罚款。

26.【答案要点】

（1）当事人熊某的行为违反了《中华人民共和国渔业法》第三十条第一款规定。依据《中华人民共和国渔业法》第三十八条第一款规定，依法作出没收电捕鱼器（一台江海牌特功能高效逆变器、一台财富牌电器CD-1型电子波逆稳器、一块万里牌6-QA-180型蓄电瓶），没收渔获物（翘嘴鲌1.5千克、草鱼1千克）和五万元以下罚款的行政处罚。

（2）依据为《中华人民共和国渔业法》第三十条和第三十八条。

27.【答案要点】

（1）托尼的行为违法。违反了《中华人民共和国渔业法》第四十六条规定。

（2）如何处罚：依据《中华人民共和国渔业法》第四十六条的规定。外国人、外国渔船违反本法规定，擅自进入中华人民共和国管辖水域从事渔业生产和渔业资源调查活动的，责令其离开或者将其驱逐，可以没收渔获物、渔具，并处五十万元以下的罚款；情节严重的，可以没收渔船；构成犯罪的，依法追究刑事责任。

28.【答案要点】

（1）违反了《中华人民共和国渔业法》第四十条的规定。

（2）如何处罚：由发放养殖证的机关责令限期开发利用；逾期未开发利用的，吊销养殖证，可以并处一万元以下的罚款。对于张某未依法取得养殖证擅自进行养殖生产的，责令改正，补办养殖证或者拆除养殖设施。

29.【答案要点】

（1）对甲处罚：依据《中华人民共和国渔业法》第四十三条的规定。涂改、买卖、出租或者以其他形式转让捕捞许可证的，没收违法所得，吊销捕捞许可证，可以并处一万元以下的罚款；伪造、变造、买卖捕捞许可证，构成犯罪的，依法追究刑事责任。

（2）对乙处罚：其非法捕捞行为违反了《中华人民共和国渔业法》第四十一条的规定。其在禁渔期进行非法捕捞行为违反了《中华人民共和国渔业法》第三十八条的规定。使用炸鱼、毒鱼、电鱼等破坏渔业资源方法进行捕捞的，违反关于禁渔区、禁渔期的规定进行捕捞的，或者使用禁用的渔具、捕捞方法和小于最小网目尺寸的网具进行捕捞或者渔获物中幼鱼超过规定比例的，没收渔获物和违法所得，处五万元以下的罚款；情节严重的，没收渔具，吊销捕捞许可证；情节特别严重的，可以没收渔船；构成犯罪的，依法追究刑事责任。在禁渔区或者禁渔期内销售非法捕捞的渔获物的，县级以上地方人民政府渔业行政主管部门应当及时进行调查处理。制造、销售禁用的渔具的，没收非法制造、销售的渔具和违法所得，并处一万元以下的罚款。

30.【答案要点】

（1）宋某的违法行为有：违法销售禁用的渔具；拒绝、阻碍渔政检查人员依法执行职务。

（2）对于宋某违法销售禁用的渔具，根据《中华人民共和国渔业法》第三十八条的规定。对于宋某拒绝、阻碍渔政检查人员依法执行职务的行为，根据《中华人民共和国治安管理处罚法》第五十条的规定进行处罚。

第二节　渔业资源保护相关法规规章习题答案

一、判断题（5题）

1—5　√√×××

二、单项选择题（5题）

1—5　C B A D A

三、多项选择题（5题）

1. AC　　　2. ABCD　　　3. ABCD　　　4. ACD　　　5. ABD

第三节　野生动物保护相关法律法规习题答案

一、判断题（10题）

1—5　√×√√×　　6—10　√×√√√

二、单项选择题（10题）

1—5　A C C B B　　6—10　C D B D B

三、多项选择题（10题）

1. BD　　2. ABD　　3. ABD　　4. BCD　　5. ABCD

6. ABCD　　7. CD　　8. ACD　　9. ACD　　10. BC

四、案例分析题

【答案要点】

主流观点：法官1的观点。法官1：优，法官3：良，法官2：及格。

字数够400字者均得分，注重考查考生分析问题的能力。（注：此案为2019年北京市西城区人民法院真实判例）

应从政治效果、社会效果、法律效果等多角度进行分析。

从政治效果上分析，我国坚持依法治国的政治理念，在打击犯罪行为方面，严格依照法律的规定执行。坚持依法治国和依法执政相结合，有利于树立国家法律的权威，依照法律的规定处罚犯罪行为，有利于提高司法公信力。

从社会效果上分析，我国高度重视野生动物保护。野生动物是大自然的产物，自然界是由许多复杂的生态系统构成的。一些野生动物物种的种群已经减少到勉强可以繁殖后代的地步，其地理分布狭窄，仅存在于典型地方或出现在有限的、脆弱的环境中。如果不利于其生长和繁殖的因素继续存在或发生，便会很快灭绝。因此需要对违法采购野生动物的行为给予处罚。

从法律效果上分析，因科学研究、人工繁育、公众展示展演、文物保护或者其他特殊情况，需要出售、购买、利用国家重点保护野生动物及其制品的，应当经省、自治区、直辖市人民政府野生动物保护主管部门批准，并按照规定取得和使用专用标识，保证可追溯，但国务院对批准机关另有规定的除外。

实行国家重点保护野生动物及其制品专用标识的范围和管理办法，由国务院野生动物保护主管部门规定。

出售、利用非国家重点保护野生动物的，应当提供狩猎、进出口等合法来源证明。出售《中华人民共和国野生动物保护法》第二十七条第二款、第四款规定的野生动物的，还应当依法附有检疫证明。

法律依据：《中华人民共和国野生动物保护法》第二十七条"禁止出售、购买、利用国家重点保护野生动物及其制品"。

第四节　水产品质量安全相关法律法规习题答案

一、判断题（5题）

1—5　×××√√

二、单项选择题（5题）

1—5　DBAAC

三、多项选择题（5题）

1. AC　　2. BD　　3. CD　　　4. AD　　　5. ABCD

第五节　渔港管理相关法律法规习题答案

单项选择题（5题）

1—5　DABDA

第六节　渔业船舶、船员管理相关法规规章习题答案

单项选择题（6题）

1—5　CABCA　　6　A

第七节　清理、取缔涉渔"三无"船舶及没收渔业船舶相关规定习题答案

一、判断题（11题）

1—5　√√×√　×　6—10　√×√√×　11√

二、单项选择题（13题）

1—5　DABCB　6—10　BADAD　11—13　ABA

三、多项选择题（11题）

1. ABCD　　2. ACD　　3. ABC　　4. BD　　5. AC

6. ABCD　　7. ABC　　8. AB　　9. ACD　　10. ACD

11. ABD

四、简答题（5题）

1.【答案要点】

（1）非法用于渔业生产经营活动。

（2）无船名号（船名号自行涂刷无效）。

（3）无渔业船舶证书。

（4）无船籍港（船籍港自行涂刷无效）。

（5）套用合法有效渔船证书、未履行审批手续、擅自建（改）造后用于渔业生产经营活动的"套牌"渔船或"克隆"渔船。

2.【答案要点】

（1）未履行审批手续，非法建造、改装的船舶。

（2）停靠在港口的"三无"船舶。

（3）海上航行、停泊的"三无"船舶。

（4）从事渔业活动的"三无"船舶。

（5）未经检验、未取得渔业船舶检验证书擅自下水作业的渔业船舶。

（6）未依法取得捕捞许可证擅自进行捕捞的船舶，情节严重的。

3.【答案要点】

根据《国务院对清理、取缔"三无"船舶通告的批复》第二条的规定，港监和渔政渔监部门对停靠在港口的"三无"船舶应禁止其离港，予以没收，并可对船主处以船价两倍以下的罚款处罚。

4.【答案要点】

公安边防、海关、港监和渔政渔监等部门没收的"三无"船舶，可就地拆解；拆解费用从船舶残料变价款中支付，余款按罚没款处理；也可经审批并办理必要的手续后，作为执法用船，但不得改做他用。

5.【答案要点】

（1）未依法取得渔业船舶检验证书或渔业船舶登记证书。

（2）故意遮挡、涂改渔业船舶的船名、船籍港。

（3）标写伪造、变造的渔业船舶的船名、船籍港，或者使用伪造、变造的渔业船舶证书。

（4）标写其他合法渔业船舶的船名、船籍港或者使用其他渔业船舶证书。

（5）非法安装挖捕珊瑚等国家重点保护水生野生动物设施。

（6）使用相关法律、法规、规章禁用的方法实施捕捞。

（7）非法捕捞水产品、非法捕捞有重要经济价值的水生动物苗种、怀卵亲体，或者在水产种质资源保护区内捕捞水产品，数量或价值较大。

（8）于禁渔区、禁渔期实施捕捞。

（9）存在其他严重违法捕捞行为的情形。

五、案例分析题（10题）

1.【答案要点】

（1）①违反了《中华人民共和国渔业法》第四十一条"未依法取得捕捞许可证擅自进行捕捞，应当没收渔获物和违法所得，并处十万元以下的罚款；情节严重的，并可以没收李某的渔具和渔船"的规定。

②违反了《国务院对清理、取缔"三无"船舶通告的批复》第三条"渔政渔监和港监部门应加强对海上生产、航行、治安秩序的管理，海关、公安边防部门应结合海上缉私工作，取缔"三无"船舶，对海上航行、停泊的"三无"船舶，一经查获，一律没收，并可对船主处船价两倍以下的罚款"的规定。

（2）渔政渔监部门对停靠在港口的"三无"船舶，应禁止其离港，予以没收，并可对船主处以船价两倍以下的罚款；对于没收的"三无"船舶，可就地拆解，拆解费用从船舶残料变价款中支付，余款按罚没款处理，也可经审批并办理必要的手续后，作为执法用船，但不得改为他用。

2.【答案要点】

（1）属于。根据《国务院对清理、取缔"三无"船舶通告的批复》的规定，涉渔"三无"船舶即指非法用于渔业生产经营活动的无船名船号、无船舶证书、无船籍港的船舶。王某的船舶未经检验，无有效船舶登记证书、检验证书，属于"三无"船舶。

（2）正确。《中华人民共和国渔业船舶检验条例》第三十二条第一款规定，违反本条例规定，渔业船舶未经检验、未取得渔业船舶检验证书擅自下水作业的，没收该渔业船舶。本案中，王某的船舶从事水产品销售活动，属于渔业船舶，依法应当申报初次检验，取得渔业船舶检验证书，其未申报初次检验，取得渔业船舶检验证书，擅自下水作业，违反《中华人民共和国渔业船舶检验条例》的规定，A市管理局渔政管理总站依据《中华人民共和国渔业船舶检验条例》第三十二条的规定，决定没收王某的渔业船舶的做法正确。

3.【答案要点】

（1）违法。《国务院对清理、取缔"三无"船舶通告的批复》第一条规定，公安、渔政渔监和港监部门等港口、海上执法部门对未履行审批手续，非法建造、改装的船舶没收处罚。工商行政管理机关对于未经核准登记注册非法建造、改装船舶的厂、点中的非法建造、改装船舶予以没收处罚。《渔业行政处罚规定》第十九条规定，渔业行政主管部门对未履行审批手续非法建造、改装的渔船一律予以没收处罚。本案中，原告作为"1667号"船的实际所有人，在未向船舶管理相关部门申报审批的情况下，擅自拆除船上设备，并加装大量大型螺旋机及其他辅助采矿设备用于采矿，已使船舶类型和用途发生改变，属于私自改装船舶的违法行为。根据《国务院对清理、取缔"三无"船舶通告的批复》规定，非法建造、改装的船舶，属于"三无"船舶，应当由相关部门对其进行没收。

（2）S市渔政支队具有行政处罚权。根据《国务院对清理、取缔"三无"船舶通告的批复》第一条的规定，凡未履行审批手续，非法建造、改装的船舶，由公安、渔政渔监和港监部门等港口、海上执法部门予以没收。S市渔政支队依法享有对私自改装船舶的违法行为的行政处罚权。

4.【答案要点】

（1）妥当。该案件中张某扣押"三无"船舶的行政行为属于行政强制措施。根据《农业行政处罚规定》第三十一条第三款的规定，农业行政处罚机关可以依据有关法律、法规的规定，对涉案场所、设施或者财物采取查封、扣押等强制措施。根据《国务院对清理、取缔"三无"船舶通告的批复》第一条的规定，凡未履行审批手续，非法建造、改装的船舶，由公安机关、渔政渔监和港监部门等港口、海上执法部门予以没收；第二条规定，对停靠在港口的"三无"船舶，港监和渔政渔监部门应禁止其离港，予以没收，并可对船主处以船价两倍以下的罚款。根据《中华人民共和国渔业法》第四十一条的规定，渔业行政主管部门对未依法取得捕捞许可证擅自进行捕捞的船舶，没收渔获物和违法所得，并处十万元以下的罚款；情节严重的，并可以没收渔具和渔船。因此本案中张某的扣押和没收决定是合法的。

（2）根据《国务院对清理、取缔"三无"船舶通告的批复》第二条的规定，对停靠在港口的"三无"船舶，港监和渔政渔监部门应禁止其离港，予以没收，并可对船主处以船价两倍以下的罚款。《渔业行政处罚规定》第十九条规定，凡无船名号、无船舶证书、无船籍港而从事渔业活动的船舶，可对船主处以两倍以下的罚款，并可予以没收。凡未履行审批手续非法建造、改装的渔船，一律予以没收。《中华人民共和国渔业法》第四十一条规定，未依法取得捕捞许可证擅自进行捕捞的，没收渔获物和违法所得，并处以十万元以下的罚款。

5.【答案要点】

（1）根据《国务院对清理、取缔"三无"船舶通告的批复》第一条，凡未履行审批手续，非法建造、改装的船舶，由公安、渔政渔监和港监部门等港口、海上执法部门予以没收。因此，渔政三支队有权对其进行没收。

根据《国务院对清理、取缔"三无"船舶通告的批复》第五条的规定，对于没收的"三无"船舶，可就地拆解，拆解费用从船舶残料变价款中支付，余款按罚没款处理；也可经审批并办理必要的手续后，作为执法用船，但不得改做他用。

（2）根据《国务院对清理、取缔"三无"船舶通告的批复》第一条，对未履行审批手续擅自建造、改装船舶的造船厂，由工商行政管理机关处船价两倍以下的罚款，情节严重的，可依法吊销其营业执照；未经核准登记注册非法建造、改装船舶的厂、点，由工商行政管理机关依法予以取缔，并没收销货款和非法建造、改装的船舶。因此，本案中，应当由 G 省 M 市工商行政管理机关对其作出上述行政处罚。

6.【答案要点】

（1）黄某的违法行为有：①用未履行审批手续、非法建造、改造船舶进行作业；②拒绝、阻碍执法人员依法执行公务；③冒用其他船舶有效渔船证书进行作业；④使用法律规定的最小网目尺寸的渔具进行捕捞渔获物。

杨某的违法行为有：经营违法建造、改装船舶的船厂。

（2）依法对黄某作出的行政处罚：《国务院对清理、取缔"三无"船舶通告的批复》第一条规定，凡未履行审批手续，非法建造、改装的船舶，由公安机关、渔政渔监和港监部门等港口、海上执法部门予以没收；《渔业行政处罚规定》第十九条规定，凡无船名号、无船舶证书、无船籍港而从事渔业活动的船舶，可对船主处以船价两倍以下的罚款，并可予以没收。凡未履行审批手续非法建造、改装的渔船，一律予以没收；根据《国务院对清理、取缔"三无"船舶通告的批复》第四条，拒绝、阻碍执法人员依法执行公务的由公安机关依照《中华人民共和国治安管理处罚条例》处罚；构成犯罪的移送司法机关依法追究刑事责任；根据《渔业行政处罚规定》第六条第五款规定，使用小于规定的最小网目尺寸的网具进行捕捞的，不用船作业的处以五十至五百元罚款；用船作业的处以五百至一千元罚款。

依法对杨某作出的行政处罚：根据《国务院对清理、取缔"三无"船舶通告的批复》第一条规定，对未履行审批手续擅自建造、改装船舶的造船厂，由工商行政管理机关处船价两倍以下的罚款，情节严重的，可以依法吊销其营业执照。

7.【答案要点】

（1）驾驶"三无"船舶进行作业；未依法取得捕捞许可证擅自进行捕捞；使用小于最小网目尺寸的网具捕捞并在禁渔期捕捞。

（2）根据《国务院对清理、取缔"三无"船舶通告的批复》中的规定：无船名船号、无船舶证书、无船籍港的船舶为"三无"船舶。为打击违法犯罪活动，维护海上正常秩序，保护人民群众生命财产安全，必须坚决清理、取缔"三无"船舶。根据《中华人民共和国渔业法》第二十五条的规定，从事捕捞作业的单位和个人，必须按照捕捞许可证关于作业类型、场所、时限、渔具数量和捕捞限额的规定进行作业。根据《中华人民共和国渔业法》第三十条的规定，禁止在禁渔区、禁渔期进行捕捞。禁止使用小于最小网目尺寸的网具进行捕捞。

8.【答案要点】

（1）根据《国务院对清理、取缔"三无"船舶通告的批复》，"三无"船舶是指无船名船号、无船舶证书、无船籍港的船舶。

《国务院对清理、取缔"三无"船舶通告的批复》第一条规定，公安、渔政渔监和港监部门等港口、海上执法部门对未履行审批手续，非法建造、改装的船舶没收处罚。《渔业行政处罚规定》第十九条规定，渔业行政主管部门对未履行审批手续非法建造、改装的渔船一律予以没收处罚。在本案中，涉案船舶属于"三无"船舶，应由海上执法部门予以没收。

（2）根据《国务院对清理、取缔"三无"船舶通告的批复》的规定，对海上航行、停泊的"三无"船舶，一经查获，一律没收，并可对船主处船价两倍以下的罚款。所以，本案对张某应处船价两倍以下的罚款。

（3）根据《国务院对清理、取缔"三无"船舶通告的批复》第一条的规定，对未履行审批手续擅自建造、改装船舶的造船厂，由工商行政管理机关处船价两倍以下的罚款，情节严重的，可依法吊销其营业执照。本案中的"平安造船厂"是已经在工商管理部门核准注册登记的造船厂，但是该厂对涉案船舶的改装行为未经审批的，所以应由工商行政管理机关处船价两倍以下的罚款，情节严重的，可依法吊销其营业执照。

9.【答案要点】

（1）合法。根据《国务院对清理、取缔"三无"船舶通告的批复》的规定，对停靠在港口的"三无"船舶，港监和渔政渔监部门应禁止其离港，予以没收，并可对船主处以船价两倍以下的罚款。所以本案中对涉案船舶予以没收的处理是合法的。

（2）根据《国务院对清理、取缔"三无"船舶通告的批复》的规定，对拒绝、阻碍执法人员依法执行公务的，由公安机关依照《中华人民共和国治安管理处罚条例》处罚；构成犯罪的移送司法机关依法追究刑事责任。本案中胡某的阻挠行为，可以由公安机关依照《中华人民共和国治安管理处罚条例》处罚，如果情节构成犯罪的，移送司法机关依法追究刑事责任。

10.【答案要点】

（1）根据《国务院对清理、取缔"三无"船舶通告的批复》的规定，公安边防、海关、港监和渔政渔监等部门没收的"三无"船舶，可就地拆解，拆解费用从船舶残料变价款中支付，余款按罚没款处理；也可经审批并办理必要的手续后，作为执法用船，但不得改为他用。

（2）根据《国务院对清理、取缔"三无"船舶通告的批复》的规定，未经核准登记注册非法建造、改装船舶的厂、点，由工商行政管理机关依法予以取缔，并没收销货款和非法建造、改装的船舶。本案中，由工商行政管理机关依法对孙某予以取缔该船舶建造点，并没收销货款和非法建造、改装的船舶。

第八节　渔业生态保护与污染防控相关法律法规习题答案

一、判断题（10题）

1—5　×××√×　6—10　×√×√√

二、单项选择题（2题）

1—2 C B

三、多项选择题（3题）

1. ABCD　　2. ACD　　3. ABD

第八章　渔业行政执法相关规范习题答案

第一节　农业行政处罚程序相关规定习题答案

一、判断题（65题）

1—5　√√××√　　6—10　√×√××

11—15　√√×√×　　16—20　√√√√√

21—25　√××××　　26—30　×√√√√

31—35　√√√√×　　36—40　√√√×√

41—45　√×√××　　46—50　××√√√

51—55　×√√××　　56—60　√××√√

61—65　×√√×√

二、单项选择题（60题）

1—5　D C B C C　　　6—10　C D C C D　　11—15　B A D A A

16—20　B A C D D　　21—25　C B D A B　　26—30　B D A C B

31—35　D A A C B　　36—40　A D D D D　　41—45　D B D C D

46—50　A C B A D　　51—55　C D B A A　　56—60　A C B D C

三、多项选择题（59题）

1. ABCD　　　2. AD　　　　3. ABCD　　4. AC　　　5. ABCD

6. ABC　　　 7. ACD　　　 8. AC　　　　9. BD　　　10. ABD

11. ABCD　　12. ABCD　　13. ABC　　14. ABCD　15. ABD

16. ABC　　 17. ABCD　　18. ABD　　19. ABCD　20. ABC

21. CD　　　22. ABD　　 23. ABD　　24. ABD　　25. ABCD

26. ABD　　 27. BCD　　 28. ACD　　29. AB　　　30. BCD

31. ABD　　 32. AB　　　 33. AC　　　34. ABCD　35. ABC

36. ABCD　 37. AB　　　 38. ABC　　39. ABCD　40. BCD

41. ABCD　 42. ABCD　　43. ABCD　44. ACD　　45. ABC

46. ACD　　 47. ABCDE　48. BC　　　49. ABCD　50. ABCD

51. ACDE　 52. ABCDEFG　53. ACDE　54. ABCDE　55. ACD

56. ABCD　 57. ABCD　　58. BCD　　59. BCD

四、简答题（29题）

1.【答案要点】

根据《农业行政处罚程序规定》第七条的规定，农业行政处罚由违法行为发生地的农业行政处罚机关管辖；根据《农业行政处罚程序规定》第八条的规定，县级农业行政处罚机关管辖本行政区域内的行政违法案件。设区的市、自治州和省级农业行政处罚机关管辖本行政区域内重大、复杂的行政违法案件。农业农村部及其所属的经法律、法规授权的农业管理机构管辖全国或所辖区域内重大、复杂的行政违法案件。

2.【答案要点】

根据《农业行政处罚程序规定》第六十四条的规定，农业行政处罚机关应当按照下列要求及时将案件材料立卷归档：①一案一卷；②文书齐全，手续完备；③案卷应当按顺序装订。根据《农业行政处罚程序规定》第六十五条的规定，案件立卷归档后，任何单位和个人不得私自增加或者抽取案卷材料，不得修改案卷内容。

3.【答案要点】

根据《农业行政处罚程序规定》第二十条的规定，渔业行政处罚机关在作出渔业行政处罚决定前，应当告知当事人作出行政处罚的事实、理由及依据，并告知当事人依法享有的权利。

渔业行政处罚机关必须充分听取当事人的意见，对当事人提出的事实、理由及证据，应当进行复核；当事人提出的事实、理由或者证据成立的，渔业行政处罚机关应当采纳。

渔业行政处罚机关不得因当事人申辩而加重处罚。

4.【答案要点】

根据《农业行政处罚程序规定》第二十二条的规定，违法事实确凿并有法定依据，对公民处以五十元以下、对法人或者其他组织处以一千元以下罚款或者警告的行政处罚的，可以当场作出渔业行政处罚决定。

5.【答案要点】

根据《农业行政处罚程序规定》第二十三条的规定：①向当事人表明身份，出示执法证件；②当场查清违法事实，收集和保存必要的证据；③告知当事人违法事实、处罚理由和依据，并听取当事人陈述和申辩；④填写《当场处罚决定书》，当场交付当事人，并应当告知当事人，如不服行政处罚决定，可以依法申请行政复议或者提起行政诉讼。

6.【答案要点】

根据《农业行政处罚程序规定》第二十七条的规定，渔业行政处罚机关应当对案件情况进行全面、客观、公正的调查，收集证据；必要时，依照法律、法规的规定，可以进行检查。执法人员调查收集证据时不得少于二人。收集证据时，可以采取抽样取证的方法。在证据可能灭失或者以后难以取得的情况下，经渔业行政处罚机关负责人批准，可以先行登记保存。

7.【答案要点】

根据《农业行政处罚程序规定》第二十九条的规定，执法人员对与案件有关的物品或者场所进行现场检查或者勘验检查时，应当通知当事人到场，制作《现场检查（勘验）笔录》，当事人拒不到场或拒绝签名盖章的，应当在笔录中注明，并可以请在场的其他人员见证。

8.【答案要点】

根据《农业行政处罚程序规定》第三十六条的规定，案件调查人员与本案有利害关系或者其他关系可能影响公正处理的，应当申请回避，当事人也有权向渔业行政处罚机关申请要求回避。案件调查人员的回避，由渔业行政处罚机关负责人决定；渔业行政处罚机关负责人的回避由集体讨论决定。回避未被决定前，不得停止对案件的调查处理。

9.【答案要点】

根据《农业行政处罚程序规定》第五十二条的规定，《行政处罚决定书》应当在宣告后当场交付当事人；当事人不在场的，应当在七日内送达当事人，并由当事人在《送达回证》上签名或者盖章；当事人不在场的，可以交给其成年家属或者所在单位代收，并在送达回证上签名或者盖章。当事人或者代收人拒绝接收、签名、盖章的，可以留置送达。直接送达渔业行政处罚文书有困难的，可委托其他渔业行政处罚机关代为送达，也可以邮寄、公告送达。

10.【答案要点】

根据《农业行政处罚程序规定》第六十条的规定，作出渔业行政处罚决定的渔业行政处罚机关依法可以采取下列措施：①到期不缴纳罚款的，每日按罚款数额的百分之三加处罚款；②根据法律规定，将查封、扣押的财物拍卖抵缴罚款；③申请人民法院强制执行。

11.【答案要点】

根据《农业行政处罚程序规定》第三十六条的规定，案件调查人员与本案有利害关系或者其他关系可能影响公正处理的，应当申请回避，当事人也有权向农业行政处罚机关申请要求回避。执法人员与当事人有直接利害关系或者其他关系指的是：是本案的当事人或者当事人近亲属的；本人或者其近亲属与本案有利害关系的；与本案当事人有其他关系，可能影响案件公正处理的。案件调查人员的回避，由农业行政处罚机关负责人决定；农业行政处罚机关负责人的回避由集体讨论决定。回避决定未作出前，不得停止对案件的调查处理。

12.【答案要点】

根据《农业行政处罚程序规定》第十条的规定，对当事人的同一违法行为，两个以上农业行政处罚机关都有管辖权的，应当由先立案的农业行政处罚机关管辖。

根据《农业行政处罚程序规定》第十一条的规定，上级农业行政处罚机关在必要时可以管辖下级农业行政处罚机关管辖的行政处罚案件；下级农业行政处罚机关认为行政处罚案件重大复杂或者本地不宜管辖，可以报请上一级农业行政处罚机关管辖。

13.【答案要点】

根据《农业行政处罚程序规定》第三十二条的规定，农业行政处罚机关对证据进行抽样取证、登记保存或者采取查封、扣押等强制措施，应当通知当事人到场；当事人不到场的，应当邀请其他人员到场见证并签名或盖章；当事人拒绝签名或盖章的，应当予以注明。农业行政处罚机关实施查封、扣押等强制措施的，还应当遵守《中华人民共和国行政强制法》的有关规定。对抽样取证、登记保存、查封扣押的物品，农业行政处罚机关应当制作《抽样取证凭证》《证据登记保存清单》《查封（扣押）决定书》和《查封（扣押）清单》。

14.【答案要点】

根据《农业行政处罚程序规定》第四十一条的规定，农业行政处罚案件自立案之日起，应当在三个月内作出处理决定；特殊情况下三个月内不能作出处理的，报经上一级农业行政处罚机关批准可以延长至一年。对专门性问题需要鉴定的，所需时间不计算在办案期限内。

15.【答案要点】

根据《农业行政处罚程序规定》第二十二条的规定，违法事实确凿并有法定依据，对公民处以五十元以下、对法人或者其他组织处以一千元以下罚款或者警告的行政处罚的，可以当场作出农业行政处罚决定。

根据《农业行政处罚程序规定》第二十三条的规定，当场作出行政处罚决定时应当遵守下列程序：①向当事人表明身份，出示执法证件；②当场查清违法事实，收集和保存必要的证据；③告知当事人违法事实、处罚理由和依据，并听取当事人陈述和申辩；④填写《当场处罚决定书》，当场交付当事人，并应当告知当事人，如不服行政处罚决定，可以依法申请行政复议或者提起行政诉讼。

根据《农业行政处罚程序规定》第二十四条的规定，执法人员应当在作出当场处罚决定之日起、渔业执法人员应当自抵岸之日起二日内将《当场处罚决定书》报所属农业行政处罚机关备案。

16.【答案要点】

根据《农业行政处罚程序规定》第三十四条的规定，先行登记保存物品时，就地由当事人保存的，当事人或者有关人员不得使用、销售、转移、损毁或者隐匿。就地保存可能妨害公共秩序、公共安全，或者存在其他不适宜就地保存情况的，可以异地保存。对异地保存的物品，农业行政处罚机关应当妥善保管。

根据《农业行政处罚程序规定》第三十五条的规定，农业行政处罚机关对先行登记保存的证据，应当在七日内作出下列处理决定并告知当事人：①需要进行技术检验或者鉴定的，送交有关部门检验或者鉴定；②对依法应予没收的物品，依照法定程序处理；③对依法应当由有关部门处理的，移交有关部门；④为防止损害公共利益，需要销毁或者无害化处理的，依法进行处理；⑤不需要继续登记保存的，解除登记保存。

17.【答案要点】

根据《中华人民共和国行政强制法》第五十三条的规定，当事人在法定期限内不申请行政复议或者提起行政诉讼，又不履行行政决定的，没有行政强制执行权的行政机关可以自期限届满之日起三个月内，依照本法规定申请人民法院强制执行。

根据《中华人民共和国行政强制法》第五十四条的规定，行政机关申请人民法院强制执行前，应当催告当事人履行义务。催告书送达十日后当事人仍未履行义务的，行政机关可以向所在地有管辖权的人民法院申请强制执行；执行对象是不动产的，向不动产所在地有管辖权的人民法院申请强制执行。

18.【答案要点】

根据《农业行政处罚程序规定》第六十条的规定，对生效的农业行政处罚决定，当事人拒不履行的，作出农业行政处罚决定的农业行政处罚机关依法可以采取下列措施：①到期不缴纳罚款的，每日按罚款数额的百分之三加处罚款；②根据法律规定，将查封、扣押的财物拍卖抵缴罚款；③申请人民法院强制执行。

19.【答案要点】

根据《农业行政处罚程序规定》第五十四条的规定，依照本规定第二十二条的规定当场作出农业行政处罚决定，有下列情形之一的，执法人员可以当场收缴罚款：依法给予二十元以下罚款的；不当场收缴事后难以执行的。

根据《农业行政处罚程序规定》第五十五条的规定，在边远、水上、交通不便地区，农业行政处罚机关及其执法人员依照本规定第二十二条、第三十九条的规定作出罚款决定后，当事人向指定的银行缴纳罚款确有困难，经当事人提出，农业行政处罚机关及其执法人员可以当场收缴罚款。

根据《农业行政处罚程序规定》第五十六条的规定，农业行政处罚机关及其执法人员当场收缴罚款的，应当向当事人出具省级财政部门统一制发的罚款收据，不出具财政部门统一制发的罚款收据的，当事人有权拒绝缴纳罚款。

根据《农业行政处罚程序规定》第五十七条的规定，执法人员当场收缴的罚款，应当自返回行政处罚机关所在地之日起二日内，交至农业行处罚机关；在水上当场收缴的罚款，应当自抵岸之日起二日内交至农业行政处罚机关；农业行政处罚机关应当在二日内将罚款交至指定的银行。

20.【答案要点】

根据《规范农业行政处罚自由裁量权办法》第十四条的规定，有下列情形之一的，农业农村主管部门依法从轻或减轻处罚：①已满14周岁不满18周岁的公民实施违法行为的；②主动消除或减轻违法行为危害后果的；③受他人胁迫实施违法行为的；④在共同违法行为中起次要或者辅助作用的；⑤主动中止违法行为的；⑥配合行政机关查处违法行为有立功表现的；⑦主动投案向行政机关如实交代违法行为的；⑧其他依法应当从轻或减轻处罚的。

21.【答案要点】

①违法行为的事实、性质、情节以及社会危害程度与受到的行政处罚相比，畸轻或者畸重的；②在同一时期同类案件中，不同当事人的违法行为相同或者相近，所受行政处罚差别较大的；③依法应当不予行政处罚或者应当从轻、减轻行政处罚的，给予处罚或未从轻、减轻行政处罚的；④其他滥用行政处罚自由裁量权情形的。

22.【答案要点】

行政执法公示制度、行政执法全过程记录制度和重大执法决定法制审核制度。

23.【答案要点】

根据《规范农业行政处罚自由裁量权办法》第十三条的规定，有下列情形之一的，农业农村主管部门依法不予处罚：①未满14周岁的公民实施违法行为的；②精神病人在不能辨认或者控制自己行为时实施违法行为的；③违法事实不清，证据不足的；④违法行为轻微并及时纠正，未造成危害后果的；⑤违法行为在两年内没有发现的，法律另有规定的除外；⑥其他依法不予处罚的。

24.【答案要点】

根据《规范农业行政处罚自由裁量权办法》第十五条的规定，有下列情形之一的，农业农村主管部门依法从重处罚：①违法情节恶劣，造成严重危害后果的；②责令改正拒不改正，或者一年内实施两次以上同种违法行为的；③妨碍、阻挠或者抗拒执法人员依法调查、处理其违法行为的；④故意转移、隐匿、毁坏或伪造证据，或者对举报投诉人、证人打击报复的；⑤在共同违法行为中起主要作用的；⑥胁迫、诱骗或教唆未成年人实施违法行为的；⑦其他依法应当从重处罚的。

25.【答案要点】

根据《规范农业行政处罚自由裁量权办法》第六条的规定，行使行政处罚自由裁量权，应当以事实为依据，行政处罚的种类和幅度应当与违法行为的事实、性质、情节、社会危害程度相当，与违法行为发生地的经济社会发展水平相适应。违法事实、性质、情节及社会危害后果等相同或相近的违法行为，同一行政区域行政处罚的种类和幅度应当基本一致。

26.【答案要点】

行政执法全过程音像记录是指通过照相机、录音机、摄像机、执法记录仪、视频监控等记录设备，实时对行政执法过程进行记录的方式。

（1）做好音像记录与文字记录的衔接工作，充分考虑音像记录方式的必要性、适当性和实效性，对文字记录能够全面有效记录执法行为的，可以不进行音像记录。

（2）对查封扣押财产、强制拆除等直接涉及人身自由、生命健康、重大财产权益的现场执法活动和执法办案场所，要推行全程音像记录。

（3）对现场执法、调查取证、举行听证、留置送达和公告送达等容易引发争议的行政执法过程，要根据实际情况进行音像记录。

（4）建立健全执法音像记录管理制度，明确执法音像记录的设备配备、使用规范、记录要素、存储应用、监督管理等要求。

27.【答案要点】

坚持依法规范、坚持执法为民、坚持务实高效、坚持改革创新和坚持统筹协调。

28.【答案要点】

根据《规范农业行政处罚自由裁量权办法》第十条的规定，制定行政处罚自由裁量基准，应当遵守以下规定：

（1）法律、法规、规章规定可以选择是否给予行政处罚的，应当明确是否给予行政处罚的具体裁量标准和适用条件。

（2）法律、法规、规章规定可以选择行政处罚种类的，应当明确适用不同种类行政处罚的具体裁量标准和适用条件。

（3）法律、法规、规章规定可以选择行政处罚幅度的，应当根据违法事实、性质、情节、社会危害程度等因素确定具体裁量标准和适用条件。

（4）法律、法规、规章规定可以单处也可以并处行政处罚的，应当明确单处或者并处行政处罚的具体裁量标准和适用条件。

29.【答案要点】

根据《规范农业行政处罚自由裁量权办法》第十一条的规定，法律、法规、规章设定的罚款数额有一定幅度的，在相应的幅度范围内分为从重处罚、一般处罚、从轻处罚。除法律、法规、规章另有规定外，罚款处罚的数额按照以下标准确定：

（1）罚款为一定幅度的数额，并同时规定了最低罚款数额和最高罚款数额的，从轻处罚应低于最高罚款数额与最低罚款数额的中间值，从重处罚应高于中间值。

（2）只规定了最高罚款数额未规定最低罚款数额的，从轻处罚一般按最高罚款数额的百分之三十以下确定，一般处罚按最高罚款数额的百分三十以上、百分之六十以下确定，从重处罚应高于最高罚款数额的百分之六十。

（3）罚款为一定金额的倍数，并同时规定了最低罚款倍数和最高罚款倍数的，从轻处罚应低于最低罚款倍数和最高罚款倍数的中间倍数，从重处罚应高于中间倍数。

（4）只规定最高罚款倍数未规定最低罚款倍数的，从轻处罚一般按最高罚款倍数的百分之三十以下确定，一般处罚按最高罚款倍数的百分之三十以上、百分之六十以下确定，从重处罚应高于最高罚款倍数的百分之六十。

五、案例分析题（29题）

1.【答案要点】

（1）该执法人员存在的问题：应当向当事人表明执法身份并出示执法证件进行执法检查；简易程序处罚应当开具《当场处罚决定书》，并当场交付当事人。

（2）应当满足的条件：违法事实确凿；有明确法定依据；处罚种类是警告或者罚款（对公民处五十元以下；对法人或者其他组织处一千元以下）。

2.【答案要点】

（1）该行政处罚无效。

（2）适用于一般程序的行政处罚必须由不少于两名渔业行政执法人员进行调查搜集证据和执法检查。在该案件中，船员不具备渔业行政执法主体资格。

3.【答案要点】

该执法人员作出的行政处罚不合法。存在的问题：作为案件调查人员的李某与本案存在亲属关系，其作出的行政处罚可能会影响公正，李某应当主动回避；渔业执法人员进行行政执法时，应当依据《农业行政处罚程序规定》的有关规定制作行政执法文书。

4.【答案要点】

（1）除依法可以当场决定行政处罚的外，执法人员经初步调查，发现公民、法人或者其他组织涉嫌有违法行为依法应当给予行政处罚的，应当填写《行政处罚立案审批表》，报本行政处罚机关负责人批准立案；执法人员在调查结束后，应当按规定制作《案件处理意见书》，报农业行政处罚机关负责人审批。

（2）适用于一般程序。需制作执法文书有：《行政处罚立案审批表》《现场检查（勘验）笔录》《询问笔录》《案件处理意见书》《行政处罚事先告知书》《行政处罚决定书》和《行政处罚结案报告》。

5.【答案要点】

（1）A市渔业行政执法机构有权管辖。理由是依据《农业行政处罚规定》规定，行政处罚由违法行为发生地的行政处罚机关管辖。

（2）加重处罚不合法。理由是《中华人民共和国行政处罚法》规定，不得以当事人陈述申辩加重处罚。

6.【答案要点】

（1）执法机构扣押渔船应开具《查封（扣押）决定书》，作为扣押违规渔船的凭证；对船主处以罚款超过三千元、对法人或其他组织罚款超过三万元的，渔业行政执法机构应当告知当事人有要求举行听证的权利。

（2）该渔船船主的诉求是合理的。因为：对于渔业行政执法机构依法对渔船实施扣押时，应当通知当事人在场，并依法出具《查封（扣押）决定书》；"较大数额罚款"应根据省级人民代表大会常务委员会或者人民政府规定的标准执行；农业农村部及其所属的经法律、法规授权的农业管理机构对公民罚款超过三千元、对法人或其他组织罚款超过三万元属较大数额罚款。当事人要求听证的，应当在收到《行政处罚事先告知书》之日起三日内向听证机关提出。

7.【答案要点】

（1）有权对案件涉及的事实、适用法律及有关情况进行陈述和申辩；有权对案件调查人员提出的证据质证并提出新的证据；如实回答主持人的提问；遵守听证会场纪律，服从听证主持人指挥。

（2）《行政处罚听证会通知书》应当告知当事人举行听证的时间、地点、听证主持人名单及可以申请回避和可以委托代理人等事项。

8.【答案要点】

该渔业行政执法机构的处罚不合适。因为该渔业行政执法机构并未对该船未携带证件的行为进行认真核实，该船存在涉渔"三无"船舶的可能性，属于有重大违法行为或案情复杂，应予以扣押；使用一般程序进行立案调查。

9.【答案要点】

（1）这种方式属已送达。《行政处罚决定书》交给当事人妻子，执法人员和当事人所在居委会主任在送达回证上签名，送达即生效。

（2）因为《农业行政处罚程序》第五十二条第二款规定：当事人或者代收人拒绝接收、签名、盖章的，送达人可以邀请有关基层组织或者其所在单位的有关人员到场，说明情况，把《行政处罚决定书》留在其住处或者单位，并在送达回证上记明拒绝的事由、送达的日期，由送达人、见证人签名或者盖章，即视为送达。

10.【答案要点】

（1）适用于一般程序。达到听证标准。由于对该船的处罚额度为三万元，按照《农业行政处罚程序规定》，该执法行为适用于一般程序；同时，由于对该船的处罚额度已经达到较大数额额度的规定，因此该执法行为适用于听证程序。

（2）《现场检查（勘验）笔录》是执法人员在执行行政处罚一般程序时必须填写的执法文书；《案件处理意见书》是执法程序中的必用文书。

11.【答案要点】

（1）该执法人员对收缴的渔获物处置不恰当，应当依法办理登记保存手续，并按规定依法处置。

（2）农业行政处罚机关对先行登记保存的证据，应当在七日内作出下列处理决定并告知当事人：①需要进行技术检验或者鉴定的，送交有关部门检验或者鉴定；②对依法应予没收的物品，依照法定程序处理；③对依法应当由有关部门处理的，移交有关部门；④为防止损害公共利益，需要销毁或者无害化处理的，依法进行处理；⑤不需要继续登记保存的，解除登记保存。

12.【答案要点】

（1）该执法人员提出船主组织听证的要求是不合理的，因为听证应当由拟作出行政处罚的农业行政处罚机关组织。

（2）按照《农业行政处罚程序规定》，举行听证按下列程序执行：听证书记员宣布听证会场纪律、当事人的权利和义务。听证主持人宣布案由，核实听证参加人名单，宣布听证开始；案件调查人员提出当事人的违法事实、出示证据，说明拟作出的农业行政处罚的内容及法律依据；当事人或其委托代理人对案件的事实、证据、适用的法律等进行陈述、申辩和质证，可以向听证会提交新的证据；听证主持人就案件的有关问题向当事人、案件调查人员、证人询问；案件调查人员、当事人或其委托代理人相互辩论；当事人或其委托代理人做最后陈述；听证主持人宣布听证结束。听证笔录交当事人和案件调查人员审核无误后签字或者盖章。

13.【答案要点】

（1）执法人员的答复是合理的，符合法律相关规定。

（2）在边远、水上和交通不便的地区按一般程序实施处罚时，当事人可当场向执法人员进行陈述和申辩。不提出陈述和申辩的，视为放弃此权利；送达当事人《行政处罚事先告知书》时，应告知当事人可以在收到告知书之日起三日内，进行陈述、申辩。符合听证条件的，告知当事人可以要求听证。当事人无正当理由逾期未提出陈述、申辩或者要求听证的，视为放弃上述权利；当事人应当按期参加听证。当事人有正当理由要求延期的，经听证机关批准可以延期一次；当事人未按期参加听证并且未事先说明理由的，视为放弃听证权利。

14.【答案要点】

（1）共有两处错误，一是普通收据不能代替罚款单据；二是罚款不能七日后上缴。

（2）违法事实确凿并有法定依据，依照规定当场作出农业行政处罚决定，有下列情形之一的，执法人员可以当场收缴罚款：①依法给予二十元以下罚款的；②不当场收缴事后难以执行的。在边远、水上、交通不便地区，农业行政处罚机关及其执法人员依照规定认为违法事实清楚，证据确凿，决定给予行政处罚后，当事人向指定的银行缴纳罚款确有困难，经当事人提出，农业行政处罚机关及其执法人员可以当场收缴罚款。农业行政处罚机关及其执法人员当场收缴罚款的，应当向当事人出具省级财政部门统一制发的罚款收据，不出具财政部门统一制发的罚款收据的，当事人有权拒绝缴纳罚款。执法人员当场收缴的罚款，应当自返回行政处罚机关所在地之日起二日内，交至农业行政处罚机关；在水上当场收缴的罚款，应当自抵岸之日起二日内交至农业行政处罚机关；农业行政处罚机关应当在二日内将罚款交至指定的银行。

15.【答案要点】

（1）案情复杂或者有重大违法行为需要给予较重行政处罚的，应当由农业行政处罚机关负责人集体讨论决定。

（2）听证参加人由听证主持人、听证员、书记员、案件调查人员、当事人及其委托代理人组成；听证主持人、听证员、书记员应当由听证机关负责人指定的法制工作机构工作人员或其他相应工作人员等非本案调查人员担任；当事人委托代理人参加听证的，应当提交授权委托书；除涉及国家秘密、商业秘密或个人隐私外，听证应当公开举行。

16.【答案要点】

（1）该执法人员存在的问题：应当出示执法证件进行执法检查；应当听取船长的陈述申辩；简易程序处罚应当开具《当场处罚决定书》，并当场交付当事人。

（2）简易程序处罚应满足的条件：违法事实确凿并有法定依据；对公民处以五十元以下、对法人或者其他组织处以一千元以下罚款或者警告的行政处罚的，可以当场作出行政处罚决定。

17.【答案要点】

（1）甲市渔业行政执法机构有权管辖。理由是依据《农业行政处罚规定》规定，行政处罚由违法行为发生地的行政处罚机关管辖。

（2）不合法。理由是：现场笔录应当表述清楚，如实记录，并经当事人核定（无阅读能力的应当向其宣读）签名或盖章（或按指印）。当事人拒绝签名或盖章的，渔业执法人员在笔录上予以注明。而不能自己代签；被处罚人拒绝接收处罚决定书的，送达人应当邀请有关基层组织的代表或者他人到现场见证，在送达回证上注明拒收事由和日期，由送达人、见证人签名或盖章，把处罚决定书留在被处罚人的住处，即视为送达，而不是直接放在家门口。

18.【答案要点】

（1）不妥当。

（2）该行政处罚存在的问题：案件调查人员的王某与船长之间是仇人关系，可能影响案件的公正处理，其应当主动回避；渔业执法人员进行行政执法时，应当依据《农业行政处罚程序规定》的有关规定履行行政处罚程序，制作行政执法文书。对于依法应当移送公安机关或海警的案件，应当依法移送。

19.【答案要点】

（1）该行政处罚无效。

（2）查处渔业行政处罚案件必须填写现场笔录。适用于一般程序的行政处罚必须由不少于两名渔业行政执法人员进行调查搜集证据和执法检查。在该案件中，船员不具备渔业行政执法主体资格。

20.【答案要点】

（1）存在的不规范：本案不适用简易程序；执法人员在作出处罚决定之前应当告知行政相对人应享有的各项权利。

（2）需制作的执法文书：《行政处罚立案审批表》《现场检查（勘验）笔录》《询问笔录》《案件处理意见书》《行政处罚事先告知书》《行政处罚决定书》和《行政处罚结案报告》。

21.【答案要点】

（1）适用于一般程序。因为执法人员对该船的处罚四万元，按照《农业行政处罚程序规定》，该执法行为适用于一般程序；达到听证标准，根据法律规定，对公民罚款超过三千元、对法人或其他组织罚款超过三万元属较大数额罚款。

（2）执法人员应当对现场进行仔细勘验，不能因为违法者承认违法行为就减免现场勘验步骤。《案件处理意见书》是执法程序中的必用文书。

22.【答案要点】

（1）该行政处罚无效。

（2）适用一般程序的行政处罚必须由不少于两名渔业行政执法人员进行调查搜集证据和执法检查。

当事人拒绝在笔录上签名盖章的，执法人员应当在笔录中注明，并可以请在场的其他人员见证。

23.【答案要点】

（1）该执法人员对收缴的渔获物处置不恰当。应当依法办理登记保存手续，并按规定依法处置，不能对渔获物进行擅自处理。

（2）执法人员在处理当事人违法获得物时，在证据可能灭失或者以后难以取得的情况下，经行政机关负责人批准，可以先行登记保存。先行登记保存物品时，就地由当事人保存的，当事人或者有关人员不得使用、销售、转移、损毁或者隐匿。行政机关对先行登记保存的证据，应当在七日内及时作出处理决定，而非十五日。在此期间，当事人或者有关人员不得销毁或者转移证据。

24.【答案要点】

（1）不合理。农业行政处罚机关对证据进行抽样取证、登记保存或者采取查封、扣押等强制措施，应当通知当事人到场；对船主处以罚款超过三千元、对法人或其他组织罚款超过三万元的，渔业行政执法机构应当告知当事人有要求举行听证的权利。

（2）到期不缴纳罚款的，每日按罚款数额的百分之三加处罚款；根据法律规定，将查封、扣押的财物拍卖抵缴罚款；申请人民法院强制执行。

25. 【答案要点】

（1）当事人或者代收人拒绝接收、签名、盖章的，送达人可以邀请有关基层组织或者其所在单位的有关人员到场，说明情况，而不是邀请当事人的邻居等人。

（2）如果直接送达农业行政处罚文书有困难的，可委托其他农业行政处罚机关代为送达，也可以邮寄、公告送达。

26. 【答案要点】

（1）不妥当。根据《农业行政处罚程序规定》第二十二条的规定，当场作出罚款决定的数额有限制，对公民罚款应在五十元以下、对法人或者其他组织罚款应在一千元以下。本案中对公民的罚款达到了一千五百元，超出规定不妥当。

（2）第一，作出罚款决定后，当事人向指定的银行缴纳罚款确有困难，经当事人提出，农业行政处罚机关及其执法人员可以当场收缴罚款。本案中船长并未提出要当场缴纳罚款，是王某自己认为要当场收缴罚款。第二，执法人员当场作出行政处罚决定的，应当填写《当场处罚决定书》，当场交付当事人，并应当告知当事人，如不服行政处罚决定，可以依法申请行政复议或者提起行政诉讼。

（3）执法人员在水上当场收缴的罚款，应当自抵岸之日起二日内交至农业行政处罚机关；农业行政处罚机关应当在二日内将罚款交至指定的银行。

27. 【答案要点】

（1）《行政处罚决定书》应当在宣告后当场交付当事人；当事人不在场的，应当在七日内送达当事人，并由当事人在《送达回证》上签名或者盖章。本案中渔政部门于 2017 年 8 月 10 日作出处罚决定，应于 2017 年 8 月 18 日前送达袁某。

（2）对生效的农业行政处罚决定，当事人拒不履行的，行政处罚机关依法可以采取下列措施：到期不缴纳罚款的，每日按罚款数额的百分之三加处罚款；根据法律规定，将查封、扣押的财物拍卖抵缴罚款；申请人民法院强制执行。

28. 【答案要点】

（1）符合。听证程序适用的具体条件，即责令停产停业、吊销许可证或者执照、较大数额罚款的情况应告知当事人举行听证权利。较大罚款的标准为：公民罚款超过三千元；法人或其他组织罚款超过三万元。本案中对王某罚款一万元，超过三千元，并且吊销了王某的生产许可证。对王某的处罚符合举行听证的条件。

（2）王某是本案的当事人，根据《农业行政处罚程序规定》第四十八条规定，当事人在听证中有以下的权利和义务：有权对案件涉及的事实、适用法律及有关情况进行陈述和申辩；有权对案件调查人员提出的证据质证并提出新的证据；如实回答主持人的提问；遵守听证会场纪律，服从听证主持人指挥。

29.【答案要点】

（1）不妥。在作出行政处罚决定之前，该行政处罚机关应当制作《行政处罚事先告知书》，送达当事人，告知拟给予的行政处罚内容及其事实、理由和依据，并告知当事人可以在收到告知书之日起三日内，进行陈述、申辩。

（2）本案中，行政机关在立案后四个月才作出处罚决定，已超出时限。根据规定，渔业行政处罚案件自立案之日起，应当在三个月内作出处理决定；特殊情况下三个月内不能作出处理的，报经上一级农业行政处罚机关批准可以延长至一年。

第二节　渔政执法与治安处罚及刑事法律的衔接习题答案

一、判断题（13题）

1—5　×√√√×　6—10　×√√√×　11—13　√√√

二、单项选择题（15题）

1—5　A A B D D　6—10 C A A A B　11—15　D C C A C

三、多项选择题（13题）

1. ABCD　　2. ABCD　　3. BCD　　4. ABC　　5. ABC

6. AD　　7. AD　　8. ABCD　9. AC　　10. BD

11. BCD　　12. ABCD　　13. ABCD

四、简答题（9题）

1.【答案要点】

（1）涉嫌犯罪案件移送书。

（2）涉嫌犯罪案件情况的调查报告。

（3）涉案物品清单。

（4）有关检验报告或者鉴定结论。

（5）其他有关涉嫌犯罪的材料。

2.【答案要点】

行政执法机关在依法查处违法行为过程中，发现违法事实涉及的金额、违法事实的情节、违法事实造成的后果等，根据刑法关于破坏社会主义市场经济秩序罪、妨害社会管理秩序罪等罪的规定和最高人民法院、最高人民检察院关于破坏社会主义市场经济秩序罪、妨害社会管理秩序罪等罪的司法解释，以及最高人民检察院、公安部关于经济犯罪案件的追诉标准等规定，涉嫌构成犯罪，依法需要追究刑事责任的，必须依照规定向公安机关移送。

3.【答案要点】

行政执法机关在查处违法行为过程中，必须妥善保存所收集的与违法行为有关的证据。

行政执法机关对查获的涉案物品，应当如实填写涉案物品清单，并按照国家有关规定予以处理。对易腐烂、变质等不宜或者不易保管的涉案物品，应当采取必要措施，留取证据；对需要进行检验、鉴定的涉案物品，应当由法定检验、鉴定机构进行检验、鉴定，并出具检验报告或者鉴定结论。

4.【答案要点】

行政执法机关对应当向公安机关移送的涉嫌犯罪案件，应当立即指定两名或者两名以上行政执法人员组成专案组专门负责，核实情况后提出移送涉嫌犯罪案件的书面报告，报经本机关正职负责人或者主持工作的负责人审批。

行政执法机关正职负责人或者主持工作的负责人应当自接到报告之日起三日内作出批准移送或者不批准移送的决定。决定批准的，应当在 24 小时内向同级公安机关移送；决定不批准的，应当将不予批准的理由记录在案。

5.【答案要点】

行政执法机关对应当向公安机关移送的涉嫌犯罪案件，不得以行政处罚代替移送。

行政执法机关向公安机关移送涉嫌犯罪案件前已经作出的警告，责令停产停业，暂扣或者吊销许可证、暂扣或者吊销执照的行政处罚决定，不停止执行。

依照行政处罚法的规定，行政执法机关向公安机关移送涉嫌犯罪案件前，已经依法给予当事人罚款的，人民法院判处罚金时，依法折抵相应罚金。

6.【答案要点】

行政执法机关接到公安机关不予立案的通知书后，认为依法应当由公安机关决定立案的，可以自接到不予立案通知书之日起三日内，提请作出不予立案决定的公安机关复议，也可以建议人民检察院依法进行立案监督。

作出不予立案决定的公安机关应当自收到行政执法机关提请复议的文件之日起三日内作出立案或者不予立案的决定，并书面通知移送案件的行政执法机关。移送案件的行政执法机关对公安机关不予立案的复议决定仍有异议的，应当自收到复议决定通知书之日起三日内建议人民检察院依法进行立案监督。

7.【答案要点】

《行政执法机关移送涉嫌犯罪案件的规定》的立法目的在于，保证行政执法机关向公安机关及时移送涉嫌犯罪案件，依法惩罚破坏社会主义市场经济秩序罪、妨害社会管理秩序罪及其他罪，保障社会主义建设事业顺利进行。

8.【答案要点】

对于行政执法机关重点规定了两方面的法律责任：

（1）逾期不将案件移送给公安机关的责任。行政执法机关在决定批准移送的 24 小时内，如果未将案件移送给同级公安机关，其本级或者上级人民政府，或者实行垂直管理的上级行政执法机关应当责令限期移送，并对其正职负责人或者主持工作的负责人根据情节轻重，给予记过以上的行政处分；构成犯罪的，依法追究刑事责任。

（2）应当移送而不移送或者以行政处罚代替移送的责任。行政执法机关对应当移送的案件而不移送，或者以行政处罚代替移送的，其本级或者上级人民政府，或者实行垂直管理的上级行政执法机关应当责令改正，给予通报；拒不改正的，对其正职负责人或者主持工作的负责人给予记过以上的行政处分；构成犯罪的，依法追究刑事责任。同时，《行政执法机关移送涉嫌犯罪案件的规定》还明确了对其直接负责的主管人员和其他直接责任人员比照上述规定给予行政处分；构成犯罪的，依法追究刑事责任。

对公安机关也重点规定了两方面的责任：

（1）不接受移送案件的责任。

（2）逾期不作出立案或者不立案的决定的责任。如果出现了这两种情形，除由检察院依法实施立案监督外，其本级或者上级人民政府应当责令改正，对其正职负责人根据情节轻重，给予记过以上的行政处分；构成犯罪的，依法追究刑事责任。对其直接负责的主管人员和其他直接责任人员，比照上述规定给予行政处分；构成犯罪的，依法追究刑事责任。

9.【答案要点】

根据《行政执法机关移送涉嫌犯罪案件的规定》，行政执法机关应当履行的职责和义务主要包括七方面：

（1）依法对违法事实进行审查的责任和义务，不仅明确了行政执法机关对违法事实进行审查的几个重要方面，即违法行为涉及的金额、情节、后果等，而且明确了审查的依据，即刑法关于破坏社会主义市场经济秩序罪、妨碍社会管理秩序罪等罪的规定，以及最高人民法院、最高人民检察院关于这类犯罪的司法解释及最高人民检察院、公安部关于经济犯罪案件的追诉标准等规定。

（2）妥善保存和提供有关证据的义务，要求行政执法机关不仅要妥善保存所收集的与违法行为有关的证据，而且要对查获的涉案物品，如实填写涉案物品清单，并按照国家有关规定予以处理。

（3）行政执法机关负责人应当自接到移送案件的书面报告之日起三日内作出批准移送或者不批准移送的决定。这里所说的负责人是指行政执法机关的正职负责人或者主持工作的负责人。

（4）对公安机关决定不予立案的案件依法作出处理，要求行政执法机关对公安机关不予立案的案件，必须依法作出处理，不得姑息迁就或者放纵。

（5）不得以行政处罚代替移送，明确要求行政执法机关不得以行政处罚代替移送。

（6）在法定期限内与司法机关办结涉嫌犯罪案件的交接手续，要求行政执法机关在司法机关决定立案后，应当于接到立案通知书之日起三日内，将涉案物品及与案件有关的其他材料移交给公安机关，并办结交接手续。

（7）依法接受检察院和监察机关的监督。

五、案例分析题（10题）

1.【答案要点】

（1）应将该案件向公安机关移送。

以王某为首的犯罪团伙对鳗鱼苗进行非法收购、销售金额已经达到近千万元，数额较大。根据《中华人民共和国刑法》第三百四十条，构成非法捕捞水产品罪。

行政执法机关在依法查处违法行为过程中，发现违法事实涉及的金额较大，涉嫌构成犯罪，依法需要追究刑事责任的，必须依照法律向公安机关移送。

（2）渔政监督大队向公安移送这起案件时应当附有本起案件的移送书；涉嫌犯罪案件移送书；涉嫌犯罪案件情况的调查报告；涉案物品清单；有

关检验报告或者鉴定结论；其他有关涉嫌犯罪的材料。

2.【答案要点】

（1）王某违反《中华人民共和国刑法》第三百四十一条，构成了非法猎捕、杀害珍贵、濒危野生动物罪。

珊瑚、砗磲属于国家保护动物，且王某的行为严重破坏了当地海域的生态环境，情节严重，应处五年以上十年以下有期徒刑，并处罚金。

（2）由于王某构成非法猎捕、杀害珍贵、濒危野生动物罪，在收集证据时对查获的涉案物品，应当如实填写涉案物品清单，并按照国家有关规定予以处理。

对易腐烂、变质等不宜或者不易保管的涉案物品，应当采取必要措施，留取证据；对需要进行检验、鉴定的涉案物品，应当由法定检验、鉴定机构进行检验、鉴定，并出具检验报告或者鉴定结论。

3.【答案要点】

行政执法机关对应当向公安机关移送的涉嫌犯罪案件，应当立即指定两名或者两名以上行政执法人员组成专案组专门负责，核实情况后提出移送涉嫌犯罪案件的书面报告，报经本机关正职负责人或者主持工作的负责人审批。

行政执法机关正职负责人或者主持工作的负责人应当自接到报告之日起三日内作出批准移送或者不批准移送的决定。决定批准的，应当在 24 小时内向同级公安机关移送；决定不批准的，应当将不予批准的理由记录在案。（具体情况结合材料分析）

4.【答案要点】

J 市渔业行政执法支队在决定批准移送的 24 小时内，如果未将案件移送给同级公安机关，其本级或者上级人民政府，或者实行垂直管理的上级行政执法机关应当责令限期移送，并对其正职负责人或者主持工作的负责人根据情节轻重，给予记过以上的行政处分。

行政执法机关应当履行的职责和义务主要包括：

（1）依法对违法事实进行审查的责任和义务。

（2）妥善保存和提供有关证据的义务，要求行政执法机关不仅要妥善保存所收集的与违法行为有关的证据，而且要对查获的涉案物品，如实填写涉案物品清单，并按照国家有关规定予以处理。

（3）行政执法机关负责人应当自接到移送案件的书面报告之日起三日内作出批准移送或者不批准移送的决定。

（4）对公安机关决定不予立案的案件依法作出处理，要求行政执法机关对公安机关不予立案的案件，必须依法作出处理，不得姑息迁就或者放纵。

（5）不得以行政处罚代替移送，明确要求行政执法机关不得以行政处罚代替移送。

（6）在法定期限内与司法机关办结涉嫌犯罪案件的交接手续，要求行政执法机关在司法机关决定立案后，应当于接到立案通知书之日起三日内，将涉案物品以及与案件有关的其他材料移交给公安机关，并办结交接手续。

（7）依法接受检察院和监察机关的监督。

5.【答案要点】

（1）孙某某等四人违反保护水产资源法规，在禁渔区、禁渔期或者使用禁用的工具、方法捕捞水产品，构成非法捕捞水产品罪。

（2）保证行政执法机关向公安机关及时移送涉嫌犯罪案件，依法惩罚破坏社会主义市场经济秩序罪、妨害社会管理秩序罪及其他罪，保障社会主义建设事业顺利进行。

6.【答案要点】

（1）需要。李某违反了《中华人民共和国刑法》第一百五十一条的规定。《行政执法机关移送涉嫌犯罪案件的规定》第三条规定，本案涉及金额近千万元，数额较大，破坏了社会主义市场经济秩序，应当予以移送。

（2）根据《行政执法机关移送涉嫌犯罪案件的规定》第四条的规定，行政执法机关对查获的涉案物品，应当如实填写涉案物品清单，并按照国家有关规定予以处理。对易腐烂、变质等不宜或者不易保管的涉案物品，应当采取必要措施，留取证据；对需要进行检验、鉴定的涉案物品，应当由法定检验、鉴定机构进行检验、鉴定，并出具检验报告或者鉴定结论。本案的渔业执法机关如实填写毛皮制品的清单，按照上述规定予以处理。

7.【答案要点】

（1）构成了非法捕捞农产品罪和非法猎捕、杀害珍贵、濒危野生动物罪。根据《中华人民共和国刑法》第三百四十条的规定，构成非法捕捞农产品罪。宋某等人非法采捕了附近海域的珊瑚等珍稀水生植物12株，构成非法猎捕珍贵野生动物罪。

（2）行政执法机关接到公安机关不予立案的通知书后，认为依法应当由公安机关决定立案的，可以自接到不予立案通知书之日起三日内，提请作出不予立案决定的公安机关复议，也可以建议人民检察院依法进行立案监督。

8.【答案要点】

(1) 分情况处理：公安机关对行政执法机关移送的涉嫌犯罪案件，应当在涉嫌犯罪案件移送书的回执上签字；其中，不属于本机关管辖的，应当在24小时内转送有管辖权的机关，并书面告知移送案件的行政执法机关。公安机关应当自接受行政执法机关移送的涉嫌犯罪案件之日起三日内，对所移送的案件进行审查。认为有犯罪事实，需要追究刑事责任，依法决定立案的，应当书面通知移送案件的行政执法机关；认为没有犯罪事实，或者犯罪事实显著轻微，不需要追究刑事责任，依法不予立案的，应当说明理由，并书面通知移送案件的行政执法机关，相应退回案卷材料。公安机关对发现的违法行为，经审查，没有犯罪事实，或者立案侦查后认为犯罪事实显著轻微，不需要追究刑事责任，但依法应当追究行政责任的，应当及时将案件移送同级行政执法机关，有关行政执法机关应当依法作出处理。

(2) 根据《行政执法机关移送涉嫌犯罪案件的规定》第十五条的规定，行政执法机关违反本规定，隐匿、私分、销毁涉案物品的，由本级或者上级人民政府，或者实行垂直管理的上级行政执法机关，对其正职负责人根据情节轻重，给予降级以上的行政处分；构成犯罪的，依法追究刑事责任。对条款所列行为直接负责的主管人员和其他直接责任人员，比照条款的规定给予行政处分；构成犯罪的，依法追究刑事责任。

9.【答案要点】

(1) 不可以。根据《行政执法机关移送涉嫌犯罪案件的规定》第十一条的规定，行政执法机关对应当向公安机关移送的涉嫌犯罪案件，不得以行政处罚代替移送。根据《行政执法机关移送涉嫌犯罪案件的规定》第十六条的规定，行政执法机关违反本规定，逾期不将案件移送公安机关的，由本级或者上级人民政府，或者实行垂直管理的上级行政执法机关，责令限期移送，并对其正职负责人或者主持工作的负责人根据情节轻重，给予记过以上的行政处分；构成犯罪的，依法追究刑事责任。对应当向公安机关移送的案件不移送，或者以行政处罚代替移送的，由本级或者上级人民政府，或者实行垂直管理的上级行政执法机关，责令改正，给予通报；拒不改正的，对其正职负责人或者主持工作的负责人给予记过以上的行政处分；构成犯罪的，依法追究刑事责任。

(2) 不冲突。行政执法机关向公安机关移送涉嫌犯罪案件前已经作出的警告，责令停产停业，暂扣或者吊销许可证、暂扣或者吊销执照的行政处罚决定，不停止执行。依照行政处罚法的规定，行政执法机关向公安机关移送涉嫌犯罪案件前，已经依法给予当事人罚款的，人民法院判处罚金时，依法折抵相应罚金，所以不冲突。

10.【答案要点】

（1）根据《行政执法机关移送涉嫌犯罪案件的规定》第四条的规定，行政执法机关在查处违法行为过程中，必须妥善保存所收集的与违法行为有关的证据。行政执法机关对查获的涉案物品，应当如实填写涉案物品清单，并按照国家有关规定予以处理。对易腐烂、变质等不宜或者不易保管的涉案物品，应当采取必要措施，留取证据；对需要进行检验、鉴定的涉案物品，应当由法定检验、鉴定机构进行检验、鉴定，并出具检验报告或者鉴定结论。

（2）公安机关违反了《行政执法机关移送涉嫌犯罪案件的规定》，不接受行政执法机关移送的涉嫌犯罪案件，或者逾期不作出立案或不予立案的决定的，除由人民检察院依法实施立案监督外，由本级或者上级人民政府责令改正，对其正职负责人根据情节轻重，给予记过以上的行政处分；构成犯罪的，依法追究刑事责任。直接负责的主管人员和其他直接责任人员，给予行政处分；构成犯罪的，依法追究刑事责任。

第三节　渔业行政执法行为其他规范习题答案

一、判断题（6题）

1—6　√√××√×

二、单项选择题（7题）

1—7　B C C D A C B

三、多项选择题（5题）

1. BD　2. ABCD　3. ABCD　4. ABCD　5. ABCD

四、简答题（2题）

1.【答案要点】

根据《渔业行政执法协作办案工作制度》第九条的规定，协办单位收到协查通报函后应当做好函件登记，核对协查通报函所附证据材料并妥善保存，如有疑问要及时与主办单位联系。下列有关情形需按协查通报函和本制度规定的时限要求开展相应的协查工作：

（1）协助查证船舶相关证书或资料的，协办单位应进行调查核实，尤其验明证书真伪的，并将调查核实结果及时反馈主办单位。

（2）协助查找当事人的，协办单位应在本辖区内寻访、查找当事人，发现当事人后要采取必要措施督促其到主办单位接受调查。

（3）协助调查取证或提供材料的，协办单位应当开展相关的调查取证工作，及时向主办单位函复工作情况或提供相关材料。

（4）协助送达法律文书的，协办单位应按照《农业行政处罚程序规定》第五十二条的规定，将收到的法律文书及时送达当事人。

（5）协助执行行政处罚决定的，协办单位要积极配合落实。

（6）其他方面的协作办案应按协查通报函的有关要求开展。

2.【答案要点】

根据《渔业行政执法协作办案工作制度》第十条的规定，对一般性渔业违法案件，协办单位应在收到协查通报函后五个工作日内函复协查结果。对涉外、安全、暴力抗拒执法等突发、紧急或严重渔业违法案件，应根据协查通报函的时限要求及时函复协查进展情况；协办单位因特殊原因不能在协查期限内办理的，应及时向主办单位说明，共同协商办理时限，并将协商结果报共同的上一级渔业行政执法机构备案；协办单位接到协查通报函后，发现无法协查的，要及时向主办单位通报并说明原因，同时报上一级渔业行政执法机构备案；协办单位与主办单位发生分歧时，由共同的上一级渔业行政执法机构协调；协办单位未在规定期限内反馈协查信息且未说明原因的，主办单位可向共同的上一级渔业行政执法机构反映，由共同的上一级渔业行政执法机构负责督办。

附　录

附录一　2017年全国渔业行政执法人员执法资格考试试卷

（闭卷考试，考试时间90分钟）

◎注意事项◎

1. 本试卷试题部分和答题部分分开。考试人员阅读试题及试题所给选项后，应在所附的答题纸上依要求作答，请勿在试题上作答。

2. 答题前，考生须在答题纸指定位置填写报考单位、考生姓名和准考证号。

3. 客观题的答案必须写在答题纸相应题号的括号内；主观题的答案必须写在答题纸指定位置的边框区域内。超出答题区域书写的答案无效；在草稿纸、试卷上答题无效。

4. 填（书）写必须使用黑色字迹的签字笔，字迹工整、笔迹清楚。

5. 本试卷不得携带出考场，违者以违反考场规则论处。

一、判断题（本部分共20题，每题1分，总分20分）

答题要求：每题给出一个命题，要求应试人员进行判断，判断错误或不作判断的均不得分。正确的打"√"，错误的打"×"，请把正确答案填出来。

1. 中国共产党第十九次全国代表大会，是在全面建成小康社会决胜阶段，中国特色社会主义进入新时代的关键时期召开的一次十分重要的大会。（　　）

2. 行政执法人员未经执法资格考试合格，不得从事执法活动。（　　）

3. 凡在中华人民共和国领域内犯罪的，除法律有特别规定的以外，都适用于《中华人民共和国刑法》。（　　）

4. 行政机关工作人员行使与职权无关的个人行为，给公民人身或者财产造成损害、给法人或者其他组织造成损失的，国家应承担相应赔偿责任。（　　）

5. 张某因违反《中华人民共和国行政处罚法》的规定被渔业执法人员查

处，张某辩解了几句，渔业执法人员认为其态度恶劣，可以对其从重处罚。（　　）

6. 对查封的场所、设施或者财物，行政机关可以委托第三人保管，第三人可以擅自转移、处置。（　　）

7. 行政强制措施权，可依法委托给有条件的机构实施。（　　）

8. 行政处罚的种类包括没收违法所得、没收非法财物、责令停产停业、暂扣或者吊销许可证、暂扣或者吊销执照、行政拘留、警告、罚款等。（　　）

9. 各级渔政监督管理机构在核发捕捞许可证时，应注明作业类型、场所、时限和渔具数量。（　　）

10. 国家确定的重要江河、湖泊的捕捞限额报国务院审批后，逐级分解下达。（　　）

11. 娱乐性游钓和在尚未养殖、管理的滩涂手工采集零星水产品的，也需要申请捕捞许可证，且应当加强管理，防止破坏渔业资源。（　　）

12. 水生动物的可捕标准，应当以达到性成熟为原则。（　　）

13. 最新修订的《中华人民共和国野生动物保护法》于 2016 年 7 月 2 日公布，自 2017 年 1 月 1 日起施行。（　　）

14. 禁止网络交易平台、商品交易市场等交易场所，为出售、购买、利用野生动物及其制品或者禁止使用的猎捕工具提供交易服务。（　　）

15. 渔业港航违法行为显著轻微并及时纠正，没有造成危害性后果的，可免予处罚。（　　）

16. 因检验证书失效而无法及时回船籍港的渔业船舶，其所有者或者经营者应当申报临时检验。（　　）

17. 违法行为发生地与查获地不一致的，适用"谁查获谁处理"的原则。（　　）

18. 渔业行政处罚机关对管辖发生争议的，应当报请共同上一级渔业行政处罚机关指定管辖。（　　）

19. 行政机关举行听证时，当事人认为主持人与本案有直接利害关系的，有权申请回避。（　　）

20. 兽用处方药和非处方药分类管理的办法和具体实施步骤，由县级以上人民政府相关主管部门负责。（　　）

二、单项选择题（本部分共 30 题，每题 1 分，总分 30 分）

答题要求：每题设四个选项，其中有一个为正确答案，应试人员应将该选项选择出来，多选、少选、错选或不选均不得分。

1.（　　）是中国特色社会主义的本质要求和重要保障。

  A. 全面从严治党   B. 全面依法治国

  C. 全面发展经济   D. 全面可持续发展

2. 下列属于我国刑罚附加刑的是（ ）。

  A. 管制   B. 拘役

  C. 没收财产和驱逐出境   D. 监视居住

3. 行政法规可以设定除（ ）以外的行政处罚。

  A. 罚款   B. 限制人身自由

  C. 没收非法财物   D. 吊销证照

4. 渔业执法机关查获王某非法捕鱼，对王某作出没收非法捕获物、并罚款 1 000 元的处罚决定。渔业执法机关的上述处罚决定（ ）。

  A. 是错误的，只能实施没收非法捕获物的处罚

  B. 是错误的，只能实施罚款 1 000 元的处罚

  C. 是错误的，只能在没收与罚款中选择一种实施处罚

  D. 是正确的，不违反一事不再罚的原则

5. 公民、法人或者其他组织的行为，只有法律、法规或者规章明文规定应予行政处罚的才受处罚，否则不受处罚，这属于（ ）。

  A. 处罚法定原则   B. 处罚公正、公开原则

  C. 处罚与教育相结合原则   D. 正当程序原则

6. 下列属于行政强制措施的是（ ）。

  A. 扣押财物   B. 行政拘留

  C. 罚款   D. 暂扣许可证

7. 下列做法不符合《中华人民共和国行政强制法》规定的是（ ）。

  A. 甲机关执法队员在实施行政强制措施前向行政机关负责人报告并经负责人批准

  B. 乙机关在实施行政强制措施时派出了三名执法队员

  C. 丙机关执法队员在实施行政强制措施时出示了执法身份证件

  D. 丁机关执法人员在实施行政强制措施时未通知当事人到场

8. 因查封、扣押发生的保管费用（ ）承担。

  A. 由行政机关   B. 由管理相对人

  C. 如确认管理相对人违法的，由管理相对人

  D. 由行政机关和管理相对人共同

9. 下列实施查封、扣押的做法，符合《中华人民共和国行政强制法》规定的是（ ）。

  A. 甲机关派出一名执法人员实施查封、扣押

  B. 乙机关执法人员制作并当场交付了查封、扣押决定书和清单

C. 丙机关执法人员拒绝听取当事人的陈述和申辩

D. 丁机关执法人员事后补做了现场笔录

10. 某市渔业局发布文件，规定对该市所有渔船征收 1 000 元的年检费，渔民张某认为这属于乱收费，欲提起复议申请。下列选项中错误的是（　　）。

    A. 徐某可以直接对该征收行为提起行政复议

    B. 徐某可以直接针对该规范性文件要求行政复议

    C. 徐某可以在申请复议征收行为时要求审查该规范性文件

    D. 徐某无须经过复议，可以直接向人民法院提起行政诉讼

11. 根据《中华人民共和国行政诉讼法》的规定，下列情形不属于法院受理范围的是（　　）。

    A. 张某符合法定条件申请颁发许可证或营业执照，但行政机关拒绝颁发或不予答复

    B. 李某认为工商管理局对其违章经营的罚款决定有误

    C. 王某认为行政机关违法征收其土地，对征收决定不服

    D. 赵某认为单位免除自己行政职务的处罚决定不合理

12. （　　）是指在一定的时间段内，对某些重要鱼虾贝类产卵场、越冬场、幼体索饵场和鱼蟹的产卵洄游通道，分别不同情况，禁止全部作业，或限制作业的种类和某些作业的渔具数量。

    A. 禁渔区　　　　　　　　　　B. 禁渔期

    C. 禁钓区　　　　　　　　　　D. 禁钓期

13.《中华人民共和国渔业法》第十八条规定，（　　）级以上人民政府渔业行政主管部门应当加强对养殖生产的技术指导和病害防治工作。

    A. 县　　　　　　　　　　　　B. 市

    C. 省　　　　　　　　　　　　D. 乡、镇

14. 我国对捕捞业实行船网工具控制指标管理，实行（　　）制度和捕捞限额制度。

    A. 捕捞许可证　　　　　　　　B. 个体配额

    C. 个体可转让配额　　　　　　D. 总可捕量

15. 适用于许可在特定水域、特定时间或对特定品种的捕捞作业的许可证是（　　）。

    A. 专项（特许）渔业捕捞许可证　　B. 临时渔业捕捞许可证

    C. 外国渔船捕捞许可证　　　　D. 捕捞辅助船许可证

16. 国家对野生动物实行保护优先、（　　）、严格监管的原则，鼓励开展野生动物科学研究，培育公民保护野生动物的意识，促进人与自然和谐发展。

    A. 规范利用　　　　　　　　　B. 合理利用

    C. 适度利用   D. 鼓励利用

17. 因科学研究、种群调控、疫源疫病监测或者其他特殊情况，需要猎捕国家一级保护野生动物的，应当向（　　）野生动物保护主管部门申请特许猎捕证。

    A. 县级   B. 地级市

    C. 省级   D. 国务院

18. 水产苗种的生产应由（　　）渔业行政主管部门审批，但渔业生产者自育、自用水产苗种的除外。

    A. 国务院   B. 省级以上

    C. 县级以上   D. 市级以上

19. 进行水下（　　）作业，对渔业资源有严重影响的，作业单位应当事先同有关县级以上人民政府渔业行政主管部门协商，采取措施，防止或者减少对渔资源的损害。

    A. 爆破   B. 勘探

    C. 施工   D. 以上都是

20. 水产种质资源保护区可设定（　　）、实验区，在（　　）可设定特别保护期。

    A. 保护区、保护区   B. 特别管理区、特别管理区

    C. 核心区、核心区   D. 培育区、培育区

21. 水产养殖禁止使用的药品和其他化合物不包括（　　）。

    A. 性激素类：己烯雌酚及其盐、酯及制剂

    B. 孔雀石绿

    C. 漂白粉

    D. β-兴奋剂类：克仑特罗、沙丁氨醇、西马特罗及其盐、酯及制剂

22. 渔政渔港监督管理机关有权对（　　）情况的船舶禁止当事船舶离港、或者令其停航、改航、停止作业。

    A. 处于不适航   B. 拖欠加油费用的

    C. 拖欠船员工资的   D. 拖欠船厂修理款项的

23. 《中华人民共和国渔业船舶登记办法》规定了一系列登记项目，其中不是办法中规定的登记项目是（　　）。

    A. 所有权登记   B. 国籍登记

    C. 抵押权登记   D. 买卖登记

24. （　　）的从事捕捞作业的船舶必须经渔业船舶检验部门检验合格后，方可下水作业。

    A. 制造、更新改造   B. 购置

C. 进口　　　　　　　　　　　D. 以上都是

25. 听证机关组织听证，（　　）向当事人收取费用。

    A. 可以　　　　　　　　　　　B. 可以适当

    C. 不得　　　　　　　　　　　D. 应当

26. 渔业行政处罚机关收集证据时，在证据可能灭失或者以后难以取得的情况下，经（　　），可以先行登记保存。

    A. 本行政处罚机关集体讨论决定

    B. 本行政处罚机关负责人批准

    C. 上一级行政处罚机关批准

    D. 上一级行政处罚机关集体讨论决定

27. 违法事实清楚，证据确凿，并有法定依据，对公民处以（　　）元以下罚款或者警告的行政处罚的，可以当场作出渔业行政处罚决定。

    A. 二十　　　　　　　　　　　B. 五十

    C. 一百　　　　　　　　　　　D. 二百

28. 渔业行政处罚案件自立案之日起，一般情况下，应当在（　　）内作出处理决定。

    A. 一个月　　　　　　　　　　B. 二个月

    C. 三个月　　　　　　　　　　D. 六个月

29. 法律、法规一般只规定一个合适的处罚额度，而不作出处罚种类和数额的限定，由执法机关在法律规定的限度内根据实际情况和具体情节来作出具体案件的处罚选择和处罚决定。这种酌情决定事物的权力在法律上称为（　　）。

    A. 自由裁量权　　　　　　　　B. 羁束裁量权

    C. 自由处罚权　　　　　　　　D. 行政处罚权

30. 甲市渔业行政执法人员在其管辖水域进行执法检查时，抓获乙市一艘违规渔船，该案应由（　　）。

    A. 甲市管辖　　　　　　　　　B. 乙市管辖

    C. 甲市和乙市共同管辖　　　　D. 甲市和乙市均无管辖权

三、多项选择题（本部分共 20 题，每题 1 分，总分 20 分）

答题要求：每题设四个选项，其中至少有两个为正确答案，应试人员应将其选择出来，多选、少选、错选或不选均不得分。

1. 下列属于用益物权的是（　　）。

    A. 海域使用权

    B. 使用水域、滩涂从事养殖捕捞的权利

C. 探矿权

D. 留置权

2.《中华人民共和国宪法》规定的公民的基本义务包括（　　）。

A. 维护国家统一和全国各民族团结

B. 维护祖国的安全、荣誉和利益

C. 依照法律服兵役和参加民兵组织

D. 依照法律纳税的义务

3. 行政机关实施行政处罚，有下列（　　）情形的，可以对直接负责的主管人员和其他直接责任人员依法给予处分。

A. 没有法定的行政处罚依据的

B. 违反法定的行政处罚程序的

C. 擅自改变行政处罚的种类和幅度的

D. 将行政处罚权委托给个人的

4. 渔民李某系精神病人，在其发病期间向渔港水域倾倒大量垃圾，针对李某的行为，渔业行政执法机关的下列哪些做法是正确的（　　）。

A. 罚款　　　　　　　　　　B. 行政拘留

C. 不予行政处罚　　　　　　D. 责令监护人严加看管

5. 行政处罚可以由（　　）实施。

A. 行政机关　　　　　　　　B. 法律授权的组织

C. 法院　　　　　　　　　　D. 受行政机关依法委托的组织

6. 下列关于行政强制措施实施主体的说法哪些是正确的（　　）。

A. 行政强制措施由法律、法规规定的行政机关在法定职权范围内实施

B. 行政强制措施权可以委托具有管理公共事务职能的事业单位实施

C. 行使相对集中行政处罚权的行政机关，可以实施法律、法规规定的与行政处罚权有关的行政强制措施

D. 行政强制措施应当由行政机关具备资格的行政执法人员实施，其他人员不得实施

7. 渔民张某对某县渔业行政主管部门所作出的渔业行政处罚决定不服，申请复议，请问复议机关是（　　）。

A. 该县渔业行政主管部门

B. 该县所在市的市级渔业行政主管部门

C. 该县人民政府

D. 该县渔业行政主管部门中具体的执法人员

8. 国家赔偿的方式包括（　　）。

A. 支付赔偿金　　　　　　　B. 返还财产

    C. 精神损害赔偿　　　　　　　　　　D. 恢复原状

9. 人民法院不受理公民、法人或者其他组织对下列事项提起的诉讼（　　）。

    A. 国防、外交等国家行为

    B. 行政法规、规章或者行政机关制定、发布的具有普遍约束力的决定、命令

    C. 行政机关对行政机关工作人员的奖惩、任免等决定

    D. 法律规定由行政机关最终裁决的行政行为

10. 《中华人民共和国渔业法》规定，渔业行政主管部门和其所属的渔政监督管理机构及其工作人员有（　　）的，依法予以行政处分；构成犯罪的，依法追究刑事责任。

    A. 违法核发许可证

    B. 违法分配捕捞限额

    C. 从事渔业生产经营活动

    D. 其他玩忽职守不履行法定义务、滥用职权、徇私舞弊的行为

11. 《水产资源繁殖保护条例》规定，各种经济藻类和淡水食用水生植物，应当待其长成后方得采收，并注意（　　）。

    A. 留种、留株　　　　　　　　　　B. 合理施药

    C. 合理轮采　　　　　　　　　　　D. 合理种植

12. 下列说法正确的是（　　）。

    A. 国家鼓励公民、法人和其他组织依法通过捐赠、资助、志愿服务等方式参与野生动物保护活动，支持野生动物保护公益事业

    B. 新闻媒体应当开展野生动物保护法律法规和保护知识的宣传，对违法行为进行舆论监督

    C. 在野生动物保护和科学研究方面成绩显著的组织和个人，由县级以上人民政府给予奖励

    D. 教育行政部门、学校应当对学生进行野生动物保护知识教育

13. 按照《中华人民共和国渔业法》规定，具备发放捕捞许可证的条件是（　　）。

    A. 有渔业船舶检验证书

    B. 有渔业船舶登记证书

    C. 符合国务院渔业行政主管部门规定的其他条件

    D. 安装卫星导航

14. 渔政渔港监督管理机关有权禁止当事船舶离港、或者令其停航、改航、停止作业的情形有（　　）。

A. 处于不适航状态
B. 发生交通事故、手续未清的
C. 拖欠船员工资的
D. 拖欠船厂修理款项的

15. 根据《中华人民共和国渔业船舶检验条例》，下列渔业船舶的所有者或者经营者应当申报初次检验的是（　　）。

    A. 从国外进口旧的渔业船舶

    B. 国内作业的渔业船舶改为远洋作业的渔业船舶

    C. 不符合水上交通安全规定的渔业船舶

    D. 渔业船舶的主机功率改变

16. 营运检验中，渔业船舶检验机构应当根据渔业船舶运行年限和安全要求实施检验的项目有（　　）。

    A. 渔业船舶的结构

    B. 与渔业船舶安全有关的设备、部件

    C. 与防止污染环境有关的设备、部件

    D. 渔业船舶的机电设备

17. 当场作出行政处罚决定时应当遵守下列程序（　　）。

    A. 向当事人表明身份，出示执法证件

    B. 当场查清违法事实，收集和保存必要的证据

    C. 告知当事人违法事实、处罚理由和依据，并听取当事人陈述和申辩

    D. 填写《当场处罚决定书》，当场交付当事人，并应当告知当事人，如不服行政处罚决定，可以依法申请行政复议或者提起行政诉讼

18. 渔业行政处罚机关在作出渔业行政处罚决定前，应当告知当事人的事项有（　　）。

    A. 作出行政处罚的事实
B. 当事人依法应承担的义务
    C. 作出行政处罚的理由及依据
D. 当事人依法享有的权利

19. 就地保存物品时，有下列哪种情形的可以异地保存（　　）。

    A. 可能妨害公共秩序的

    B. 可能妨害公共安全的

    C. 保存物品比较贵重的

    D. 存在其他不适宜就地保存情况的

20. 渔业行政处罚机关作出（　　）行政处罚决定前，应当告知当事人有要求举行听证的权利。当事人要求听证的，渔业行政处罚机关应当组织听证。

    A. 责令停产停业
B. 吊销许可证或者执照
    C. 扣押渔业船舶
D. 较大数额罚款的

四、简答题（本部分共 2 题，每题 5 分，总分 10 分）

答题要求：应试人员应仔细审阅试题和提问，按要求作出简要回答。

1. 当事人拒不履行生效的渔业行政处罚决定的，渔业行政处罚机关可以采取的措施有哪些？

2. 请简述法律禁止的捕捞作业行为及其相关行为有哪些？

五、案例分析题（本部分共 2 题，每题 10 分，总分 20 分）

答题要求：应试人员应从以下三题中任选两道作答，请仔细审阅试题，根据有关法律知识、原理及规定作出全面分析，结合试题所给材料，按要求作答。

1. 2017 年 8 月 2 日，某市渔业行政执法人员孙某、赵某执法时查获一艘违反禁渔期规定进行捕捞作业的渔船，执法人员经现场检查勘验和询问当事人，确认了该船的违法事实。由于该渔业行政执法机构负责人在外出差，执法人员未请示负责人同意即将案件立案，在未进行行政处罚事先告知的情况下，即对该船船主作出了行政处罚决定。

问题：

（1）该行政处罚程序存在哪些不规范？（2 分）

（2）该案应当适用何种执法程序（1 分）？需制作哪些行政执法文书（7 分）？

2. 2017 年 7 月 25 日，某中国渔政船在海上巡查时，发现一捕捞作业船舶雨中正在起网捕捞海蜇，渔政船遂向该船靠拢，并准备登船检查。当渔政船靠近该船时，船上部分船员手持棍棒与渔政船对峙抗拒执法人员检查，后执法人员成功登临该船。经查，该船未依法取得捕捞许可证。

问题：

（1）该渔船违反了哪些法律规定？（6 分）

（2）渔业行政执法机构对该渔船应如何进行处罚？（4 分）

3. 2017 年 9 月 3 日某渔民在湖里承包使用的养殖网箱被交通船损坏，大量的养殖鱼类逃失，造成经济损失数万元，为此该渔民将交通船的船主告上了法庭，要求船主对他造成的经济损失进行赔偿。经过法庭调查，发现该渔民的养殖范围已经扩展到了规定用于船舶航行的航道上，严重超出了其持有的养殖许可证上规定的养殖范围，同时逃失的鱼类中有未经批准的外国引进的鱼种，经过法庭审理，最后判决：交通船的船主在航道上正常航行，不承担赔偿责任，该渔民违反《中华人民共和国渔业法》的规定，由当地渔业行政监督管理部门负责处理。

问题：

（1）该渔民的违法行为有哪些？（5分）

（2）渔业行政监督管理部门应如何进行处罚？（5分）

附录二 2018 年全国渔业行政执法人员执法资格考试（A 卷）

（闭卷考试，考试时间 90 分钟）

◎注意事项◎

1. 本试卷试题部分和答题部分分开。考试人员阅读试题及试题所给选项后，应在所附的答题卡（纸）上依要求作答，请勿在试题上作答。

2. 答题前，考生须在答题卡（纸）指定位置填写报考单位、考生姓名和准考证号。

3. 客观题的答案必须使用 2B 铅笔涂在答题卡相应位置；主观题的答案必须写在答题纸指定位置的边框区域内。超出答题区域书写的答案无效；在草稿纸、试卷上答题无效。

4. 本试卷不得携带出考场，违者以违反考场规则论处。

一、判断题（本部分共 20 题，每题 1 分，总分 20 分）

答题要求： 每题给出一个命题，要求应试人员进行判断，判断错误或不作判断的均不得分。请将正确答案填涂在答题卡上。

1. 全面依法治国是中国特色社会主义的本质要求和重要保障。（　　）

2. 农产品生产企业、农民专业合作经济组织未建立或者未按照规定保存农产品生产记录的，或者伪造农产品生产记录的，责令限期改正；逾期不改正的，可以处二千元以下罚款。（　　）

3. "足以造成严重食物中毒事故或者其他严重食源性疾病""有毒、有害非食品原料"难以确定的，司法机关可以根据检验报告并结合专家意见等相关材料进行认定。（　　）

4. 渔业行政机关工作人员行使与职权无关的个人行为，给公民人身或者财产造成损害、给法人或者其他组织造成损失的，国家应承担相应赔偿责任。（　　）

5. 张某因未经批准在水产种质资源保护区内从事捕捞活动，被某渔业行政执法机关责令立即停止捕捞，没收渔获物和渔具，并处五千元罚款。该渔业行政执法机关违反了行政处罚的一事不再罚原则。（　　）

6. 渔业行政执法人员为了执法办案需要，特殊情况下可以扣押涉案人员个人及其所抚养家属的生活必需品。（　　）

7. 行政机关负责人出庭应诉的，可以另行委托一至二名诉讼代理人。行政机关负责人不能出庭的，应当委托行政机关相应的工作人员出庭，不得仅委托律师出庭。（　　）

8. 渔业行政执法机关向公安机关移送涉嫌犯罪案件前，已经依法给予当事人罚款的，人民法院判处罚金时，依法折抵相应罚金。（　　）

9. 渔业行政执法人员制作的现场笔录，应当载明时间、地点和事件等内容，由当事人签名即可。当事人拒绝签名或者不能签名的，应当注明原因。有其他人在现场的，可由其他人签名。（　　）

10. 渔业行政处罚由违法行为发生地或涉嫌违法行为人户籍所在地的渔业行政处罚机关管辖。（　　）

11. 渔业行政执法人员徇私舞弊，对依法应当移交司法机关追究刑事责任的不移交，情节严重的，处三年以下有期徒刑或者拘役；造成严重后果的，处三年以上七年以下有期徒刑。（　　）

12. 案件调查人员的回避，由渔业行政处罚机关负责人决定；渔业行政处罚机关负责人的回避由上一级渔业行政处罚机关决定。（　　）

13. 渔业行政处罚机关在作出行政处罚决定之前，应当制作《行政处罚事先告知书》送达当事人，并告知当事人可以在收到告知书之日起七日内申请听证。（　　）

14. 违反保护水产资源法规，在禁渔区、禁渔期或者使用禁用的工具、方法捕捞水产品，情节严重的，处三年以下有期徒刑、拘役、管制或者罚金。（　　）

15. 江河、湖泊等水域的渔业，按照行政区划由有关县级以上人民政府渔业行政主管部门监督管理；跨行政区域的，由有关县级以上地方人民政府协商制定管理办法，或者由上一级人民政府渔业行政主管部门及其所属的渔政监督管理机构监督管理。（　　）

16. 渔政监督管理机构中的财务工作人员可以参与和从事渔业生产经营活动。（　　）

17. 在海上执法时，对违反禁渔区、禁渔期的规定或者使用禁用的渔具、捕捞方法进行捕捞，以及未取得捕捞许可证进行捕捞的，事实清楚、证据充分，但是当场不能按照法定程序作出和执行行政处罚决定的，可以先暂时扣押捕捞许可证、渔具或者渔船，回港后依法作出和执行行政处罚决定。（　　）

18. 海洋伏季休渔禁止所有捕捞作业类型，黄河流域禁渔禁止除钓具外的所有作业类型。（　　）

19. 拒绝、阻碍渔政检查人员依法执行职务，尚不构成犯罪，应当给予治安管理处罚的，由渔业行政主管部门依照《中华人民共和国治安管理处罚法》

的规定予以处罚。（　　）

20. 因查封、扣押发生的保管费用，视情况由渔业行政机关或行政相对人承担。（　　）

二、单项选择题（本部分共 30 题，每题 1 分，总分 30 分）

答题要求：每题设四个选项，其中有一个为正确答案，多选、少选、错选或不选均不得分。请将正确答案填涂在答题卡上。

1. 党的十九大报告指出，全面依法治国是国家治理的一场深刻革命，必须坚持厉行法治，推进科学立法、（　　）、公正司法、全民守法。

  A. 民主执法   B. 特色执法
  C. 严格执法   D. 文明执法

2. 渔业行政处罚机关对先行登记保存的证据，应当在（　　）内作出处理决定并告知当事人。

  A. 七日   B. 十日
  C. 十五日   D. 三十日

3. 限制人身自由的行政处罚，只能由 _____ 设定，并仅能由 _____ 实施。（　　）

  A. 法律，公安机关   B. 法律或行政法规，法院
  C. 地方性法规，公安机关   D. 部门规章，法院或检察院

4. 对违法行为给予行政处罚的规定必须公开，未经公开的，不得作为行政处罚的依据，这属于《中华人民共和国行政处罚法》规定的行政处罚原则中的（　　）。

  A. 处罚法定原则   B. 处罚公正公开原则
  C. 处罚与教育相结合原则   D. 正当程序原则

5. 根据《中华人民共和国行政处罚法》的规定，违法行为在（　　）内未被发现的，不再给予行政处罚。法律另有规定的除外。

  A. 二年   B. 五年
  C. 十年   D. 二十年

6. 渔民张某因在禁渔期非法捕鱼被渔业执法机关作出如下处罚：①吊销捕捞许可证；②没收销售非法捕捞所得；③罚款 10 万元；④扣押渔船。上述决定中不属于行政处罚的是（　　）。

  A. 吊销捕捞许可证   B. 没收销售非法捕捞所得
  C. 罚款 10 万元   D. 扣押渔船

7. 《中华人民共和国行政强制法》中有关查封、扣押的解除规定错误的是（　　）。

A. 当事人没有违法行为时，行政机关应当及时作出解除查封、扣押决定

B. 解除查封、扣押应当立即退还财物

C. 已将鲜活物品或者其他不易保管的财物拍卖或者变卖的，退还拍卖或者变卖所得款项

D. 变卖价格明显低于市场价格，给当事人造成损失的，应当给予赔偿

8. 甲渔业执法机关委托符合法律规定的乙事业单位行使行政处罚权，（   ）应对后者作出行政处罚决定的后果承担法律责任。

A. 甲渔业执法机关　　　　　　　B. 乙事业单位

C. 乙事业单位工作人员　　　　　D. 乙事业单位负责人

9. 情况紧急，需要当场实施限制公民人身自由以外的行政强制措施的，渔业行政执法人员应当在（   ）内向渔业行政机关负责人报告，并补办批准手续。

A. 6 小时　　　　　　　　　　　B. 12 小时

C. 24 小时　　　　　　　　　　　D. 48 小时

10. 公民、法人或者其他组织依法取得的渔业行政许可，下列说法错误的是（   ）。

A. 渔业行政机关可以依法变更或者撤回已经生效的渔业行政许可

B. 渔业行政机关不得擅自改变已经生效的渔业行政许可

C. 法律、法规规定依照法定条件和程序可以转让

D. 渔业行政机关可以随时撤销

11. 对下列渔业行政主管部门的行为，可以申请行政复议的是（   ）。

A. 渔业行政主管部门对渔民张某和刘某之间的民事纠纷作出的调解

B. 渔业行政主管部门将执法人员张某调离执法岗位

C. 渔业行政主管部门扣押了渔民王某的渔船

D. 渔业行政主管部门制定了渔业管理工作规范

12. 渔业行政处罚案件立案之日起，应当在（   ）内作出处理决定；特殊情况下，经报上一级渔业行政处罚机关批准可以延长至一年。

A. 一个月　　　　　　　　　　　B. 二个月

C. 三个月　　　　　　　　　　　D. 六个月

13. 渔业行政诉讼中，原则上不停止渔业具体行政行为的执行，但是下列哪种情况可以暂停渔业具体行政行为的执行（   ）。

A. 作出具体行政行为的渔业行政机关改变具体行政行为的

B. 原告认为需要停止执行的

C. 第三人向法院申请停止执行的

D. 作出具体行政行为的渔业行政机关认为需要停止执行的

14. 关于送达渔业行政处罚文书，下列说法错误的是（　　）。

   A. 邮寄送达的，挂号回执上注明的收件日期为送达日期

   B. 公告送达的，自发出公告之日起经过六十天，即视为送达

   C. 《行政处罚决定书》应当在宣告后当场交付当事人；当事人不在场的，应当在三日内送达当事人

   D. 直接送达渔业行政处罚文书有困难的，可委托其他渔业行政处罚机关代为送达，也可以邮寄、公告送达

15. 对当事人的同一违法行为，两个以上渔业行政处罚机关都有管辖权的，应当由（　　）的渔业行政处罚机关管辖。

   A. 先发现　　　　　　　　　B. 先立案

   C. 先查获　　　　　　　　　D. 上一级渔业行政处罚机关指定

16. 渔业行政处罚机关在调查案件过程中，下列说法错误的是（　　）。

   A. 有权要求当事人或者有关人员协助调查

   B. 有权依法进行现场检查或者勘验

   C. 有权要求当事人提供相应的证据资料

   D. 对重要的书证，有权进行扣押

17. 渔业行政执法人员在调查结束后，认为案件事实清楚，证据充分，应当制作（　　），报渔业行政处罚机关负责人审批。

   A. 《案件处理意见书》　　　　B. 《行政处罚事先告知书》

   C. 《行政处罚决定书》　　　　D. 《责令改正通知书》

18. 对生效的渔业行政处罚决定，当事人拒不履行的，作出渔业行政处罚决定的机关依法不可以采取哪项措施？（　　）

   A. 到期不缴纳罚款的，每日按罚款数额的百分之三加处罚款

   B. 将查封、扣押的财物拍卖抵缴罚款

   C. 申请人民法院强制执行

   D. 行政拘留行政相对人

19. 下列哪一项不是渔业行政处罚适用简易程序的必备条件？（　　）

   A. 违法事实确凿

   B. 当事人对当场行政处罚无异议

   C. 对公民处以50元以下、对法人或者其他组织处以1 000元以下罚款或者警告的行政处罚的

   D. 有法定依据

20. 下列哪一项不符合渔业行政处罚机关将案件材料立卷归档的要求？（　　）

A. 一案一卷   B. 文书齐全，手续完备

C. 案卷应当按顺序装订   D. 适当调整案卷内容

21. 作出下列哪一项行政处罚决定前，渔业行政处罚机关不需要告知当事人有要求举行听证的权利？（   ）

A. 责令停产停业   B. 没收违法所得

C. 吊销许可证或者执照   D. 较大数额罚款

22. 县级渔业行政处罚机关依法收缴的罚款、没收的违法所得或者拍卖非法财物的款项，必须全部上缴（   ）。

A. 本级财政   B. 省级财政

C. 国库   D. 上一级财政

23. 未依法取得捕捞许可证擅自进行捕捞的，将受到（   ）的处罚。

A. 没收渔获物和违法所得，并处十万元以下的罚款；情节严重的，并可以没收渔具和渔船

B. 没收渔获物和违法所得，并处五万元以下的罚款

C. 没收渔获物和违法所得，情节严重的，依法移送公安机关处理

D. 刑事拘留

24. 在鱼、虾、蟹洄游通道建闸、筑坝，对渔业资源有严重影响的，（   ）应当建造过鱼设施或者采取其他补救措施。

A. 海区渔政监督管理机构   B. 建设单位

C. 渔港监督机构   D. 省级人民政府渔业行政主管部门

25. 无船名、无船籍港、无渔业船舶证书的船舶从事非法捕捞，行政机关经审慎调查，在无相反证据的情况下，将现场负责人或者实际负责人认定为违法行为人的，人民法院（   ）。

A. 不予支持   B. 应予支持

C. 应予驳回   D. 不予立案

26. 进行水下爆破、勘探、施工作业，对渔业资源有严重影响的，作业单位应当事先同有关县级以上人民政府渔业行政主管部门协调，采取措施，防止或者减少对渔业资源的损害；造成渔业资源损失的，由（   ）责令赔偿。

A. 有关县级以上人民政府   B. 有关县级以上公安部门

C. 有关县级以上渔业部门   D. 有关县级以上环保部门

27. 对各种捕捞对象应当规定具体的可捕标准和渔获物中小于可捕标准部分的（   ）。

A. 一般比重   B. 最小比重

C. 最大比重   D. 平均比重

28. 某市海洋与渔业局和市工商局在一次水产品市场联合执法检查中，对

个体户李某非法售卖的水产品予以没收，3 日后以共同名义对李某作出罚款 1 万元的行政处罚决定。李某若对罚款 1 万元的行政处罚决定不服，应向（　　）申请复议。

    A. 该市海洋与渔业局　　　　　　B. 该市工商局

    C. 该市所在省的省海洋与渔业厅　　D. 该市人民政府

29. 下列哪项行为未涉嫌犯罪，不需移送司法机关。（　　）

    A. 甲在开放湖泊中通过炸鱼的方式捕获了价值 500 元的水产品

    B. 伏季休渔期间，乙使用禁用渔具在渤海捕捞作业

    C. 丙在某禁渔区内电鱼 5 千克

    D. 丁在水产种质资源保护区内捕获了 300 千克水产品

30. 水产养殖中的兽药使用、兽药残留检测和监督管理以及水产养殖过程中违法用药的行政处罚，由（　　）负责。

    A. 乡、镇人民政府

    B. 县级以上人民政府食品药品监督管理部门

    C. 县级以上人民政府渔业主管部门及其所属的渔政监督管理机构

    D. 县级以上人民政府工商管理部门

三、多项选择题（本部分共 20 题，每题 1 分，总分 20 分）

答题要求：每题设四个选项，其中至少有两个为正确答案，多选、少选、错选或不选均不得分。请将正确答案填涂在答题卡上。

1. 党的十九大报告指出，各级党组织和全体党员要带头尊法学法守法用法，任何组织和个人都不得有超越宪法法律的特权，绝不允许（　　）。

    A. 以言代法　　　　　　　　　　B. 以权压法

    C. 逐利违法　　　　　　　　　　D. 徇私枉法

2. 关于法律效力的问题，下列说法正确的是（　　）。

    A. 规范性法律文件具有法律效力

    B. 非规范性法律文件具有法律效力

    C. 法的效力体现在对人的效力、空间效力、时间效力

    D. 法在时间上的效力通常以不溯及既往为原则

3.《中华人民共和国宪法》规定，中华人民共和国公民对于任何国家机关和国家工作人员的违法失职行为，有向有关国家机关提出（　　）的权利。

    A. 申诉　　　　　　　　　　　　B. 上诉

    C. 控告　　　　　　　　　　　　D. 检举

4. 对于举报、控告的案件，渔业行政处罚机关立案的条件有（　　）。

    A. 有违法行为发生

B. 违法行为依法应受行政处罚

C. 属于本处罚机关管辖

D. 适用一般程序进行处罚的案件

5. 渔业行政机关可以依法委托符合法定条件的组织实施渔业行政处罚。下列关于受委托组织的说法正确的是（   ）。

A. 受委托组织应当是依法成立的管理公共事务的事业组织

B. 受委托组织应当具有熟悉有关法律、法规、规章和业务的工作人员

C. 受委托组织可以再委托其他组织或者个人实施渔业行政处罚

D. 受委托组织应当以委托渔业行政机关名义实施渔业行政处罚

6. 《中华人民共和国渔业法》对违法行为已经作出行政处罚规定，《中华人民共和国渔业法实施细则》需要作出具体规定的，必须在《中华人民共和国渔业法》给予行政处罚的（   ）和幅度的范围内规定。

A. 行为　　　　　　　　　　　B. 种类

C. 方法　　　　　　　　　　　D. 情节

7. 渔业行政机关依照《中华人民共和国行政处罚法》的规定给予渔业行政处罚，应当制作渔业行政处罚决定书。渔业行政处罚决定书应当载明下列事项（   ）。

A. 当事人的姓名或者名称、地址

B. 违反法律、法规或者规章的事实和证据

C. 行政处罚的种类和依据

D. 不服行政处罚决定，申请行政复议或者提起行政诉讼的途径和期限

8. 渔业行政处罚机关在收集证据时，可以（   ）。

A. 依照法律法规进行现场检查

B. 必要时抽样取证

C. 对当事人进行询问

D. 在符合相关条件的情况下，经负责人批准，先行登记保存

9. 下列证据材料不能作为定案依据是（   ）。

A. 严重违反法定程序收集的证据材料

B. 以偷拍、偷录、窃听等手段获取侵害他人合法权益的证据材料

C. 以利诱、欺诈、胁迫、暴力等不正当手段获取的证据材料

D. 在中华人民共和国领域以外或者在中华人民共和国香港特别行政区、澳门特别行政区和台湾省形成的未办理法定证明手续的证据材料

10. 发现擅自改变渔业船舶的吨位、载重线、主机功率、人员定额和适航区域的，应（   ）。

A. 责令其立即改正

B. 正在作业的，责令其立即停止作业

C. 拒不改正或者拒不停止作业的，强制拆除非法使用的重要设备、部件和材料或者暂扣渔业船舶检验证书

D. 处 2 000 元以上 2 万元以下的罚款

11.《中华人民共和国行政强制法》中有关查封、扣押的规定正确的是（　　）。

A. 查封、扣押应当由法律、法规规定的行政机关实施，其他任何行政机关或者组织不得实施

B. 实施前须向行政机关负责人报告并经批准

C. 查封、扣押清单一式二份，由当事人和行政机关分别保存

D. 行政机关决定实施查封、扣押的，应当制作并当场交付查封、扣押决定书和清单

12. 当场作出行政处罚决定后，执法人员可以当场收缴罚款的情形包括（　　）。

A. 依法给予一百元以下的罚款的

B. 依法给予二十元以下的罚款的

C. 被处罚人同意当场缴纳罚款的

D. 不当场收缴事后难以执行的

13. 县级以上人民政府农业行政主管部门在农产品质量安全监督检查中，可以对生产、销售的农产品进行现场检查，调查了解农产品质量安全的有关情况，查阅、复制与农产品质量安全有关的记录和其他资料；对经检测不符合农产品质量安全标准的农产品，有权（　　）。

A. 查封　　　　　　　　　　　　B. 没收

C. 扣押　　　　　　　　　　　　D. 罚款

14. 渔业行政执法"六条禁令"，除禁着渔业行政执法制服进入各类营业性娱乐场所消费和严禁索要、收受管理相对人钱物外，还有哪些禁止性规定（　　）。

A. 严禁无法定依据或不开具有效票据处罚、收费

B. 严禁私分罚没款和罚没物

C. 严禁弄虚作假、滥用职权、不按规定条件和程序办理渔业管理相关证书及证件

D. 严禁参与和从事渔业生产经营活动

15. 县级以上渔业行政主管部门及其所属的渔政渔港监督管理机构按规定的权限审批发放捕捞许可证，应明确核定许可的（　　）。

  A. 作业类型   B. 作业方式、场所和时限

  C. 渔具名称、数量及规格 D. 主捕种类

16. 渔船进港报告内容包括（ ）。

  A. 拟进渔港   B. 拟进港时间、配员情况

  C. 渔获品种和数量   D. 携带网具情况

17. 使用炸鱼、毒鱼、电鱼等破坏渔业资源方法进行捕捞的，违反关于禁渔区、禁渔期的规定进行捕捞的，或者使用禁用的渔具、捕捞方法和小于最小网目尺寸的网具进行捕捞或者渔获物中幼鱼超过规定比例的，主管部门可对其进行哪几项处罚？（ ）

  A. 没收渔获物和违法所得，处五万元以下的罚款

  B. 情节严重的，没收渔具，吊销捕捞许可证

  C. 情节特别严重的，可以没收渔船

  D. 构成犯罪的，依法追究刑事责任

18. 自 2014 年 6 月 1 日起，黄渤海、东海、南海三个海区全面实施海洋捕捞（ ）最小网目尺寸制度。

  A. 准用渔具   B. 过渡渔具

  C. 禁用渔具   D. 可用渔具

19. 渔业行政处罚机关认为行政处罚案件（ ），可以报请上一级渔业行政处罚机关管辖。

  A. 重大复杂的   B. 涉嫌违法犯罪的

  C. 本地不宜管辖的   D. 涉及其他部门管理事项的

20. 有下列事迹之一的单位和个人，由县级以上人民政府或者其渔业行政主管部门给予奖励（ ）。

  A. 在水生野生动物资源调查、保护管理、宣传教育、开发利用方面有突出贡献的

  B. 严格执行野生动物保护法规，成绩显著的

  C. 拯救、保护和驯养繁殖水生野生动物取得显著成效的

  D. 发现违反水生野生动物保护法律、法规的行为，及时制止或者检举有功的

四、简答题（本部分共 2 题，每题 5 分，总分 10 分）

答题要求： 应试人员应仔细审阅试题和提问，按要求作出简要回答。

1. 请简述渔业行政处罚案件当场作出渔业行政处罚决定的程序。

2. 请简述渔业行政处罚案件关于现场检查（勘验检查）的规定。

五、案例分析题（本部分共 2 题，每题 10 分，总分 20 分）

答题要求： 应试人员应从以下四题中任选两道作答，如作答超过两道，则按照作答的前两道判分。请仔细审阅试题，根据有关法律知识、原理及规定作出全面分析，结合试题所给材料，按要求作答。

1. 2015 年 4 月 28 日，广东省茂名市渔政部门根据群众举报，在博贺港附近，查获一艘非法捕捞水产品回港的铁壳船舶，船名船号为"××渔 15081 号"。船上有张某、李某、王某三名渔民，张某为实际负责人。经查，该船舶船体上标有的船名船号及船籍港名称的标志与该船所持证书不符，且有关证书全部过期。无捕捞许可证。广东省茂名市渔政部门依法对其进行了查封扣押。

问题：

（1）按照《中华人民共和国渔业法》《最高人民法院关于审理发生在我国管辖海域相关案件若干问题的规定（二）》，广东省茂名市渔政部门应该对张某做何处罚？（5 分）

（2）本案处置过程都应该收集哪些证据？（4 分）

（3）如果依据《国务院对清理、取缔"三无"船舶通告的批复》〔国函〔1994〕111 号〕，对违法行为人张某应如何处罚？（1 分）

2. 2018 年 4 月 22 日，某市渔业执法支队渔业行政执法人员在某海域巡逻时，发现一艘船舶正在利用电鱼方式进行捕捞。当渔政船艇靠近作业渔船时，该船船主急忙停止作业，准备逃离现场，渔业执法人员用摄像机对电捕现场进行了拍摄取证，后船主配合执法人员开展调查。经查，该区域不属于禁渔区域，当事人作业时间也不属于禁渔期间，所电的渔获物为 170 千克。

问题：

（1）该船主违反哪些法律规定？（3 分）

（2）该案件适用何种行政处罚程序？（1 分）其主要步骤包括哪些？（6 分）

3. 2018 年 5 月 6 日，某县渔业行政执法人员在湖内巡查时，发现某渔船在禁渔区内进行违法捕捞，经检查，发现船上有违规捕捞渔获物 10 千克，执法人员遂将渔获物扣押，未办理扣押及先行登记保存手续，对渔船船主李某进行了行政处罚，李某认为其违法所得的渔获物应被收缴，因此未提出异议，就在相应处罚决定书上进行了签字确认。

问题：

（1）李某违反了哪些法律规定？（2 分）渔业行政执法人员对渔获物的处置是否恰当，为什么？（2 分）

（2）《农业行政处罚决定规定》对先行登记保存的证据处置是如何规定的？（5 分）

（3）除没收渔获物外，对李某还可如何处罚？（1分）

4. 2018年3月，都某、鞠某未经野生动物主管部门批准，经价格协商，鞠某将4只长江江豚出售给都某，通过运输公司从山东某市运送到都某经营的海产品商行。都某未经野生动物主管部门批准，在其经营的海产品商行欲出售收购的4只长江江豚，被该地渔政执法部门查获。

问题：

（1）这起案件中，都某、鞠某违反了哪些法律规定？（4分）

（2）本案已涉及犯罪，渔业行政执法机关向公安机关移送涉嫌犯罪案件，应当附有哪些材料？（6分）

附录三 2018 年全国渔业行政执法人员执法资格考试（B 卷）

（闭卷考试，考试时间 90 分钟）

◎注意事项◎

1. 本试卷试题部分和答题部分分开。考试人员阅读试题及试题所给选项后，应在所附的答题卡（纸）上依要求作答，请勿在试题上作答。

2. 答题前，考生须在答题卡（纸）指定位置填写报考单位、考生姓名和准考证号。

3. 客观题的答案必须使用 2B 铅笔涂在答题卡相应位置；主观题的答案必须写在答题纸指定位置的边框区域内。超出答题区域书写的答案无效；在草稿纸、试卷上答题无效。

4. 本试卷不得携带出考场，违者以违反考场规则论处。

一、判断题（本部分共 20 题，每题 1 分，总分 20 分）

答题要求：每题给出一个命题，要求应试人员进行判断，判断错误或不作判断的均不得分。请将正确答案填涂在答题卡上。

1. 渔业行政执法人员徇私舞弊，对依法应当移交司法机关追究刑事责任的不移交，情节严重的，处三年以下有期徒刑或者拘役；造成严重后果的，处三年以上七年以下有期徒刑。（   ）

2. 案件调查人员的回避，由渔业行政处罚机关负责人决定；渔业行政处罚机关负责人的回避由上一级渔业行政处罚机关决定。（   ）

3. 渔业行政处罚机关在作出行政处罚决定之前，应当制作《行政处罚事先告知书》送达当事人，并告知当事人可以在收到告知书之日起七日内申请听证。（   ）

4. 违反保护水产资源法规，在禁渔区、禁渔期或者使用禁用的工具、方法捕捞水产品，情节严重的，处三年以下有期徒刑、拘役、管制或者罚金。（   ）

5. 江河、湖泊等水域的渔业，按照行政区划由有关县级以上人民政府渔业行政主管部门监督管理；跨行政区域的，由有关县级以上地方人民政府协商制定管理办法，或者由上一级人民政府渔业行政主管部门及其所属的渔政监督管理机构监督管理。（   ）

6. 全面依法治国是中国特色社会主义的本质要求和重要保障。（　　）

7. 农产品生产企业、农民专业合作经济组织未建立或者未按照规定保存农产品生产记录的，或者伪造农产品生产记录的，责令限期改正；逾期不改正的，可以处二千元以下罚款。（　　）

8. "足以造成严重食物中毒事故或者其他严重食源性疾病""有毒、有害非食品原料"难以确定的，司法机关可以根据检验报告并结合专家意见等相关材料进行认定。（　　）

9. 渔业行政机关工作人员行使与职权无关的个人行为，给公民人身或者财产造成损害、给法人或者其他组织造成损失的，国家应承担相应赔偿责任。（　　）

10. 张某因未经批准在水产种质资源保护区内从事捕捞活动，被某渔业行政执法机关责令立即停止捕捞，没收渔获物和渔具，并处五千元罚款。该渔业行政执法机关违反了行政处罚的一事不再罚原则。（　　）

11. 渔政监督管理机构中的财务工作人员可以参与和从事渔业生产经营活动。（　　）

12. 在海上执法时，对违反禁渔区、禁渔期的规定或者使用禁用的渔具、捕捞方法进行捕捞，以及未取得捕捞许可证进行捕捞的，事实清楚、证据充分，但是当场不能按照法定程序作出和执行行政处罚决定的，可以先暂时扣押捕捞许可证、渔具或者渔船，回港后依法作出和执行行政处罚决定。（　　）

13. 海洋伏季休渔禁止所有捕捞作业类型，黄河流域禁渔禁止除钓具外的所有作业类型。（　　）

14. 拒绝、阻碍渔政检查人员依法执行职务，尚不构成犯罪，应当给予治安管理处罚的，由渔业行政主管部门依照《中华人民共和国治安管理处罚法》的规定予以处罚。（　　）

15. 因查封、扣押发生的保管费用，视情况由渔业行政机关或行政相对人承担。（　　）

16. 渔业行政执法人员为了执法办案需要，特殊情况下可以扣押涉案人员个人及其所扶养家属的生活必需品。（　　）

17. 行政机关负责人出庭应诉的，可以另行委托一至二名诉讼代理人。行政机关负责人不能出庭的，应当委托行政机关相应的工作人员出庭，不得仅委托律师出庭。（　　）

18. 渔业行政执法机关向公安机关移送涉嫌犯罪案件前，已经依法给予当事人罚款的，人民法院判处罚金时，依法折抵相应罚金。（　　）

19. 渔业行政执法人员制作的现场笔录，应当载明时间、地点和事件等内容，由当事人签名即可。当事人拒绝签名或者不能签名的，应当注明原因。有

其他人在现场的，可由其他人签名。（　　）

20. 渔业行政处罚由违法行为发生地或涉嫌违法行为人户籍所在地的渔业行政处罚机关管辖。（　　）

二、单项选择题（本部分共 30 题，每题 1 分，总分 30 分）

答题要求：每题设四个选项，其中有一个为正确答案，多选、少选、错选或不选均不得分。请将正确答案填涂在答题卡上。

1. 对下列渔业行政主管部门的行为，可以申请行政复议的是（　　）。

　　A. 渔业行政主管部门对渔民张某和刘某之间的民事纠纷作出的调解

　　B. 渔业行政主管部门将执法人员张某调离执法岗位

　　C. 渔业行政主管部门扣押了渔民王某的渔船

　　D. 渔业行政主管部门制定了渔业管理工作规范

2. 渔业行政处罚案件立案之日起，应当在（　　）内作出处理决定；特殊情况下，经报上一级渔业行政处罚机关批准可以延长至一年。

　　A. 一个月　　　　　　　　　　　B. 二个月

　　C. 三个月　　　　　　　　　　　D. 六个月

3. 渔业行政诉讼中，原则上不停止渔业具体行政行为的执行，但是下列哪种情况可以暂停渔业具体行政行为的执行（　　）。

　　A. 作出具体行政行为的渔业行政机关改变具体行政行为的

　　B. 原告认为需要停止执行的

　　C. 第三人向法院申请停止执行的

　　D. 作出具体行政行为的渔业行政机关认为需要停止执行的

4. 关于送达渔业行政处罚文书，下列说法错误的是（　　）。

　　A. 邮寄送达的，挂号回执上注明的收件日期为送达日期

　　B. 公告送达的，自发出公告之日起经过六十天，即视为送达

　　C.《行政处罚决定书》应当在宣告后当场交付当事人；当事人不在场的，应当在三日内送达当事人

　　D. 直接送达渔业行政处罚文书有困难的，可委托其他渔业行政处罚机关代为送达，也可以邮寄、公告送达

5. 对当事人的同一违法行为，两个以上渔业行政处罚机关都有管辖权的，应当由（　　）的渔业行政处罚机关管辖。

　　A. 先发现　　　　　　　　　　　B. 先立案

　　C. 先查获　　　　　　　　　　　D. 上一级渔业行政处罚机关指定

6. 党的十九大报告指出，全面依法治国是国家治理的一场深刻革命，必须坚持厉行法治，推进科学立法、（　　）、公正司法、全民守法。

  A. 民主执法   B. 特色执法

  C. 严格执法   D. 文明执法

7. 渔业行政处罚机关对先行登记保存的证据，应当在（ ）内作出处理决定并告知当事人。

  A. 七日   B. 十日

  C. 十五日   D. 三十日

8. 限制人身自由的行政处罚，只能由_____设定，并仅能由_____实施。（ ）

  A. 法律，公安机关   B. 法律或行政法规，法院

  C. 地方性法规，公安机关 D. 部门规章，法院或检察院

9. 对违法行为给予行政处罚的规定必须公开，未经公开的，不得作为行政处罚的依据，这属于《中华人民共和国行政处罚法》规定的行政处罚原则中的（ ）。

  A. 处罚法定原则   B. 处罚公正公开原则

  C. 处罚与教育相结合原则 D. 正当程序原则

10. 根据《中华人民共和国行政处罚法》的规定，违法行为在（ ）内未被发现的，不再给予行政处罚。法律另有规定的除外。

  A. 二年   B. 五年

  C. 十年   D. 二十年

11. 渔业行政处罚机关在调查案件过程中，下列说法错误的是（ ）。

  A. 有权要求当事人或者有关人员协助调查

  B. 有权依法进行现场检查或者勘验

  C. 有权要求当事人提供相应的证据资料

  D. 对重要的书证，有权进行扣押

12. 渔业行政执法人员在调查结束后，认为案件事实清楚，证据充分，应当制作（ ），报渔业行政处罚机关负责人审批。

  A.《案件处理意见书》   B.《行政处罚事先告知书》

  C.《行政处罚决定书》   D.《责令改正通知书》

13. 对生效的渔业行政处罚决定，当事人拒不履行的，作出渔业行政处罚决定的机关依法不可以采取哪项措施？（ ）

  A. 到期不缴纳罚款的，每日按罚款数额的百分之三加处罚款

  B. 将查封、扣押的财物拍卖抵缴罚款

  C. 申请人民法院强制执行

  D. 行政拘留行政相对人

14. 下列哪一项不是渔业行政处罚适用简易程序的必备条件？（ ）

A. 违法事实确凿

B. 当事人对当场行政处罚无异议

C. 对公民处以 50 元以下、对法人或者其他组织处以 1 000 元以下罚款或者警告的行政处罚的

D. 有法定依据

15. 下列哪一项不符合渔业行政处罚机关将案件材料立卷归档的要求？（　　）

A. 一案一卷　　　　　　　　　B. 文书齐全，手续完备

C. 案卷应当按顺序装订　　　　D. 适当调整案卷内容

16. 渔民张某因在禁渔期非法捕鱼被渔业执法机关作出如下处罚：①吊销捕捞许可证；②没收销售非法捕捞所得；③罚款 10 万元；④扣押渔船。上述决定中不属于行政处罚的是（　　）。

A. 吊销捕捞许可证　　　　　　B. 没收销售非法捕捞所得

C. 罚款 10 万元　　　　　　　D. 扣押渔船

17.《中华人民共和国行政强制法》中有关查封、扣押的解除规定错误的是（　　）。

A. 当事人没有违法行为时，行政机关应当及时作出解除查封、扣押决定

B. 解除查封、扣押应当立即退还财物

C. 已将鲜活物品或者其他不易保管的财物拍卖或者变卖的，退还拍卖或者变卖所得款项

D. 变卖价格明显低于市场价格，给当事人造成损失的，应当给予赔偿

18. 甲渔业执法机关委托符合法律规定的乙事业单位行使行政处罚权，（　　）应对后者作出行政处罚决定的后果承担法律责任。

A. 甲渔业执法机关　　　　　　B. 乙事业单位

C. 乙事业单位工作人员　　　　D. 乙事业单位负责人

19. 情况紧急，需要当场实施限制公民人身自由以外的行政强制措施的，渔业行政执法人员应当在（　　）内向渔业行政机关负责人报告，并补办批准手续。

A. 6 小时　　　　　　　　　　B. 12 小时

C. 24 小时　　　　　　　　　 D. 48 小时

20. 公民、法人或者其他组织依法取得的渔业行政许可，下列说法错误的是（　　）。

A. 渔业行政机关可以依法变更或者撤回已经生效的渔业行政许可

  B. 渔业行政机关不得擅自改变已经生效的渔业行政许可

  C. 法律、法规规定依照法定条件和程序可以转让

  D. 渔业行政机关可以随时撤销

21. 进行水下爆破、勘探、施工作业，对渔业资源有严重影响的，作业单位应当事先同有关县级以上人民政府渔业行政主管部门协调，采取措施，防止或者减少对渔业资源的损害；造成渔业资源损失的，由（ ）责令赔偿。

  A. 有关县级以上人民政府   B. 有关县级以上公安部门

  C. 有关县级以上渔业部门   D. 有关县级以上环保部门

22. 对各种捕捞对象应当规定具体的可捕标准和渔获物中小于可捕标准部分的（ ）。

  A. 一般比重   B. 最小比重

  C. 最大比重   D. 平均比重

23. 某市海洋与渔业局和市工商局在一次水产品市场联合执法检查中，对个体户李某非法售卖的水产品予以没收，3 日后以共同名义对李某作出罚款 1 万元的行政处罚决定。李某若对罚款 1 万元的行政处罚决定不服，应向（ ）申请复议。

  A. 该市海洋与渔业局   B. 该市工商局

  C. 该市所在省的省海洋与渔业厅 D. 该市人民政府

24. 下列哪项行为未涉嫌犯罪，不需移送司法机关。（ ）

  A. 甲在开放湖泊中通过炸鱼的方式捕获了价值 500 元的水产品

  B. 伏季休渔期间，乙使用禁用渔具在渤海捕捞作业

  C. 丙在某禁渔区内电鱼 5 千克

  D. 丁在水产种质资源保护区内捕获了 300 千克水产品

25. 水产养殖中的兽药使用、兽药残留检测和监督管理以及水产养殖过程中违法用药的行政处罚，由（ ）负责。

  A. 乡、镇人民政府

  B. 县级以上人民政府食品药品监督管理部门

  C. 县级以上人民政府渔业主管部门及其所属的渔政监督管理机构

  D. 县级以上人民政府工商管理部门

26. 作出下列哪一项行政处罚决定前，渔业行政处罚机关不需要告知当事人有要求举行听证的权利？（ ）

  A. 责令停产停业   B. 没收违法所得

  C. 吊销许可证或者执照   D. 较大数额罚款

27. 县级渔业行政处罚机关依法收缴的罚款、没收的违法所得或者拍卖非法财物的款项，必须全部上缴（ ）。

A. 本级财政　　　　　　　　　　B. 省级财政

C. 国库　　　　　　　　　　　　D. 上一级财政

28. 未依法取得捕捞许可证擅自进行捕捞的，将受到（　　）的处罚。

A. 没收渔获物和违法所得，并处十万元以下的罚款；情节严重的，并可以没收渔具和渔船

B. 没收渔获物和违法所得，并处五万元以下的罚款

C. 没收渔获物和违法所得，情节严重的，依法移送公安机关处理

D. 刑事拘留

29. 在鱼、虾、蟹洄游通道建闸、筑坝，对渔业资源有严重影响的，（　　）应当建造过鱼设施或者采取其他补救措施。

A. 海区渔政监督管理机构

B. 建设单位

C. 渔港监督机构

D. 省级人民政府渔业行政主管部门

30. 无船名、无船籍港、无渔业船舶证书的船舶从事非法捕捞，行政机关经审慎调查，在无相反证据的情况下，将现场负责人或者实际负责人认定为违法行为人的，人民法院（　　）。

A. 不予支持　　　　　　　　　　B. 应予支持

C. 应予驳回　　　　　　　　　　D. 不予立案

三、多项选择题（本部分共 20 题，每题 1 分，总分 20 分）

答题要求：每题设四个选项，其中至少有两个为正确答案，多选、少选、错选或不选均不得分。请将正确答案填涂在答题卡上。

1. 《中华人民共和国行政强制法》中有关查封、扣押的规定正确的是（　　）。

A. 查封、扣押应当由法律、法规规定的行政机关实施，其他任何行政机关或者组织不得实施

B. 实施前须向行政机关负责人报告并经批准

C. 查封、扣押清单一式二份，由当事人和行政机关分别保存

D. 行政机关决定实施查封、扣押的，应当制作并当场交付查封、扣押决定书和清单

2. 当场作出行政处罚决定后，执法人员可以当场收缴罚款的情形包括（　　）。

A. 依法给予一百元以下的罚款的　　　B. 依法给予二十元以下的罚款的

C. 被处罚人同意当场缴纳罚款的　　　D. 不当场收缴事后难以执行的

3. 县级以上人民政府农业行政主管部门在农产品质量安全监督检查中，可以对生产、销售的农产品进行现场检查，调查了解农产品质量安全的有关情况，查阅、复制与农产品质量安全有关的记录和其他资料；对经检测不符合农产品质量安全标准的农产品，有权（　　）。

  A. 查封
        B. 没收

  C. 扣押
        D. 罚款

4. 渔业行政执法"六条禁令"，除禁着渔业行政执法制服进入各类营业性娱乐场所消费和严禁索要、收受管理相对人钱物外，还有哪些禁止性规定（　　）。

  A. 严禁无法定依据或不开具有效票据处罚、收费

  B. 严禁私分罚没款和罚没物

  C. 严禁弄虚作假、滥用职权、不按规定条件和程序办理渔业管理相关证书及证件

  D. 严禁参与和从事渔业生产经营活动

5. 县级以上渔业行政主管部门及其所属的渔政渔港监督管理机构按规定的权限审批发放捕捞许可证，应明确核定许可的（　　）。

  A. 作业类型
       B. 作业方式、场所和时限

  C. 渔具名称、数量及规格
     D. 主捕种类

6. 党的十九大报告指出，各级党组织和全体党员要带头尊法学法守法用法，任何组织和个人都不得有超越宪法法律的特权，绝不允许（　　）。

  A. 以言代法
       B. 以权压法

  C. 逐利违法
       D. 徇私枉法

7. 关于法律效力的问题，下列说法正确的是（　　）。

  A. 规范性法律文件具有法律效力

  B. 非规范性法律文件具有法律效力

  C. 法的效力体现在对人的效力、空间效力、时间效力

  D. 法在时间上的效力通常以不溯及既往为原则

8.《中华人民共和国宪法》规定，中华人民共和国公民对于任何国家机关和国家工作人员的违法失职行为，有向有关国家机关提出（　　）的权利。

  A. 申诉
       B. 上诉

  C. 控告
       D. 检举

9. 对于举报、控告的案件，渔业行政处罚机关立案的条件有（　　）。

  A. 有违法行为发生

  B. 违法行为依法应受行政处罚

  C. 属于本处罚机关管辖

D. 适用一般程序进行处罚的案件

10. 渔业行政机关可以依法委托符合法定条件的组织实施渔业行政处罚。下列关于受委托组织的说法正确的是(　　)。

A. 受委托组织应当是依法成立的管理公共事务的事业组织

B. 受委托组织应当具有熟悉有关法律、法规、规章和业务的工作人员

C. 受委托组织可以再委托其他组织或者个人实施渔业行政处罚

D. 受委托组织应当以委托渔业行政机关名义实施渔业行政处罚

11. 渔船进港报告内容包括 (　　)

A. 拟进渔港　　　　　　　　　B. 拟进港时间、配员情况

C. 渔获品种和数量　　　　　　D. 携带网具情况

12. 使用炸鱼、毒鱼、电鱼等破坏渔业资源方法进行捕捞的，违反关于禁渔区、禁渔期的规定进行捕捞的，或者使用禁用的渔具、捕捞方法和小于最小网目尺寸的网具进行捕捞或者渔获物中幼鱼超过规定比例的，主管部门可对其进行哪几项处罚？(　　)

A. 没收渔获物和违法所得，处五万元以下的罚款

B. 情节严重的，没收渔具，吊销捕捞许可证

C. 情节特别严重的，可以没收渔船

D. 构成犯罪的，依法追究刑事责任

13. 自 2014 年 6 月 1 日起，黄渤海、东海、南海三个海区全面实施海洋捕捞(　　)最小网目尺寸制度。

A. 准用渔具　　　　　　　　　B. 过渡渔具

C. 禁用渔具　　　　　　　　　D. 可用渔具

14. 渔业行政处罚机关认为行政处罚案件(　　)，可以报请上一级渔业行政处罚机关管辖。

A. 重大复杂的　　　　　　　　B. 涉嫌违法犯罪的

C. 本地不宜管辖的　　　　　　D. 涉及其他部门管理事项的

15. 有下列事迹之一的单位和个人，由县级以上人民政府或者其渔业行政主管部门给予奖励(　　)。

A. 在水生野生动物资源调查、保护管理、宣传教育、开发利用方面有突出贡献的

B. 严格执行野生动物保护法规，成绩显著的

C. 拯救、保护和驯养繁殖水生野生动物取得显著成效的

D. 发现违反水生野生动物保护法律、法规的行为，及时制止或者检举有功的

16.《中华人民共和国渔业法》对违法行为已经作出行政处罚规定，《中华

人民共和国渔业法实施细则》需要作出具体规定的，必须在《中华人民共和国渔业法》给予行政处罚的（　　）和幅度的范围内规定。

A. 行为   B. 种类

C. 方法   D. 情节

17. 渔业行政机关依照《中华人民共和国行政处罚法》的规定给予渔业行政处罚，应当制作渔业行政处罚决定书。渔业行政处罚决定书应当载明下列事项（　　）。

　　A. 当事人的姓名或者名称、地址

　　B. 违反法律、法规或者规章的事实和证据

　　C. 行政处罚的种类和依据

　　D. 不服行政处罚决定，申请行政复议或者提起行政诉讼的途径和期限

18. 渔业行政处罚机关在收集证据时，可以（　　）。

　　A. 依照法律法规进行现场检查

　　B. 必要时抽样取证

　　C. 对当事人进行询问

　　D. 在符合相关条件的情况下，经负责人批准，先行登记保存

19. 下列证据材料不能作为定案依据是（　　）。

　　A. 严重违反法定程序收集的证据材料

　　B. 以偷拍、偷录、窃听等手段获取侵害他人合法权益的证据材料

　　C. 以利诱、欺诈、胁迫、暴力等不正当手段获取的证据材料

　　D. 在中华人民共和国领域以外或者在中华人民共和国香港特别行政区、澳门特别行政区和台湾地区形成的未办理法定证明手续的证据材料

20. 发现擅自改变渔业船舶的吨位、载重线、主机功率、人员定额和适航区域的，应（　　）。

　　A. 责令其立即改正

　　B. 正在作业的，责令其立即停止作业

　　C. 拒不改正或者拒不停止作业的，强制拆除非法使用的重要设备、部件和材料或者暂扣渔业船舶检验证书

　　D. 处 2 000 元以上 2 万元以下的罚款

四、简答题（本部分共 2 题，每题 5 分，总分 10 分）

答题要求： 应试人员应仔细审阅试题和提问，按要求作出简要回答。

1. 请简述渔业行政处罚案件关于现场检查（勘验检查）的规定。

2. 请简述渔业行政处罚案件当场作出渔业行政处罚决定的程序。

五、案例分析题（本部分共 2 题，每题 10 分，总分 20 分）

答题要求：应试人员应从以下四题中任选两道作答，如作答超过两道，则按照作答的前两道判分。请仔细审阅试题，根据有关法律知识、原理及规定作出全面分析，结合试题所给材料，按要求作答。

1.2015 年 4 月 28 日，广东省茂名市渔政部门根据群众举报，在博贺港附近，查获一艘非法捕捞水产品回港的铁壳船舶，船名船号为"××渔 15081号"。船上有张某、李某、王某三名渔民，张某为实际负责人。经查，该船舶船体上标有的船名船号及船籍港名称的标志与该船所持证书不符，且有关证书全部过期。无捕捞许可证。广东省茂名市渔政部门依法对其进行了查封扣押。

问题：

按照《中华人民共和国渔业法》《最高人民法院关于审理发生在我国管辖海域相关案件若干问题的规定（二）》，广东省茂名市渔政部门应该对张某做何处罚？（5 分）

本案处置过程都应该收集哪些证据？（4 分）

如果依据《国务院对清理、取缔"三无"船舶通告的批复》［国函〔1994〕111 号］，对违法行为人张某应如何处罚？（1 分）

2.2018 年 4 月 22 日，某市渔业执法支队渔业行政执法人员在某海域巡逻时，发现一艘船舶正在利用电鱼方式进行捕捞。当渔政船艇靠近作业渔船时，该船主急忙停止作业，准备逃离现场，渔业执法人员用摄像机对电捕现场进行了拍摄取证，后船主配合执法人员开展调查。经查，该区域不属于禁渔区域，当事人作业时间也不属于禁渔期间，所电的渔获物为 170 千克。

问题：

（1）该船主违反哪些法律规定？（3 分）

（2）该案件适用何种行政处罚程序？（1 分）其主要步骤包括哪些？（6 分）

3.2018 年 5 月 6 日，某县渔业行政执法人员在湖内巡查时，发现某渔船在禁渔区内进行违法捕捞，经检查，发现船上有违规捕捞渔获物 10 千克，执法人员遂将渔获物扣押，未办理扣押及先行登记保存手续，对渔船船主李某进行了行政处罚，李某认为其违法所得的渔获物应被收缴，因此未提出异议，就在相应处罚决定书上进行了签字确认。

问题：

（1）李某违反了哪些法律规定？（2 分）渔业行政执法人员对渔获物的处置是否恰当，为什么？（2 分）

（2）《农业行政处罚决定规定》对先行登记保存的证据处置是如何规定的？（5 分）

（3）除没收渔获物外，对李某还可如何处罚？（1分）

4.2018年3月，都某、鞠某未经野生动物主管部门批准，经价格协商，鞠某将4只长江江豚出售给都某，通过运输公司从山东某市运送到都某经营的海产品商行。都某未经野生动物主管部门批准，在其经营的海产品商行欲出售收购的4只长江江豚，被该地渔政执法部门查获。

问题：

这起案件中，都某、鞠某违反了哪些法律规定？（4分）

本案已涉及犯罪，渔业行政执法机关向公安机关移送涉嫌犯罪案件，应当附有哪些材料？（6分）

附录四　全国渔业行政执法人员执法资格考试试卷参考答案

2017 年

一、判断题（本部分共 20 题，每题 1 分，总分 20 分）

1—5　√√√××　　　6—10　××√√×
11—15　×√√×√　　　16—20　√√×√×

二、单项选择题（本部分共 30 题，每题 1 分，总分 30 分）

1—5　B C B D A　　　6—10　A D A B B
11—15　D B A A A　　　16—20　A D C D C
21—25　C A D D C　　　26—30　B B C A A

三、多项选择题（本部分共 20 题，每题 1 分，总分 20 分）

1—5　ABC　ABCD　ABCD　CD　ABD
6—10　ACD　BC　ABCD　ABCD　ABCD
11—15　AC　ABCD　ABC　AB　ABD
16—20　ABCD　ABCD　ACD　ABD　ABD

四、简答题（本部分共 2 题，每题 5 分，总分 10 分）

1.【答案要点】

作出渔业行政处罚决定的渔业行政处罚机关依法可以采取下列措施：①到期不缴纳罚款的，每日按罚款数额的百分之三加处罚款；②根据法律规定，将查封、扣押的财物拍卖抵缴罚款；③申请人民法院强制执行。

2.【答案要点】

①禁止使用炸鱼、毒鱼、电鱼等破坏渔业资源的方法进行捕捞；（0.5 分）

②禁止制造、销售和使用禁用的渔具；（0.5 分）

③禁止在禁渔区、禁渔期进行捕捞；（0.5 分）

④禁止使用小于最小网目尺寸的网具进行捕捞；（0.5 分）

⑤在禁渔区或者禁渔期禁止销售非法捕捞的渔获物；（1 分）

⑥禁止捕捞有重要经济价值的水生动物苗种；（1 分）

⑦禁止捕杀、伤害国家重点保护的水生野生动物。（1分）

五、案例分析题（本部分共 2 题，每题 10 分，总分 20 分）

1.【答案要点】

（1）①除依法可以当场决定行政处罚的外，执法人员应当按规定填写《行政处罚立案审批表》，报本行政处罚机关负责人批准立案（1分）；②执法人员在调查结束后，在处罚决定之前，应当告知给予处罚的事实理由和依据，并告知当事人享有的陈述权和申辩权。告知程序结束后，才可以作出处罚决定（1分）。

（2）适用一般程序（1分）。

需制作的执法文书有：①《行政处罚立案审批表》（1分）；②《现场检查（勘验）笔录》（1分）；③《询问笔录》（1分）；④《行政处罚事先告知书》（1分）；⑤《案件处理意见书》（1分）；⑥《行政处罚决定书》（1分）；⑦《行政处罚结案报告》（1分）。

2.【答案要点】

（1）该渔船违反《中华人民共和国渔业法》第三十条禁止在禁渔期进行捕捞，第四十一条未依法取得捕捞许可证擅自捕捞，《中华人民共和国渔业法实施细则》第三十九条拒绝、阻碍渔政检查人员依法执行公务等相关规定。（每点2分）

（2）按照《中华人民共和国渔业法》第三十八条、第四十一条规定，应对该船及相关人员没收非法渔获、并处罚款；对实施暴力抗法者应依照《中华人民共和国渔业法实施细则》第三十九条规定，移送当地公安机关进行处理。（4分）

3.【答案要点】

（1）本题要点：超越养殖许可证范围在全民所有的水域从事养殖生产，妨碍航运、行洪；未经批准引进的水产苗种。（5分）

（2）本题要点：责令限期拆除养殖设施，没收苗种和违法所得，可以并处罚款。（5分）

2018 年（A 卷）

一、判断题（本部分共 20 题，每题 1 分，总分 20 分）

1—5　√ √ √ × ×　　　6—10　× √ √ × ×

11—15　√ × × √ √　　　16—20　× √ × × ×

二、单项选择题（本部分共 30 题，每题 1 分，总分 30 分）

1—5　CAABA　　　　6—10　DDACD

11—15　CCDCB　　　　16—20　DADBD

21—25　BCABB　　　　26—30　ACDAC

三、多项选择题（本部分共 20 题，每题 1 分，总分 20 分）

1—5　ABCD　　ABCD　　ACD　　ABCD　　ABD

6—10　AB　　ABCD　　ABCD　　ABCD　　ABCD

11—15　ABCD　　BD　　AC　　ABCD　　ABCD

16—20　ABC　　ABCD　　AB　　AC　　ABCD

四、简答题（本部分共 2 题，每题 5 分，总分 10 分）

1.【答案要点】

《农业行政处罚程序规定》第二十三条规定，当场作出行政处罚决定的程序为：①向当事人表明身份，出示执法证件（1 分）；②当场查清违法事实，收集和保存必要的证据（1 分）；③告知当事人违法事实、处罚理由和依据，并听取当事人陈述和申辩（1 分）；④填写《当场处罚决定书》，当场交付当事人，并应当告知当事人，如不服行政处罚决定，可以依法申请行政复议或者提起行政诉讼（2 分）。

2.【答案要点】

《农业行政处罚程序规定》第二十九条规定，执法人员对与案件有关的物品或者场所进行现场检查或者勘验检查时，应当通知当事人到场，制作《现场检查（勘验）笔录》（3 分），当事人拒不到场或拒绝签名盖章的，应当在笔录中注明，并可以请在场的其他人员见证（2 分）。

五、案例分析题（本部分共 2 题，每题 10 分，总分 20 分）

1.【答案要点】

（1）本案张某为船舶实际负责人，依据《最高人民法院关于审理发生在我国管辖海域相关案件若干问题的规定（二）》第十条的规定，行政相对人未依法取得捕捞许可证擅自进行捕捞，行政机关认为该行为构成《中华人民共和国渔业法》第四十一条规定的"情节严重"情形的，人民法院应当从以下方面综合审查，并作出认定：①是否未依法取得渔业船舶检验证书或渔业船舶登记证书；②是否故意遮挡、涂改船名、船籍港等。本案张某使用的是"三无"船舶，属于情节严重（2 分）。因此，依据《中华人民共和国渔业法》第四十一条规定，应对张某作出没收渔获物和违法所得，并处十万元以下的罚款，并可以没收渔具和渔船（3分）。

（2）本案应该收集的证据包括：①现场笔录，包括现场照片、现场录像（1分）；②《查封（扣押）通知书》和《查封（扣押）清单》（0.5分）；③对张某的询问笔录（0.5分）；④船舶管理部门出具的涉案船舶无船舶证书的证据（0.5分）；⑤船舶管理部门出具的涉案船舶原有关证书过期的证据（0.5分）；⑥船价的证据（估价鉴定）（0.5分）；⑦无捕捞许可证，进行非法捕捞的证据（0.5分）。

（3）依据《国务院对清理、取缔"三无"船舶通告的批复》[国函〔1994〕111号]的附件中交通部、农业部、公安部、国家工商局、海关总署《关于清理、取缔"三无"船舶的通告》第三条的规定，渔政渔监和港监部门应加强对海上生产、航行、治安秩序的管理，海关、公安边防部门应结合海上缉私工作，取缔"三无"船舶，对海上航行、停泊的"三无"船舶，一经查获，一律没收，并可对船主处船价2倍以下的罚款（1分）。

2.【答案要点】

（1）该船主违反了《中华人民共和国渔业法》第三十条："禁止使用炸鱼、毒鱼、电鱼等破坏渔业资源的方法进行捕捞、禁止制造、销售、使用禁用的渔具"之规定（3分）。

（2）该案件适用一般行政处罚程序（1分）。

主要步骤包括：①启动一般程序，立案（1分）；②制作现场检查（勘验）笔录（0.5分）；③制作询问笔录（0.5分）；④制作案件处理意见书（1分）；⑤向当事人送达行政处罚告知书，告知其拟作出行政处罚决定的事实、理由及依据，并告知其陈述、申辩的权利和依法组织听证的权利（1分）；⑥听取当事人陈述、申辩并制作笔录（1分）；⑦制作并向当事人送达行政处罚决定书（1分）。

3.【答案要点】

（1）①李某违反了《中华人民共和国渔业法》第三十八条的规定（2分）。②渔业行政执法人员对收缴的渔获物的处置不恰当，应当依法办理先行登记保存手续，并按规定依法处置（2分）。

（2）农业行政处罚机关对先行登记保存的证据，应当在7日内作出下列处理决定并告知当事人：①需要进行技术检验或者鉴定的，送交有关部门检验或者鉴定（1分）；②对依法应予没收的物品，依照法定程序处理（1分）；③对依法应当由有关部门处理的，移交有关部门（1分）；④为防止损害公共利益，需要销毁或者无害化处理的，依法进行处理（1分）；⑤不需要继续登记保存的，解除登记保存（1分）。

（3）依据《中华人民共和国渔业法》第三十八条的规定，使用炸鱼、毒鱼、电鱼等破坏渔业资源方法进行捕捞的，违反关于禁渔区、禁渔期的规定进行捕捞的，或者使用禁用的渔具、捕捞方法和小于最小网目尺寸的网具进行捕捞或者渔获物中幼鱼超过规定比例的，没收渔获物和违法所得，处五万元以下的罚款；情节严重的，没收渔具，吊销捕捞许可证；情节特别严重的，可以没收渔船；构成犯罪的，依法追究刑事责任（1分）。

4.【答案要点】

（1）都某违反了《中华人民共和国刑法》第三百四十一条的规定，构成非法收购、出售珍贵、濒危野生动物罪；鞠某违反了《中华人民共和国刑法》第三百四十一条的规定，构成非法出售珍贵、濒危野生动物罪（4分）。

（2）应当附有如下材料：①涉嫌犯罪案件移送书（2分）；②涉嫌犯罪案件情况的调查报告（1分）；③涉案物品清单（1分）；④有关检验报告或者鉴定结论（1分）；⑤其他有关涉嫌犯罪的材料（1分）。

2018 年（B 卷）

一、判断题（本部分共 20 题，每题 1 分，总分 20 分）

1—5　　√　×　×　√　√　　　　6—10　　√　√　√　×　×

11—15　×　√　×　×　×　　　　16—20　×　√　√　×　×

二、单项选择题（本部分共 30 题，每题 1 分，总分 30 分）

1—5　　C C D C B　　　　6—10　　C A A B A

11—15　D A D B D　　　　16—20　D D A C D

21—25　A C D A C　　　　26—30　B C A B B

三、多项选择题（本部分共 20 题，每题 1 分，总分 20 分）

1—5　　ABCD　　BD　　AC　　ABCD　　ABCD

6—10　　ABCD　　ABCD　ACD　　ABCD　　ABD

11—15　ABC　　　ABCD　AB　　　AC　　　ABCD

16—20　AB　　　　ABCD　ABCD　ABCD　　ABCD

四、简答题（本部分共 2 题，每题 5 分，总分 10 分）

1.【答案要点】

《农业行政处罚程序规定》第二十九条规定，执法人员对与案件有关的物品或者场所进行现场检查或者勘验检查时，应当通知当事人到场，制作《现场检查（勘验）笔录》（3分），当事人拒不到场或拒绝签名盖章的，应当在笔录中注明，并可以请在场的其他人员见证（2分）。

2.【答案要点】

《农业行政处罚程序规定》第二十三条规定，当场作出行政处罚决定的程序为：①向当事人表明身份，出示执法证件（1分）；②当场查清违法事实，收集和保存必要的证据（1分）；③告知当事人违法事实、处罚理由和依据，并听取当事人陈述和申辩（1分）；④填写《当场处罚决定书》，当场交付当事人，并应当告知当事人，如不服行政处罚决定，可以依法申请行政复议或者提起行政诉讼（2分）。

五、案例分析题（本部分共2题，每题10分，总分20分）

1.【答案要点】

（1）本案张某为船舶实际负责人，依据《最高人民法院关于审理发生在我国管辖海域相关案件若干问题的规定（二）》第十条的规定，行政相对人未依法取得捕捞许可证擅自进行捕捞，行政机关认为该行为构成《中华人民共和国渔业法》第四十一条规定的"情节严重"情形的，人民法院应当从以下方面综合审查，并作出认定：①是否未依法取得渔业船舶检验证书或渔业船舶登记证书；②是否故意遮挡、涂改船名、船籍港等。本案张某使用的是"三无"船舶，属于情节严重（2分）。因此，依据《中华人民共和国渔业法》第四十一条规定，应对张某作出没收渔获物和违法所得，并处十万元以下的罚款，并可以没收渔具和渔船（3分）。

（2）本案应该收集的证据包括：①现场笔录，包括现场照片、现场录像（1分）；②《查封（扣押）通知书》和《查封（扣押）清单》（0.5分）；③对张某的询问笔录（0.5分）；④船舶管理部门出具的涉案船舶无船舶证书的证据（0.5分）；⑤船舶管理部门出具的涉案船舶原有关证书过期的证据（0.5分）；⑥船价的证据（估价鉴定）（0.5分）；⑦无捕捞许可证，进行非法捕捞的证据（0.5分）。

（3）依据《国务院对清理、取缔"三无"船舶通告的批复》（国函〔1994〕111号）的附件中交通部、农业部、公安部、国家工商局、海关总署《关于清理、取缔"三无"船舶的通告》第三条的规定，渔政渔监和港监部门应加强对海上生产、航行、治安秩序的管理，海关、公安边防部门应结合海上缉私工作，取缔"三无"船舶，对海上航行、停泊的"三无"船舶，一经查获，一律没收，并可对船主处船价2倍以下的罚款（1分）。

2.【答案要点】

（1）该船主违反了《中华人民共和国渔业法》第三十条："禁止使用炸鱼、

毒鱼、电鱼等破坏渔业资源的方法进行捕捞、禁止制造、销售、使用禁用的渔具"之规定（3分）。

（2）该案件适用一般行政处罚程序（1分）。

主要步骤包括：①启动一般程序，立案（1分）；②制作现场检查（勘验）笔录（0.5分）；③制作询问笔录（0.5分）；④制作案件处理意见书（1分）；⑤向当事人送达行政处罚告知书，告知其拟作出行政处罚决定的事实、理由及依据，并告知其陈述、申辩的权利和依法组织听证的权利（1分）；⑥听取当事人陈述、申辩并制作笔录（1分）；⑦制作并向当事人送达行政处罚决定书（1分）。

3.【答案要点】

（1）①李某违反了《中华人民共和国渔业法》第三十条的规定。（2分）②渔业行政执法人员对收缴的渔获物的处置不恰当，应当依法办理先行登记保存手续，并按规定依法处置（2分）。

（2）农业行政处罚机关对先行登记保存的证据，应当在7日内作出下列处理决定并告知当事人：①需要进行技术检验或者鉴定的，送交有关部门检验或者鉴定（1分）；②对依法应予没收的物品，依照法定程序处理（1分）；③对依法应当由有关部门处理的，移交有关部门（1分）；④为防止损害公共利益，需要销毁或者无害化处理的，依法进行处理（1分）；⑤不需要继续登记保存的，解除登记保存（1分）。

（3）依据《中华人民共和国渔业法》第三十八条的规定，使用炸鱼、毒鱼、电鱼等破坏渔业资源方法进行捕捞的，违反关于禁渔区、禁渔期的规定进行捕捞的，或者使用禁用的渔具、捕捞方法和小于最小网目尺寸的网具进行捕捞或者渔获物中幼鱼超过规定比例的，没收渔获物和违法所得，处五万元以下的罚款；情节严重的，没收渔具，吊销捕捞许可证；情节特别严重的，可以没收渔船；构成犯罪的，依法追究刑事责任（1分）。

4.【答案要点】

（1）都某违反了《中华人民共和国刑法》第三百四十一条的规定，构成非法收购、出售珍贵、濒危野生动物罪；鞠某违反了《中华人民共和国刑法》第三百四十一条的规定，构成非法出售珍贵、濒危野生动物罪（4分）。

（2）应当附有如下材料：①涉嫌犯罪案件移送书（2分）；②涉嫌犯罪案件情况的调查报告（1分）；③涉案物品清单（1分）；④有关检验报告或者鉴定结论（1分）；⑤其他有关涉嫌犯罪的材料（1分）。

图书在版编目（CIP）数据

渔业行政执法人员执法资格考试辅导教材 / 农业农村部渔业渔政管理局组编 . —2 版 . —北京：中国农业出版社，2019.12（2021.3 重印）
ISBN 978-7-109-26399-4

Ⅰ . ①渔… Ⅱ . ①农… Ⅲ . ①渔业管理－行政执法－中国－资格考试－教材 Ⅳ . ①D922.654

中国版本图书馆 CIP 数据核字（2019）第 280164 号

中国农业出版社出版
地址：北京市朝阳区麦子店街 18 号楼
邮编：100125
责任编辑：王金环
版式设计：简 宁 责任校对：巴洪菊
印刷：北京中兴印刷有限公司
版次：2019 年 12 月第 2 版
印次：2021 年 3 月北京第 3 次印刷
发行：新华书店北京发行所
开本：700mm×1000mm 1/16
印张：23.5
字数：435 千字
定价：58.00 元